como preparar ORÇAMENTOS de OBRAS

3ª edição

Aldo Dórea Mattos

como preparar ORÇAMENTOS de OBRAS

3ª edição

oficina de textos

1ª reimpressão 2020 | 2ª reimpressão 2021 | 3ª reimpressão 2022
4ª reimpressão 2024

Grafia atualizada conforme o Acordo Ortográfico da Língua Portuguesa de 1990, em vigor no Brasil desde 2009.

Capa e projeto gráfico Malu Vallim
Diagramação Douglas da Rocha Yoshida
Foto capa Alain Pham (www.unsplash.com)
Preparação de figuras Victor Azevedo
Preparação de textos Natália Pinheiro Soares
Revisão de textos Renata Sangeon
Impressão e acabamento Mundial gráfica

Dados Internacionais de Catalogação na Publicação (CIP)
(Câmara Brasileira do Livro, SP, Brasil)

Mattos, Aldo Dórea
Como preparar orçamentos de obras / Aldo Dórea Mattos. -- 3. ed. -- São Paulo : Oficina de Textos, 2019.

Bibliografia.
ISBN 978-85-7975-334-3

1. Construção - Custos 2. Engenharia civil 3. Orçamento I. Título.

19-29016 CDD-692.5

Índices para catálogo sistemático:
1. Construção civil : Orçamento de obras : Tecnologia 692.5
2. Orçamento de obras : Construção civil : Tecnologia 692.5

Iolanda Rodrigues Biode - Bibliotecária - CRB-8/10014

Rua Cubatão, 798
CEP 04013-003 São Paulo SP
tel. (11) 3085-7933
www.ofitexto.com.br
atendimento@ofitexto.com.br

"Não há nada mais prático do que uma boa teoria."
Ludwig Boltzmann (1844-1906), matemático e físico austríaco

A minha mãe, Hortênsia, que me ensinou a fazer conta.
A meu pai, Aldo José, que me ensinou a fazer conta de cabeça.
A minha esposa, Daniele, que é com quem eu conto.

agradecimentos

A Roberto Sales Cardoso, pela inspirada apresentação desta edição e pelas palavras gentis que sempre me dedica.

A Celso Ragazzi, pela gentileza da apresentação da primeira edição deste livro e pelo apoio constante.

A Juliana Leal Costa, pelo grande esforço de correção e atualização desta edição, assim como pelas sugestões.

A Camila Leal Vieira, pela cuidadosa revisão geral da 2ª edição.

A Gabriel Novais, sempre bem-disposto a ajudar na coleta de dados.

Agradeço ao amigo Sérgio Motta de Lima pelos comentários, sugestões e revisão dos originais.

A Mário Gordilho, Horácio Brasil, José Conceição, Ricardo Soares, Bernardo Gradin, Otacílio Carvalho, Ricardo Vargas, Marcos Jorge Almeida Santana, Luís Edmundo Prado de Campos e Ney Luna Cunha, entre outros, pelas oportunidades de trabalho que me proporcionaram na Engenharia.

Aos tantos alunos que tive na UCSal, UEFS, UFBA, Unifacs e nos cursos que ministrei pelo mundo afora.

Aos queridos colegas Jin Tien Quin, Antônio Luiz Souza, Yasuhiro Matuoka, Luiz Roberto Chagas, Marcos Antônio Melo e Luiz Aníbal de Oliveira Santos, que me mostraram na prática que Engenharia se faz abrindo livros.

E à competente equipe da Oficina de Textos, em especial a Marcel Iha, Natália Pinheiro e Josiani de Souza.

apresentação

DA 1ª EDIÇÃO

O Eng. Aldo Dórea Mattos reúne, com a publicação desta obra, uma série de informações e importantes conceitos sobre engenharia de custos aplicados à construção civil, indispensáveis para a análise, avaliação, elaboração e definição de orçamentos de obras públicas e privadas.

O livro é completo. Apresenta ilustrações, modelos de planilhas e formulários, tabelas práticas e exemplos de cálculo que possibilitam assimilar com facilidade todas as etapas necessárias para a elaboração de orçamentos de obras de construção civil. O autor aborda detalhadamente todos os aspectos envolvidos: análise dos editais de licitação, quantificação dos serviços e critérios de medição e pagamento, composições de preços unitários de serviços e de custo horário de equipamentos, definição dos insumos, custos diretos e indiretos, orçamento de custo e de venda, e taxas de encargos sociais e de BDI, bem como diversos recursos para aferir a consistência do orçamento final. Tais informações e demais aspectos relacionados à estruturação dos dados são analisados em profundidade, porém de forma clara e objetiva, possibilitando um produto final de qualidade, preciso e confiável, como poderá ser constatado no decorrer da leitura.

Além da reconhecida experiência do autor nas atividades de gerenciamento de obras e construção, o conteúdo do livro foi avaliado por centenas de profissionais de todo o Brasil que participaram dos cursos de Orçamento, Planejamento e Gerenciamento de Obras, ministrados pelo autor a partir da Pini. Destinados à reciclagem e ao aperfeiçoamento de profissionais da área, os cursos sempre obtiveram excelentes avaliações quanto à qualidade e à compatibilidade do programa apresentado, ao conhecimento na especialidade e à didática na abordagem dos temas.

Assim, recomendo aos colegas a leitura do livro *Como preparar orçamentos de obras*, ao mesmo tempo que parabenizo o Eng. Aldo Dórea Mattos pela iniciativa de colocar à disposição do meio técnico um instrumento de trabalho indispensável aos estudantes e profissionais da construção civil.

Celso Ragazzi

Diretor de Engenharia da Pini Serviços de Engenharia e
da Consultech Consultoria e Tecnologia Ltda.

apresentação
DA 2ª EDIÇÃO

Na Europa Medieval, a escolha do construtor, entre os muitos interessados em realizar uma obra ou um serviço, era regulada pelo procedimento intitulado "vela e pregão". O sistema consistia em um pregão realizado em local, data e horário previamente anunciados na localidade. No início dos trabalhos era acesa uma vela, e enquanto ela ardesse os construtores interessados na obra podiam oferecer lances para fechar o negócio.

No Brasil, já em 1592, surgiram as primeiras manifestações no campo da licitação, e, em 1862, com a assinatura do Decreto nº 2.926 pelo ministro Manoel Felizardo de Souza e Mello, rubricado pelo imperador D. Pedro II, ficou estabelecido o regulamento das arrematações dos serviços a cargo do então Ministério da Agricultura, Comércio e Obras Públicas. Sucederam muitos decretos e leis, mas foi com a reforma administrativa ocorrida em 1967, no chamado período revolucionário, que a edição do Decreto-Lei nº 200 instituiu no meio jurídico a regulação do processo licitatório, estendendo-a aos Estados e municípios.

Posteriormente, o Decreto-Lei nº 2.300/1986 trouxe alterações para a legislação, mais adiante aperfeiçoada pela Lei nº 8.666/1993, criando um marco divisório no Direito, no que se refere a licitações e contratos administrativos, ao estabelecer sete princípios fundamentais: moralidade, igualdade, impessoalidade, publicidade, probidade, vinculação ao edital e julgamento objetivo.

Ainda de acordo com o texto legal, as obras só podem ser licitadas quando houver projeto básico aprovado, do qual fazem parte os projetos de arquitetura e de engenharia, as especificações dos materiais e serviços, o cronograma de desenvolvimento da obra e também o orçamento detalhado em planilhas que expressem as composições de todos os custos unitários. A partir dessa imposição da letra, o orçamento da obra passa a ser o mais importante documento da licitação, pois seu valor determina o limite para fins de julgamento das propostas, fazendo crescer, e muito, as obrigações do engenheiro de custos responsável por sua elaboração. O orçamento, além de não poder conter erros, deve ser equilibrado e representativo quanto aos preços de mercado, não podendo, por conseguinte, subestimar o seu valor, o que acabará levando à necessidade de revisões e aditivos futuros, nem sempre de fácil solução, e, em outros casos, até ao abandono da obra por inviabilizar a sua execução. Também não pode ser superestimado, intencionalmente ou não. A ocorrência de sobrepreço no orçamento acarreta superfaturamento, constituindo um crime contra o erário.

O tema do orçamento na construção é considerado complexo por requerer do profissional que o elabora sólidos conhecimentos da maioria das disciplinas que constitui a grade curricular do curso de Engenharia Civil, de tecnologias e processos de construção, bem como experiência em projetos e funcionamento de canteiros de obra, semelhante ao chão de fábrica.

Em 2013, a Associação Brasileira de Normas Técnicas (ABNT), atendendo a um anseio nacional, criou a Comissão de Estudo Especial de Elaboração de Orçamentos e Formação de Preços de Empreendimentos de Infraestrutura (ABNT/CEE-162), da qual fizeram parte representantes de 55 entidades da sociedade, englobando agentes financiadores de obras públicas, sindicatos, instituições de ensino superior, empresas de projeto e construção e associações de classe, além de profissionais especializados e consultores. Desse trabalho resultou a norma técnica NBR 16633, cuja publicação encontra-se paralisada em razão de discordâncias entre os membros da Comissão e os órgãos controladores e fiscalizadores.

Por outro lado, com o intuito de oferecer suporte e conhecimento ao meio técnico, estudiosos do tema continuam pesquisando e produzindo livros e artigos técnicos correlatos. Entre eles, merece destaque o engenheiro Aldo Dórea Mattos, renomado escritor e palestrante. Seus textos têm a qualidade requerida pelos mais exigentes leitores, pois são claros, precisos, corretos e objetivos.

O livro *Como preparar orçamentos de obras* não é diferente. A primeira edição, lançada em 2006, continua atual, despertando o interesse não só dos alunos da arte de construir, mas também dos profissionais que militam nessa árdua tarefa de incontáveis cálculos, que objetivam definir o valor do orçamento, nada mais do que um número que vem a ser o valor mais provável do custo da construção.

O trabalho está dividido em quinze capítulos. Os Caps. 1 e 2 tratam dos conceitos. Os Caps. 3 e 4 ensinam a mensurar as obras por meio do levantamento dos quantitativos de insumos e de serviços característicos e a compor os respectivos custos. Nos Caps. 5, 6, 7 e 10 são estudados, respectivamente, os custos de mão de obra, materiais e equipamentos e os chamados custos indiretos. O conhecimento acerca da disciplina de terraplenagem, caracterizado por sua complexidade, encontra-se no Cap. 8 de forma simplificada e de fácil compreensão. No Cap. 9 são estudadas as curvas ABC que subsidiam o engenheiro quanto aos materiais e serviços que devem ser melhor analisados do ponto de vista da sua representatividade ou peso percentual no contexto do valor do orçamento, orientando o engenheiro a focar a sua atenção nos insumos e serviços de maior relevância. O Cap. 12 discorre sobre o lucro e impostos que incidem de forma clara e direta no cálculo do valor final dos orçamentos, sem esquecer que os insumos que compõem os serviços da obra são todos objetos de tributação individualmente. O Cap. 13 é dos mais importantes para o engenheiro orçamentista, porque trata de bonificação e despesas indiretas (BDI), componente de peso na formação do preço. O Cap. 14 trata de um tema específico, o desbalanceamento, e objetiva chamar a atenção dos engenheiros, diretores, ordenadores de despesa e auditores para as armadilhas que podem existir nos orçamentos por meio da manipulação de preços unitários dos serviços, que provoca o desbalanceamento. Finalmente, graças à rica formação do autor, que, além engenheiro, acumula conhecimentos de Direito, o tema das licitações é abordado no Cap. 15 com o zelo requerido. Como se não bastasse, ao longo de cada capítulo é oferecido um agradável drinque ao leitor, sob a forma de *dicas para o orçamentista*.

A revisão desta edição incorporou o conceito de composição auxiliar e fez menção aos principais bancos de dados existentes, inclusive o Orse, em cuja criação e manutenção tivemos uma participação, além de apresentar mais esclarecimentos sobre custos indiretos, tornando este livro ainda mais interessante para os alunos de Engenharia e para os profissionais que se dedicam ao tema do orçamento.

Parabenizo o Eng. Aldo Dórea pela obra. O livro é um amigo silencioso, capaz de desenvolver no ser humano novas capacidades, não só de aprender, criticar e criar, mas também de evoluir e ser feliz como pessoa e como profissional.

Roberto Sales Cardoso
Engenheiro Civil e escritor

sumário

um

Orçamentação

Independentemente de localização, recursos, prazo, cliente e tipo de projeto, uma obra é eminentemente uma atividade econômica, e, como tal, o aspecto *custo* reveste-se de especial importância.

A preocupação com custos começa cedo, antes do início da obra, na fase do estudo de viabilidade, em que métodos construtivos, materiais e serviços geram estimativas que serão comparadas com os recursos financeiros disponíveis. Em seguida, ainda antes do início da obra, vem a fase de *orçamentação*, quando é feita a determinação dos custos prováveis de execução da obra. O primeiro passo para quem se dispõe a realizar um projeto é estimar quanto ele irá custar.

1.1 Orçamento e orçamentação

Orçamento não se confunde com *orçamentação*. Aquele é o produto; este, o processo de determinação.

A estimativa dos custos – e o consequente estabelecimento do preço de venda – é basicamente um exercício de previsão. Muitos são os itens que influenciam e contribuem para o custo de um empreendimento. A técnica orçamentária envolve a identificação, descrição, quantificação, análise e valorização de uma grande série de itens, requerendo, portanto, muita atenção e habilidade técnica. Como o orçamento é preparado antes da efetiva construção do produto, muito estudo deve ser feito para que não haja nem lacunas na composição do custo nem considerações descabidas.

Um dos fatores primordiais para um resultado lucrativo e o sucesso do construtor é uma orçamentação eficiente. Quando o orçamento é malfeito, fatalmente ocorrem imperfeições e possíveis frustrações de custo e prazo. Aliás, geralmente se erra para menos, mas tampouco é bom errar para mais.

No caso de empresas que participam de concorrências públicas ou privadas, a orçamentação é uma peça-chave. O fato de haver várias empresas na disputa pelo contrato impõe ao construtor o dever de garantir que todos os custos sejam contemplados no preço final, e que ainda assim seja alcançável uma margem de lucro adequada.

Por ser a base da fixação do preço do projeto, a orçamentação torna-se uma das principais áreas no negócio da construção. Um dos requisitos básicos para um bom orçamentista é o conhecimento detalhado do serviço. A interpretação aprofundada dos desenhos, planos e especificações da obra lhe permite estabelecer a melhor maneira de atacar a obra e realizar cada tarefa, bem como identificar a dificuldade de cada serviço e, consequentemente, seus custos de execução. Ainda assim, alguns parâmetros não podem ser determinados com exatidão, como no caso de chuvas, condições do solo, disponibilidade de materiais, flutuações na produtividade dos operários e paralisações.

Orçar não é um mero exercício de futurologia ou jogo de adivinhação. Um trabalho bem executado, com critérios técnicos bem estabelecidos, utilização de informações confiáveis e bom julgamento do orçamentista, pode gerar orçamentos com alto grau de precisão, embora não perfeitamente exatos, porque o verdadeiro custo de um empreendimento é virtualmente impossível de se fixar de antemão. O que o orçamento realmente envolve é uma estimativa de custos em função da qual o construtor irá atribuir seu preço de venda – este, sim, bem estabelecido.

Em geral, um orçamento é determinado somando-se os *custos diretos* – mão de obra de operários, material, equipamento – e os *custos indiretos* – equipes de supervisão e apoio, despesas gerais do canteiro de obras, taxas etc. – e, por fim, adicionando-se *impostos* e *lucro* para se chegar ao preço de venda. Para participar de uma concorrência, o preço proposto pelo construtor não deve ser nem tão baixo a ponto de não permitir lucro, nem tão alto a ponto de não ser competitivo na disputa com os demais proponentes.

Muito provavelmente duas empresas chegarão a orçamentos diferentes, porque são distintos os processos teóricos utilizados, a metodologia de execução proposta para a obra, as produtividades adotadas para as equipes de campo e os preços coletados, entre outros fatores. É importante destacar que o orçamento deve refletir as premissas da construtora, constituindo uma meta a ser buscada pela empresa.

1.2 Orçamento nas empresas

Em grandes organizações, existem setores dedicados exclusivamente a preparar orçamentos para concorrências. Informações de obras anteriores são utilizadas como subsídio para novas composições de custos, que são elaboradas com programas específicos de computador. Em empresas menores, em geral o próprio construtor faz a estimativa, muitas vezes sem grandes detalhes, baseando-se tão somente na experiência adquirida pela execução repetida de serviços similares. O que claramente se nota é que, quanto maior o conhecimento prático de quem orça, maior a probabilidade de o orçamento estar apurado e menor a chance de frustrações futuras ocorrerem na obra.

A atividade de orçamentação não é exclusiva das empresas de construção. Também escritórios de arquitetura estimam o custo de execução de seus projetos, as empresas projetistas e os consultores orçam seus serviços técnicos, as fábricas calculam o custo final de seus produtos, os subempreiteiros estimam o custo de suas empreitadas e o governo faz orçamentos dos projetos e obras a executar (antes de licitá-los).

Nas construtoras, é comum se observarem algumas distorções. Há empresas que participam de um número excessivamente grande de concorrências, cujas datas de entrega da proposta são muito próximas, e com isso o setor de orçamento fica abarrotado. Os profissionais ficam sem tempo de analisar o projeto mais detidamente, propor mais de uma solução técnica e fazer simulações. Eles então se transformam em meros "preenchedores de planilha de preços". Já foi visto empresas participarem de licitações públicas sem terem sequer aberto o pacote de plantas – o orçamentista apenas atentou para os requisitos formais requeridos pelo órgão licitante e a data de entrega dos envelopes, preenchendo, em seguida, a planilha com preços ditos históricos. Mais de uma vez já ocorreu de o construtor arbitrar "por sentimento" (é o tal *feeling*) os preços dos serviços e, depois de assinado o contrato da obra, dar-se conta de que a estrutura de concreto tinha pé-direito alto (exigindo muito mais escoramento) ou de que o local era de difícil acesso etc.

Outra distorção está na experiência dos orçamentistas. Em várias empresas, o setor de orçamento é o destino natural dos engenheiros e técnicos recém-formados. Os mais antigos e experientes estão sempre na produção, ou seja, no campo, e inconscientemente acabam desprezando o trabalho dos orçamentistas por considerarem-no destituído de natureza prática. Assim, escritório e campo passam a ser compartimentos estanques: o orçamentista não conhece a prática e não tem retroalimentação por parte dos engenheiros de produção; estes, por sua vez, não acreditam no que foi orçado e nem sequer abrem os relatórios e planilhas para obter referências de produtividades, equipes e custos. Cria-se, então, um círculo vicioso. Assim, o ideal é que haja um espírito de corpo e que as equipes de escritório e de campo interajam. O orçamentista precisa visitar as obras e receber do pessoal de campo as produtividades reais, os percentuais de perda dos principais insumos e comentários acerca dos parâmetros de orçamento.

Uma prática que tem se revelado frutífera em algumas empresas é designar o responsável pela obra ainda na fase de licitação, a fim de que ele participe da orçamentação e não considere o orçamento final uma mera caixa-preta. Assim, aos poucos vai se desfazendo a desprezível máxima de que, "quando uma obra dá dinheiro, o mérito é do engenheiro de produção, mas, quando se perde dinheiro, é porque o orçamentista errou".

1.3 Atributos do orçamento

Uma composição de custos não pode ser vista como uma fria coleção de números passível de ser retirada de um livro ou de um manual. Ao contrário, mesmo que o processo de elaboração dos custos seja regido por conceitos fundamentais de orçamentação, ele deve ser capaz de retratar a realidade do projeto. Por ser um estudo feito *a priori*, há sempre uma margem de incerteza embutida no orçamento. Muitas são as premissas de cálculo adotadas, e a defasagem de tempo entre o momento da orçamentação e o da realização da tarefa pode ser bastante dilatada.

Os principais atributos do orçamento são *aproximação*, *especificidade* e *temporalidade*.

1.3.1 Aproximação

Por se basear em previsões, todo orçamento é aproximado. Por mais que todas as variáveis sejam ponderadas, há sempre uma estimativa associada. O orçamento não tem que ser exato, porém deve ser preciso. Ao orçar uma obra, o orçamentista não pretende acertar o valor em cheio, mas não se pode desviar muito do valor que a obra efetivamente irá custar. O orçamento presta-se a dar uma ideia mais ou menos próxima daquele valor. Quanto mais apurada e criteriosa for a orçamentação, menor será sua margem de erro.

A aproximação de um orçamento está embutida em diversos itens:

Mão de obra

* *Produtividade das equipes*: quando, por exemplo, admite-se que um pedreiro gasta 1 h para fazer 1,0 m^2 de alvenaria de bloco cerâmico, será por essa

premissa que o total de mão de obra de alvenaria será calculado. A produtividade afeta diretamente a composição de custo.

* *Encargos sociais e trabalhistas*: o percentual de encargos que incidem sobre a mão de obra leva em conta premissas como incidência de acidentes de trabalho, rotatividade para cálculo de aviso prévio, faltas justificadas e outros elementos arbitrados a partir de parâmetros estatísticos e históricos.

Material

* *Preço dos insumos*: não se pode afirmar com certeza que os preços cotados durante a orçamentação serão os praticados durante a obra.
* *Perda*: o percentual de perda e desperdício é arbitrado para cada insumo que entra no orçamento. Assim, por exemplo, admitir que há uma perda de 8% no bloco cerâmico é uma consideração que pode se mostrar arrojada, realista ou conservadora.
* *Reaproveitamento*: consiste na quantidade de vezes que um insumo pode ser reutilizado (por exemplo, uma chapa compensada).

Equipamento

* *Custo horário*: o custo horário depende de parâmetros de cálculo como vida útil, custo de manutenção e operação etc.
* *Produtividade*: quando se assume, por exemplo, que uma escavadeira escava 50 m^3 de solo por hora, há uma margem de incerteza incluída, pois a produtividade é função da disponibilidade mecânica (percentual de tempo em que o equipamento está em condições mecânicas de ser utilizado) e do coeficiente de utilização (percentual do tempo disponível em que o equipamento efetivamente trabalha), além do empolamento do material escavado (aumento de volume entre os estados natural e solto).

Custos indiretos

* *Pessoal*: salários e encargos sociais das equipes técnica, administrativa e de apoio.
* *Despesas gerais*: contas de água, luz, telefone, aluguel de equipamentos gerais (grua, andaimes), seguros, fretes etc.

Imprevistos

Os orçamentistas precisam incluir no orçamento alguma verba para os custos que não podem ser orçados de forma precisa ou explícita, como retrabalho por causa de chuvas, refazimento de serviço por má qualidade, danos causados por fenômenos naturais ou por terceiros, danos causados pela construtora a terceiros etc.

Impostos

A base de cálculo de impostos como o ISS é estimada para fins de orçamento.

1.3.2 Especificidade

O orçamento para a construção de uma casa em uma cidade é diferente do orçamento de uma casa igual em outra cidade. Não se pode falar em orçamento padronizado ou generalizado. Por mais que um orçamentista se baseie em algum trabalho anterior, é sempre necessário adaptá-lo à obra em questão.

Todo orçamento está intrinsecamente ligado a:

- *Empresa:* o orçamento traz implícita a política da empresa na quantidade de cargos de supervisão previstos (engenheiros, mestres, encarregados), no padrão do canteiro de obras, na quantidade de veículos à disposição da equipe, no grau de terceirização de serviços, na taxa de administração central cobrada da obra para cobrir parte dos custos do escritório central da empresa, na necessidade de empréstimos para fazer a obra etc.
- *Condições locais:* clima, relevo, vegetação, profundidade do lençol freático, tipo de solo, condições das estradas locais, facilidade de acesso às fontes de matérias-primas, qualidade da mão de obra, oferta de equipamento, qualidade dos subempreiteiros da região, diferentes alíquotas de impostos, entre outros fatores.

1.3.3 Temporalidade

Um orçamento realizado tempos atrás já não é válido hoje. Se, por exemplo, alguém orçou uma obra e ganhou a licitação, mas a obra só vier a ser mobilizada quatro anos depois, é lógico perceber que alguns ajustes precisam ser feitos. Isso se deve a:

- flutuação no *custo dos insumos* ao longo do tempo;
- criação ou alteração de *impostos* e *encargos* sociais e trabalhistas, tanto em espécie quanto em alíquota;
- evolução dos *métodos construtivos*: surgimento de técnicas, materiais e equipamentos mais adequados;
- diferentes *cenários financeiros* e *gerenciais*: terceirização, delegação de tarefas, condições de capital de giro, necessidade de empréstimo etc.

1.4 Enfoques do orçamento

O orçamento tem enfoques distintos quando analisado sob o prisma do proprietário da obra ou do construtor.

1.4.1 Do ponto de vista do contratante

O orçamento é a descrição de todos os serviços a serem realizados na obra, devidamente quantificados e multiplicados pelos respectivos *preços* unitários, cuja somatória define o preço total, ou seja, seu desembolso. Cotação de insumos, percentual de perdas e produtividade de equipes, por exemplo, não são uma preocupação imediata do contratante, que está mais preocupado com o montante do empreendimento e em como esse montante será desembolsado ao longo do tempo.

1.4.2 Do ponto de vista do construtor

O orçamento é a descrição de todos os insumos necessários à obra, devidamente quantificados e multiplicados pelos respectivos *custos* unitários, acrescidos das despesas *indiretas* – cuja somatória define o custo total, ou seja, o desembolso do construtor –, mais o *lucro* e os *impostos*, gerando, então, o *preço* total, que é a quantia que o construtor receberá para fazer a obra. Para o construtor, o orçamento encerra em seu bojo todas as premissas que passam a ser metas de desempenho durante a obra. O preço de venda dos serviços é fixo; já o custo é variável e precisa ser monitorado em função dessas metas.

1.5 Etapas da orçamentação

Esquematicamente, a orçamentação engloba três grandes etapas de trabalho: *estudo das condicionantes (condições de contorno)*, *composição de custos* e *determinação do preço*.

Primeiro, estudam-se os documentos disponíveis, realiza-se visita de campo e fazem-se consultas ao cliente. Em seguida, monta-se o custo, que é proveniente das definições técnicas, do plano de ataque da obra, dos quantitativos dos serviços, das produtividades e da cotação de preços de insumos. Por fim, soma-se o custo indireto, aplicam-se os impostos e a margem de lucratividade desejada, obtendo-se, assim, o preço de venda da obra.

As etapas da orçamentação, representadas na Fig. 1.1, são detalhadas a seguir.

1.5.1 Estudo das condicionantes (condições de contorno)

Todo orçamento baseia-se em um projeto, seja ele básico ou executivo. É o projeto que norteia o orçamentista. A partir dele, serão identificados os serviços

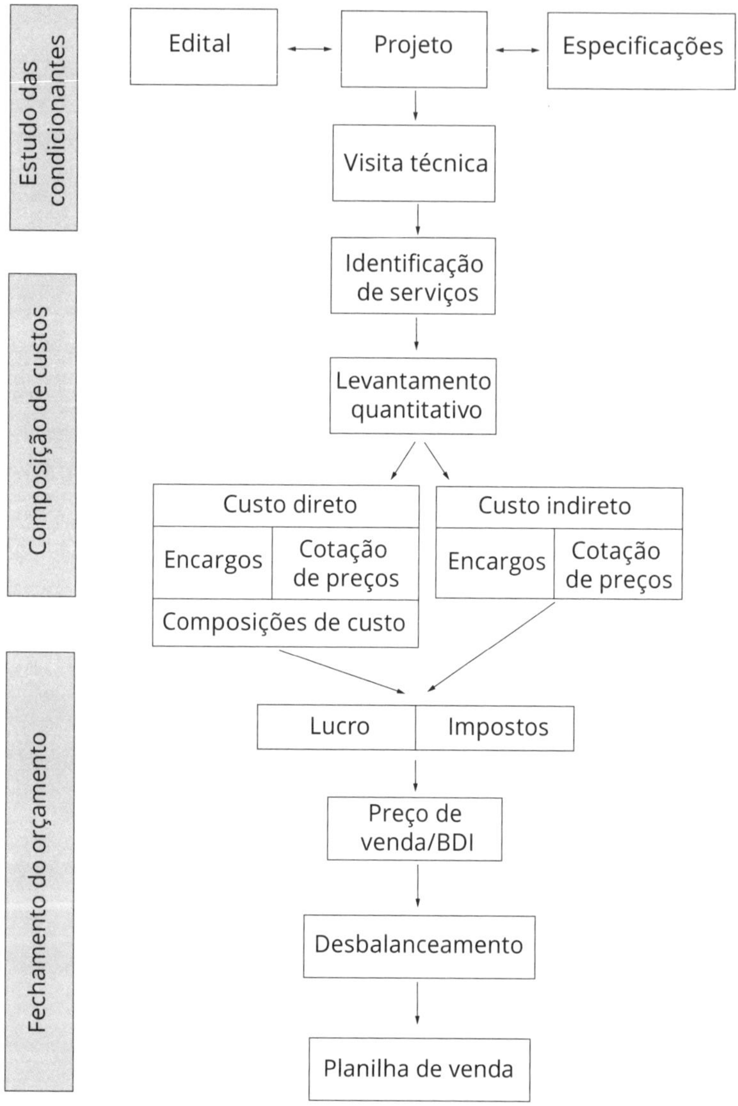

Fig. 1.1 *Roteiro do orçamento de uma obra*

constantes da obra com suas respectivas quantidades, o grau de interferência entre eles, a dificuldade relativa de realização das tarefas etc.

Essa fase de estudo das condicionantes, em que se tornam conhecidas as condições de contorno da obra, engloba os seguintes passos:

Leitura e interpretação do projeto e das especificações técnicas

As obras geralmente contêm uma série de plantas preparadas pelos diversos projetistas. São *projetos* arquitetônicos, de cálculo estrutural, de instalações (elétricas, hidrossanitárias, de gás, de incêndio), de paisagismo, de impermeabilização, entre outros.

Os projetos são compostos de:

* plantas baixas: de arquitetura, de fôrma, de caminhamento de tubulação etc.;
* cortes;
* vistas: fachadas, perfis etc.;
* perspectivas: isométricas, cavaleiras etc.;
* notas esclarecedoras;
* detalhes: em escala que permita melhor observação;
* diagramas: unifilares, de Brückner, croquis etc.;
* gráficos: perfis de sondagem, curvas cota-volume;
* tabelas: de elementos topográficos, curvas granulométricas etc.;
* quadros: de ferragem (armadura), de cabos etc.

A depender da complexidade da obra, plantas baixas, cortes, vistas, perspectivas, notas, detalhes, diagramas, tabelas e quadros, que em essência definem o produto final a ser construído, demandam maior ou menor análise. O entendimento do projeto depende muito da experiência do orçamentista e de sua familiaridade com o tipo de obra.

As *especificações técnicas* são documentos de texto que trazem informações de natureza mais qualitativa do que quantitativa. Elas contêm, entre outras coisas:

* descrição qualitativa dos materiais a serem empregados (pisos, tintas, esquadrias etc.);
* padrões de acabamento;
* tolerâncias dimensionais dos elementos estruturais e tubulações;
* critério de aceitação de materiais;
* tipo e quantidade de ensaios a serem feitos;
* resistência do concreto;
* grau de compactação exigido para aterro;
* granulometria dos agregados;
* interferências com tubulações enterradas.

Leitura e interpretação do edital

O *edital* é o documento que rege a licitação, no caso de a obra ser objeto de uma concorrência. Ele traz as regras que nortearão a contratação da construtora e a execução da obra.

Algumas das informações contidas no edital são indispensáveis para a elaboração do orçamento, como:

- prazo da obra;
- datas-marco contratuais;
- penalidade por atraso no cumprimento do prazo ou bônus por antecipação;
- critérios de medição, pagamento e reajustamento;
- regime de preços (unitário, global, por administração);
- limitação de horários de trabalho;
- critérios de participação na licitação (capital social da empresa, índice de endividamento etc.);
- habilitação técnica requerida com relação à empresa e ao responsável técnico;
- documentação requerida;
- seguros exigidos;
- facilidades disponibilizadas pelo contratante (instalações de água, energia etc.).

O Cap. 15 trará mais detalhes sobre o edital do ponto de vista licitatório.

Visita técnica

É sempre recomendável proceder-se a uma *visita técnica* ao local da obra. A visita serve para tirar dúvidas, levantar dados importantes para o orçamento, tirar fotos, avaliar o estado das vias de acesso e verificar a disponibilidade de materiais, equipamento e mão de obra na região. Essa verificação torna-se muito importante quando a obra não é feita em grandes centros urbanos, pois requer a identificação dos centros fornecedores mais próximos, a mobilização de pessoal e equipamentos por longas distâncias e a construção de benfeitorias no local onde será montado o canteiro de obras.

Quando da visita técnica, é sempre interessante conversar com algum construtor que esteja fazendo obra na vizinhança, para conseguir informações técnicas sobre a região.

Alguns órgãos contratantes instituem a obrigatoriedade da visita de campo. Nesse caso, o construtor deve colher o visto de algum preposto do órgão, atestando que visitou o local da obra.

O levantamento de dados da visita pode ser facilitado com a utilização de formulários. Isso evita que os profissionais tenham preocupações diferentes na hora de registrar o que viram no local. As empresas podem ter formulários padronizados para obras urbanas, rurais, de edificação, de terraplenagem etc.

1.5.2 Composição de custos

Identificação dos serviços

O custo total de uma obra é fruto do custo orçado para cada um dos serviços integrantes da construção. Portanto, a origem da quantificação está na identificação dos serviços. Um orçamento, por mais cuidadoso que seja, estará longe de ser completo se excluir algum serviço requerido pela obra.

Levantamento de quantitativos

Cada serviço identificado precisa ser quantificado. O levantamento de quantitativos é uma das principais tarefas do orçamentista, isso no caso de o projetista não os fornecer detalhadamente. Um pequeno erro de conta pode gerar um erro de enormes proporções e consequências nefastas.

No caso de licitações, em que o órgão contratante fornece a planilha de quantidades, é importante que o orçamentista obtenha seus próprios quantitativos. A identificação de discrepância nas quantidades pode ser de grande valia quando do desbalanceamento dos preços, como será visto adiante.

O levantamento de quantitativos inclui cálculos baseados em dimensões precisas fornecidas no projeto (volume de concreto armado, área de telhado, área de pintura etc.) ou em alguma estimativa (volume de escavação em solo, quando são dados perfis de sondagem, por exemplo).

O Cap. 3 abordará detalhadamente o levantamento de quantitativos.

Discriminação dos custos diretos

Os custos diretos são aqueles diretamente associados aos serviços de campo. Representam o custo orçado dos serviços que serão executados, como limpeza do terreno, escavação, fundações, fôrma, armação, concreto, pintura, impermeabilização, pavimentação asfáltica, entre outros.

A unidade básica é a *composição de custos*, os quais podem ser *unitários*, ou seja, referenciados a uma unidade de serviço (quando ele é mensurável – por exemplo, quilo de armação, metro cúbico de concreto), ou dados como *verba* (quando o serviço não pode ser traduzido em uma unidade fisicamente mensurável – por exemplo, paisagismo, sinalização).

Cada composição de custos unitários contém os insumos do serviço com seus respectivos índices (quantidade de cada insumo requerida para a realização de uma unidade do serviço) e valores (provenientes da cotação de preços e da aplicação dos encargos sobre a hora-base do trabalhador). A rigor, até esse momento os preços de mercado ainda não são conhecidos, pois a cotação vem a seguir.

A empresa pode usar composições de custos próprias ou obtê-las em publicações especializadas, como a TCPO (Tabelas de Composições de Preços para Orçamentos), da Editora Pini, e em outros bancos de dados disponíveis no mercado, como Sinapi, Sicro, Orse, entre outros.

Informações mais detalhadas sobre o processo das composições de custos serão apresentadas no Cap. 4.

Discriminação dos custos indiretos

Os custos indiretos são aqueles que não estão diretamente associados aos serviços de campo em si, mas são requeridos para que tais serviços possam ser feitos.

Nessa fase, são dimensionadas as equipes técnicas (engenheiros, mestres, encarregados), de apoio (almoxarife, apontador) e de suporte (secretária, vigia), e identificadas as despesas gerais da obra (contas, materiais de escritório, limpeza etc.), mobilização e desmobilização do canteiro, taxas e emolumentos, entre outras despesas.

Os custos indiretos serão retomados em detalhe no Cap. 10.

Cotação de preços

Essa etapa consiste na coleta de preços de mercado para os diversos insumos da obra, tanto os que aparecem no custo direto quanto os do custo indireto.

É importante que essa etapa seja feita após a seleção das composições de custos, para que o orçamentista possa ter uma relação completa de todos os insumos do orçamento.

No Cap. 6, a cotação de insumos será novamente abordada, com mais detalhes.

Definição de encargos sociais e trabalhistas

Esse estágio consiste na definição do percentual de encargos sociais e trabalhistas a ser aplicado à mão de obra. Envolve os diversos impostos que incidem sobre a hora trabalhada e os benefícios a que têm direito os trabalhadores e que são pagos pelo empregador.

O Cap. 5 abordará em detalhe os encargos sociais e trabalhistas.

1.5.3 Fechamento do orçamento

Definição da lucratividade

Baseando-se nas condições intrínsecas e extrínsecas à obra, o construtor define a lucratividade que deseja obter na obra em questão. Ele deve levar em conta fatores como concorrência, risco do empreendimento, necessidade de conquistar aquela obra etc.

A lucratividade será retomada com detalhes no Cap. 12.

Cálculo do BDI

Tendo em vista que, no caso de planilhas de concorrências, as propostas são baseadas nos serviços nelas listados, o custo que não aparece explicitado na planilha de preços precisa ser distribuído sobre o custo dos itens da planilha.

Em outras palavras, sobre o custo direto é necessário aplicar um fator que represente o custo indireto e o lucro, além dos impostos incidentes. Esse fator de majoração é o BDI (Benefícios e Despesas Indiretas), que é expresso em percentual.

O Cap. 13 trará mais detalhes sobre a questão do BDI.

Desbalanceamento da planilha

Em tese, o BDI deve ser aplicado uniformemente sobre todos os serviços. Entretanto, como forma de melhorar a situação econômica do contrato, às vezes o construtor realiza a distribuição não uniforme do preço total nos itens da planilha, conduta que os contratantes procuram repelir enfaticamente.

O desbalanceamento possibilita obter vantagem das seguintes formas:

* aumentando o preço de serviços que ocorrem cedo na obra e diminuindo o preço dos serviços que ocorrem mais perto do fim;
* aumentando o preço dos serviços cujo quantitativo tende a crescer e diminuindo o preço daqueles cujo quantitativo tende a ser menor que o da planilha.

O desbalanceamento é uma "jogada de preços" na planilha, sem alteração do preço de venda. Essa questão voltará a ser abordada, com mais detalhes, no Cap. 14.

1.6 Utilidades da orçamentação

O propósito do orçamento não se resume à definição do custo da obra. Ele tem uma abrangência maior, servindo de subsídio para outras aplicações, tais como:

- *Levantamento dos materiais e serviços*: a descrição e a quantificação dos materiais e serviços ajudam o construtor a planejar as compras, identificar fornecedores, estudar formas de pagamento e analisar metodologias executivas.
- *Obtenção de índices para acompanhamento*: é com base nos índices de utilização de cada insumo (mão de obra, equipamento, material) que o construtor poderá realizar uma comparação entre o que orçou e o que está efetivamente acontecendo na obra. Os índices servem também como metas de desempenho para as equipes de campo.
- *Dimensionamento de equipes*: a quantidade de homem-hora requerida para cada serviço serve para a determinação da equipe. A partir do índice, determina-se o número de trabalhadores para uma dada duração do serviço.
- *Facilidade no ajuste de preços e produtividades*: o orçamento pode ser facilmente recalculado a partir de novos preços de insumos e índices de produção. Para isso, basta que os campos de valores sejam alterados, pois todo o restante é produto de operações aritméticas simples.
- *Realização de simulações*: trata-se de cenários alternativos de orçamento com diferentes metodologias construtivas, produtividades, jornadas de trabalho, lucratividade etc., para encontrar a combinação que torne a obra mais barata.
- *Geração de cronogramas físico e financeiro*: o cronograma físico retrata a evolução dos serviços ao longo do tempo. O cronograma financeiro quantifica mensalmente os custos e receitas desses mesmos serviços – é a distribuição temporal dos valores.
- *Análise da viabilidade econômico-financeira*: o balanço entre os custos e as receitas mensais fornece uma previsão da situação financeira da obra ao longo dos meses.

Por fim, a partir de todos os motivos apresentados, constata-se a importância de que o orçamento seja feito com cuidado, respeitando a sequência das etapas e com o envolvimento do maior número possível de setores da empresa.

dois

Graus do orçamento

Seja no setor público, seja na iniciativa privada, antes mesmo do desenvolvimento detalhado de um projeto executivo já há uma preocupação do gestor em ter uma noção do custo total do empreendimento.

É uma preocupação bastante compreensível, porque é a partir dessa avaliação prévia que ele irá optar pelo prosseguimento do projeto, ou aumentar seu escopo, ou cortar partes, ou reduzir o padrão de acabamento, ou até mesmo abortá-lo se chegar à conclusão de que não dispõe dos recursos requeridos para realizar a obra. A estimativa preliminar do custo da obra é o primeiro ingrediente de qualquer estudo de viabilidade.

A depender do tipo de obra, a estimativa consegue ser mais ou menos precisa. Quando se trata de uma construção convencional, com um projeto relativamente tradicional, serviços bem conhecidos pela construtora, registros de custos de obras similares e sem grandes indefinições e interferências, a estimativa pode produzir números bem próximos da realidade. É o caso de edifícios residenciais, casas populares, adutoras de água, linhas de distribuição de energia elétrica etc.

No entanto, quando o projeto é pouco convencional, como uma indústria sem precedentes ou uma ponte de *design* inovador a ser feita com uma tecnologia construtiva poucas vezes aplicada, a estimativa de custos naturalmente carregará em seu bojo uma imprecisão maior.

Nas empresas, a estimativa de custos só serve realmente para dar a ordem de grandeza do empreendimento. Conforme explicado no capítulo anterior, o orçamento propriamente dito requer o levantamento das quantidades e a composição de custos para cada serviço. O orçamento detalhado (ou analítico) gera um produto final muito mais completo e confiável do que a simples estimativa de custos.

2.1 Grau de detalhe do orçamento

A depender do grau de detalhamento de um orçamento, ele pode ser classificado como:

- *Estimativa de custo*: avaliação expedita com base em custos históricos e comparação com projetos similares. Dá uma ideia aproximada da ordem de grandeza do custo do empreendimento.
- *Orçamento preliminar*: é mais detalhado que a estimativa de custos. Pressupõe o levantamento de quantidades e requer a pesquisa de preços dos principais insumos e serviços. Seu grau de incerteza é menor.
- *Orçamento analítico ou detalhado*: elaborado com composição de custos e extensa pesquisa de preços dos insumos. Procura chegar a um valor bem próximo do custo "real", com uma reduzida margem de incerteza.

2.2 Estimativa de custos

Em um empreendimento de construção, normalmente a preocupação com o aspecto *custo* surge muito antes de a equipe técnica dispor de todos os elementos necessários para realizar a correta orçamentação da obra, como levantamentos, sondagens, projetos, especificações etc.

Então, para ter uma noção prévia do custo da obra, o orçamentista ou o gestor do empreendimento precisa fazer uma *estimativa*, que pode ser definida como a predição do custo de um projeto, de acordo com um determinado escopo documentado, a ser realizado numa localização definida e num tempo futuro (AACE, 2018).

Assim, a *estimativa de custos* é uma avaliação expedita feita com base em custos históricos e comparação com projetos similares. Ela dá uma ideia da ordem de grandeza do custo do empreendimento. É importante mencionar, todavia, que a estimativa de custos não elimina a necessidade de se fazer o orçamento analítico.

2.2.1 Metodologias de estimativa de custos

A estimativa é, por natureza, uma aproximação, uma maneira indireta de se orçar uma obra. Na estimativa, são aplicados métodos *conceituais*, em que a variável (ou variáveis) usada no modelo de predição é geralmente diferente da usada na medição de unidades de serviço a ser fisicamente executada no campo.

Em uma estimativa de custos, não se orçam os serviços individualmente (concreto, fôrma, alvenaria); o que se faz é atrelar dados históricos a algum parâmetro relacionado com o projeto em questão (área construída, capacidade de produção, número de assentos, extensão etc.). No orçamento, pelo contrário, o que se faz é um cálculo *determinístico*, ou seja, medidas diretas de subconjuntos do produto final são utilizadas para determinação do custo provável de sua execução.

Atendo-se às estimativas, serão analisadas as *metodologias de estimativa* possíveis:

- dimensões físicas;
- unidades do produto final;
- fator de capacidade;
- fator de proporcionalidade;
- modelamento paramétrico.

Dimensões físicas

Pela metodologia das *dimensões físicas*, estima-se o custo por meio da utilização de um parâmetro físico característico da obra: comprimento, área, volume etc.

O exemplo mais clássico é o *custo por metro quadrado* (R$/m²), parâmetro importante e de uso corrente para quem trabalha no mercado imobiliário. Outros exemplos são o custo do quilômetro de estrada, custo por tonelada de estrutura metálica, custo por metro de túnel, entre outros.

Exemplo 2.1

Utilizando o custo unitário Pini de edificações referente a dezembro de 2017 (Tab. 2.1), estimar o custo de um *prédio comercial com elevador fino*, com 10.000 m² de área, em Salvador.

Tab. 2.1 Custo unitário Pini de edificações

Uso de edificação	Custo total	Material	Mão de obra
Habitacional			
Residencial fino	1.908,28	1.176,51	731,77
Residencial médio	1.506,46	882,39	624,07
Residencial popular	1.136,67	671,35	465,32
Sobrado popular	1.365,71	816,38	549,33
Prédio com elevador fino	1.583,13	873,63	709,50

Tab. 2.1 (continuação)

Uso de edificação	Custo total	Material	Mão de obra
Habitacional			
Prédio com elevador padrão médio alto	1.562,77	976,30	586,47
Prédio com elevador médio	1.453,84	986,87	466,97
Prédio sem elevador médio	1.370,92	837,65	533,27
Prédio sem elevador popular	1.128,92	599,11	529,82
Comercial			
Prédio com elevador fino	1.665,31	1.083,44	581,87
Prédio sem elevador médio	1.651,57	970,06	681,51
Clínica veterinária	1.569,23	1.020,76	548,47
Industrial			
Galpão de uso geral médio	1.408,63	1.022,83	385,81

Solução:

$$10.000\ m^2 \times R\$\ 1.665,31 = R\$\ 16.653.100,00$$

Unidades do produto final

Parecida com a estimativa por dimensões físicas, a estimativa por *unidades do produto final* baseia-se em dados históricos de projetos similares que permitem relacionar o custo total da obra com uma unidade de capacidade da edificação.

Algumas obras tipicamente estimadas parametricamente por unidades do produto final estão reunidas no Quadro 2.1.

É assim mesmo. Um investidor hoteleiro, por exemplo, não se preocupa diretamente com o custo do metro quadrado de construção – o parâmetro de análise e viabilidade geralmente é o custo por quarto (ou por chave, como se diz no jargão da hotelaria).

Quadro 2.1 Parâmetros para estimativa por unidade de produto final

Edificação	Unidade de capacidade	Parâmetro
Hotel	Quarto	R$/quarto
Hospital	Leito	R$/leito
Estacionamento	Vaga	R$/vaga
Escola	Aluno	R$/aluno
Penitenciária	Detento	R$/detento
Mercado público	Boxe	R$/boxe

Exemplo 2.2

Utilizando a faixa de custos históricos de hotéis cinco estrelas no Caribe, estimar o custo de construção de um hotel de 400 quartos naquela região.

Faixa histórica:

Mínimo: US$ 60.000,00/quarto

Máximo: US$ 90.000,00/quarto

Solução:

Mínimo: US$ 24.000.000,00

Máximo: US$ 36.000.000,00

Fator de capacidade

A metodologia do *fator de capacidade* torna-se muito interessante para o engenheiro de custos quando este dispõe de uma grande quantidade de projetos similares, que permite a correlação entre custo e tamanho (capacidade) por meio de uma equação como a mostrada a seguir:

$$\frac{\$B}{\$A} = \left(\frac{Cap_B}{Cap_A}\right)^f$$

em que:

$\$A$ = custo de uma obra já construída;

$\$B$ = custo da obra que se quer estimar;

Cap_A = capacidade da edificação já construída;

Cap_B = capacidade da nova edificação;

f = fator de capacidade.

Imagine que uma empresa de saneamento tenha dados do custo incorrido na construção de várias estações de tratamento de água (ETA) em municípios do interior. De posse dessas informações, o engenheiro pode traçar um gráfico de capacidade por custo (Fig. 2.1). O comportamento da curva não é linear por causa dos ganhos de escala. O custo da construção de uma ETA de 1,0 m^3/s não é o dobro do custo da construção de uma de 0,5 m^3/s, já que há muitos custos fixos que se diluem na escala: a equipe indireta da obra e a duração da obra não serão o dobro, a portaria de acesso é a mesma, os prédios administrativos são praticamente do mesmo porte etc.

Suponha que o comportamento da curva seja o mostrado na Fig. 2.1.

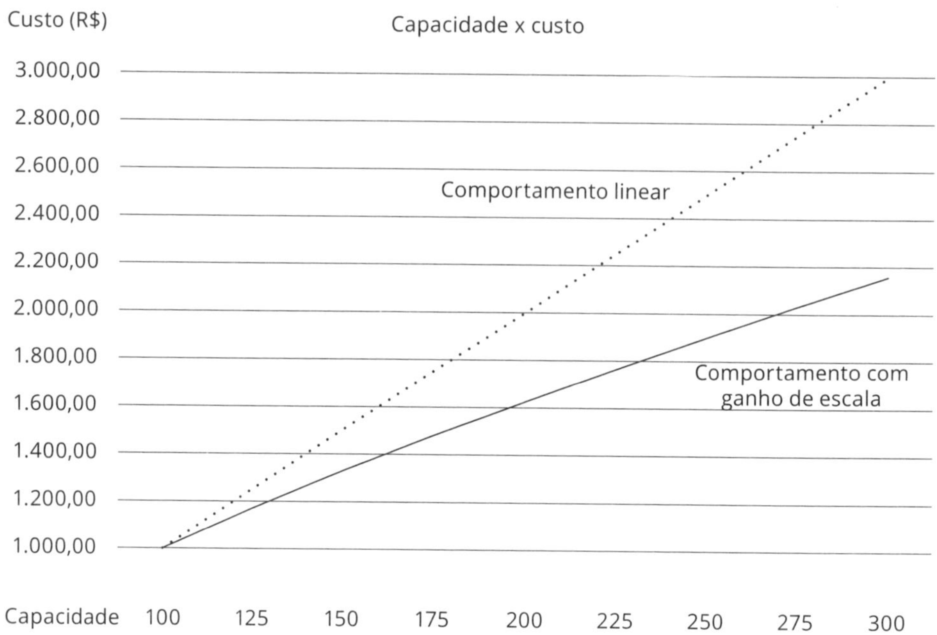

Fig. 2.1 *Custo de construção em função da capacidade*

A dificuldade da estimativa por fator de capacidade reside na determinação do fator *f*, que pode ser obtido por regressão estatística a partir dos pontos plotados no gráfico (na Fig. 2.1, $f = 0{,}7$). Por exemplo, se $f = 0{,}65$, quando a capacidade dobra (2×), o custo da obra aumenta 50% (1,5×).

Exemplo 2.3

Na referida empresa de saneamento, uma ETA de 0,8 m³/s custou R$ 100.000.000,00. Os dados de estações construídas anteriormente mostram que o fator *f* corresponde a 0,65. Qual o custo provável da construção de uma ETA de 0,5 m³/s?

Solução:

$$\frac{\$B}{R\$100.000.000{,}00} = \left(\frac{0{,}5}{0{,}8}\right)^{0{,}65}$$

$$\$B \cong R\$\ 73{,}7 \text{ milhões}$$

Fator de proporcionalidade

Pelo método do fator de proporcionalidade, o custo de uma planta industrial é obtido de forma expedita pela multiplicação de um fator pelo preço dos equipamentos da fábrica (AACE, 2015). Hans Lang propôs esse método de cálculo aproximado depois de tabular o custo de várias fábricas americanas na década de 1940 (Tab. 2.2).

Tab. 2.2 Fator de Lang

Tipo de planta	Fator de Lang
Processamento de sólidos	3,10
Processamento de sólidos e fluidos	3,63
Processamento de fluidos	4,74

Fonte: AACE (2015).

Exemplo 2.4

Para uma planta industrial de processamento de fluidos que tenha um total orçado de R$ 6.000.000,00 referente a torre de destilação, bandejamento, tanques, acumuladores de óleo, trocadores de calor, bombas e motores, calcular o custo estimado da planta.

Solução:

$$R\$\ 6.000.000{,}00 \times 4{,}74 = R\$\ 28.440.000{,}00$$

Modelamento paramétrico

O método do *modelamento paramétrico* é o mais complicado de todos, porque requer o tratamento matemático de várias funções para se chegar a uma fórmula que permita inferir o custo de um empreendimento. Sua aplicação é realizada mais em projetos industriais.

A formulação geral está apresentada a seguir:

$$\$ = a + (bV_1)^x + (cV_2)^y + \ldots$$

Exemplo 2.5

Uma indústria química construiu recentemente seis torres de refrigeração de diferentes especificações. Um engenheiro (muito bom em estatística, pelo visto) demonstrou que o algoritmo a seguir reflete o comportamento do custo da torre em função do intervalo de temperatura, temperatura de abordagem (*approach*) e vazão:

Custo (US$) = $ 86.600 + $ 84.500 × (intervalo de temperatura em °F)^{0,65} - $ 68.600 × (*approach* em °F) + $ 76.700 × (vazão em 1.000 galões por minuto)^{0,7}

Pede-se para estimar o custo de uma torre qualquer com intervalo de 30 °F, *approach* de 15 °F e vazão de 50.000 gpm.

Solução: Basta entrar com os dados na fórmula.

Custo = US$ 1.014.000,00

2.2.2 Precisão da estimativa e do orçamento

O gráfico da Fig. 2.2 mostra como a precisão de uma estimativa de custos aumenta à medida que o grau de detalhamento do projeto aumenta, permitindo que se faça um orçamento analítico em vez de uma estimativa grosseira.

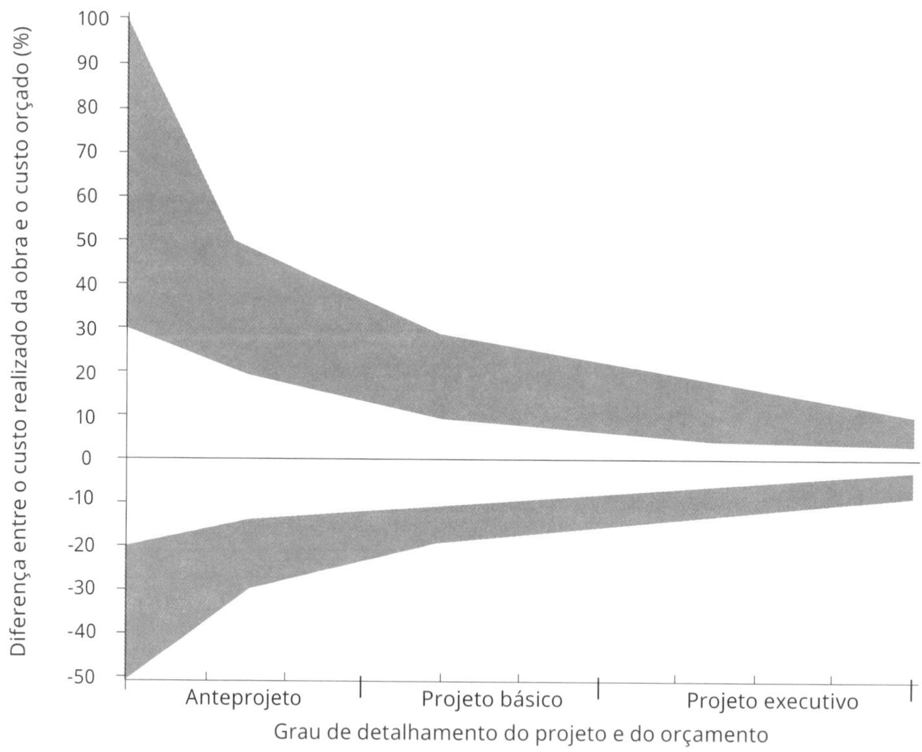

Fig. 2.2 *Diferença entre o custo estimado e o custo realizado em função do grau de detalhamento do projeto*

Fonte: AACE (2016).

A linha horizontal central mostra o valor estimado (ou orçado), enquanto a faixa de dispersão mostra o custo efetivamente incorrido na obra (valor realizado) em relação ao estimado inicialmente (em %). Nota-se que, quanto menos detalhado é o projeto, menos precisa é a estimativa. Por outro lado, quando o orçamentista dispõe de um projeto executivo e elabora um orçamento com análise de produtividades, composições de custos unitários e coleta de preço de insumos, sua chance de êxito na previsão dos custos é enormemente maior. Por que, então, a figura é assimétrica? Porque o custo realizado da obra frequentemente termina sendo mais alto do que a estimativa calculada (os orçamentistas são, sim, otimistas por natureza).

2.2.3 Indicadores

Em geral, a estimativa de custos é feita a partir de indicadores genéricos, números consagrados que servem para uma primeira abordagem da faixa de custo da obra. A tradição representa um aspecto relevante na estimativa.

No caso de obras de edificações, um indicador bastante usado é o custo do metro quadrado construído. Inúmeras são as fontes de referência desse parâmetro, sendo o custo unitário básico (CUB) o mais utilizado. Cada construtora, no entanto, pode gerar seus próprios indicadores com o passar do tempo.

Outros indicadores genéricos são:

- custo por metro linear de rede de drenagem ou esgoto;
- custo por hectare de urbanização;
- custo por megawatt de energia instalado (para usinas hidrelétricas);
- custo do quilômetro de estrada;
- custo do quilômetro de linha de transmissão de alta tensão.

CUB

A Lei nº 4.591 (Brasil, 1964) atribuiu à Associação Brasileira de Normas Técnicas (ABNT) a tarefa de padronizar critérios e normas para cálculo de custos unitários de construção, execução de orçamentos e avaliação global de obra. A lei obriga os sindicatos da indústria da construção estaduais a calcular e divulgar mensalmente os custos unitários da construção na sua base territorial, referentes a diversos padrões de construção.

A norma criada pela ABNT para tal tarefa foi a NB 140 (ABNT, 1965), posteriormente substituída pela NBR 12721 (ABNT, 2006). Ela define os critérios de coleta, cálculo, insumos representativos e os seus pesos de acordo com os padrões de construção (baixo, normal e alto), que levam em conta as condições de acabamento, a qualidade do material empregado e os equipamentos existentes.

O *custo unitário básico da construção civil* (CUB), instituído pela NB 140, representa o custo da construção, por metro quadrado, de cada um dos padrões de imóvel estabelecidos. O CUB de cada projeto-padrão é calculado aplicando-se aos coeficientes constantes dos quadros da NBR 12721 (lotes básicos) os preços unitários dos insumos (material e mão de obra) ali relacionados. Os preços dos materiais são resultantes de pesquisa mensal feita pelos sindicatos (batizados de Sinduscon na maioria dos Estados) junto a um expressivo número de construtoras, que mensalmente informam os valores praticados. Quanto à mão de obra, é aplicado um percentual correspondente aos encargos trabalhistas e previdenciários, decorrentes da legislação própria e da Convenção Coletiva de Trabalho.

Dessa forma, o CUB é o resultado da mediana de cada insumo representativo coletado junto às construtoras multiplicada pelo peso que lhe é atribuído de acordo com o padrão calculado.

Na Tab. 2.3, os custos estão divididos de acordo com a *unidade autônoma* (tipo de construção e número de quartos), o *número de pavimentos* e o padrão de *acabamento*. Os custos referem-se à Bahia, em outubro de 2018.

Por se tratar de um parâmetro médio, no valor do CUB não são considerados os custos referentes às especificidades da construção, como valor do terreno, fundações especiais, paisagismo, elevadores, instalações e equipamentos diversos, obras complementares, impostos, taxas, honorários etc.

É fácil estimar o custo de construção de um imóvel a partir do CUB. Basta buscar na Tab. 2.3 o valor do CUB correspondente ao padrão e multiplicá-lo pela área de construção.

Exemplo 2.6

Para um edifício residencial de oito pavimentos, com 300 m^2 de área por pavimento, de padrão normal, em Salvador, calcular o custo de construção utilizando o CUB.

Solução:

Área construída total = 2.400 m^2

CUB Bahia outubro/2018 (R-8/N) = R\$ 1.404,30/m^2

Custo total = 2.400 m^2 × R\$ 1.404,30/m^2 = R\$ 3.370.320,00 → R\$ 3,4 milhões

Tab. 2.3 CUB da Bahia (outubro/2018)

Valores em R$/m²

Projetos-padrão residenciais

R-1: Residencial/1 pavimento
R-8: Residencial/8 pavimentos
R-16: Residencial/16 pavimentos

PP-4: Prédio popular/4 pavimentos

PIS: Projeto de interesse social

Padrão baixo			Padrão normal			Padrão alto		
Tipo	R$	Variação	Tipo	R$	Variação	Tipo	R$	Variação
R-1	1.484,31	0,14%	R-1	1.756,79	0,17%	R-1	2.087,21	0,15%
PP-4	1.270,67	0,19%	PP-4	1.665,76	0,18%	R-8	1.668,91	0,17%
R-8	1.206,26	0,21%	R-8	1.404,30	0,20%	R-16	1.765,22	0,19%
PIS	938,83	0,15%	R-16	1.349,43	0,20%			

Projetos-padrão comerciais

CAL-8: Comercial andares livres/8 pavimentos

CSL-8: Comercial salas e lojas/8 pavimentos
CSL-16: Comercial salas e lojas/16 pavimentos

Padrão normal			Padrão alto		
Tipo	R$	Variação	Tipo	R$	Variação
CAL-8	1.606,14	0,21%	CAL-8	1.698,15	0,20%
CSL-8	1.395,17	0,21%	CSL-8	1.503,66	0,20%
CSL-16	1.847,71	0,21%	CSL-16	1.991,32	0,20%

Projetos-padrão galpão industrial (GI) e residência popular (RP1Q)

Tipo	R$	Variação	Tipo	R$	Variação
GI	760,83	0,38%	RP1Q	1.407,94	0,33%

Nota: valores em R$/m².
Fonte: Sinduscon/BA (2018)

Há que se atentar para a diferença entre *CUB* e *índice CUB*. O CUB é um valor em reais. Ele representa o valor por metro quadrado da construção de uma habitação de acordo com os padrões estabelecidos pela NBR 12721. Como o cálculo é feito com uma periodicidade mensal, é possível criar uma série histórica da evolução dos valores a partir das suas variações mensais.

Já o índice CUB é a variação acumulada do CUB entre o mês anterior e o atual. É um *percentual*. Ele representa quanto o custo de construção variou de um mês para o outro. Assim, esse índice é um parâmetro importante para comparação entre a alta dos preços da construção civil e outros índices mais genéricos divulgados na imprensa – IGP-M, INPC, INCC, ICC, Fipe, entre outros.

Dicas para o orçamentista	
CUB	É o custo médio do metro quadrado construído, dado em reais.
Índice CUB	Indica a variação entre o CUB de dois meses consecutivos, dado em porcentagem.

Custo unitário Pini de edificações

A Pini desenvolveu uma metodologia própria de cálculo do custo do metro quadrado construído. Trata-se do *custo unitário Pini de edificações*, que serve como uma referência paralela ao CUB. Por ter um projeto-padrão diferente daquele do CUB, naturalmente os dois índices levam a valores distintos, mas não muito distantes entre si. Cabe ao orçamentista enquadrar sua obra nos padrões adotados e verificar qual índice mais se adapta ao caso.

Um exemplo de tabela do custo unitário Pini de edificações encontra-se na Tab. 2.1 (p. 35), referente ao município de Salvador em dezembro de 2017.

Custo de urbanização – avaliação de glebas

Outro exemplo é o *custo de urbanização – avaliação de glebas* (Tab. 2.4), calculado para um módulo de 1.000 m^2 de área útil.

2.3 Orçamento preliminar

O *orçamento preliminar* está um degrau acima da estimativa de custos, sendo um pouco mais detalhado. Ele pressupõe o levantamento expedito de algumas quantidades e a atribuição do custo de alguns serviços, e, portanto, possui um grau de incerteza mais baixo do que o da estimativa de custos.

No orçamento preliminar, trabalha-se com uma quantidade maior de indicadores, que representam um aprimoramento da estimativa inicial. Os indicadores servem para gerar pacotes de trabalho menores, de maior facilidade de orçamentação e análise de sensibilidade de preços.

A partir de obras similares, a construtora pode gerar seus próprios indicadores. Embora os prédios tenham projetos arquitetônicos e acabamentos diferentes, nota-se que os indicadores não flutuam muito.

Tab. 2.4 Avaliação de glebas

Mês e ano	Custo de urbanização (R$ por 1.000 m² de área útil)										
	Serviços de topografia	Terraplenagem			Rede de água potável	Rede de esgoto	Drenagem de águas pluviais		Pavimen-tação	Rede de iluminação pública	Total
		Leve	Médio	Pesado			Galerias	Guias e sarjetas			
Mar/13	1.508,50	981,30	2.951,06	7.875,57	5.097,26	11.079,06	4.605,73	4.122,81	12.376,63	1.857,02	52.454,93
Abr	1.510,05	981,30	2.951,06	7.875,57	5.046,29	11.080,85	4.607,48	4.141,96	12.362,23	1.857,02	52.413,80
Mai	1.599,25	1.025,24	2.995,00	7.919,51	5.335,20	11.730,93	4.853,37	4.257,28	12.503,34	1.976,52	54.195,63
Jun	1.601,88	1.025,24	2.995,00	7.919,51	5.284,09	11.734,66	4.854,50	4.265,45	12.495,35	1.979,09	54.154,76
Jul	1.601,88	1.025,24	2.995,00	7.919,51	5.309,26	11.728,23	4.829,13	4.291,99	12.611,04	1.981,66	54.292,93
Ago	1.604,83	1.025,24	2.995,00	7.919,51	5.314,26	11.943,90	4.813,34	4.288,70	12.547,85	1.981,66	54.434,28
Set	1.605,92	1.025,24	2.995,00	7.919,51	5.316,90	11.960,08	4.844,53	4.303,45	12.566,20	1.981,66	54.518,48
Out	1.608,01	1.025,24	2.995,00	7.919,51	5.316,20	11.966,76	4.847,32	4.337,27	12.582,06	1.981,66	54.579,03
Nov	1.610,76	1.025,24	2.995,00	7.919,51	5.316,20	11.974,41	4.849,68	4.358,33	12.579,82	1.989,37	54.618,31
Dez	1.611,30	1.025,24	2.995,00	7.919,51	5.214,21	11.367,98	4.815,46	4.359,46	12.249,40	1.991,94	53.549,48
Jan	1.610,97	1.025,24	2.995,00	7.919,51	5.282,32	11.400,88	4.859,16	4.359,23	12.249,03	1.991,94	53.693,28
Fev	1.616,30	1.025,24	2.995,00	7.919,51	5.280,26	11.419,41	4.872,34	4.438,03	12.353,25	1.991,94	53.911,27
Mar/14	1.616,47	1.025,24	2.995,00	7.919,51	5.284,59	11.420,33	4.872,60	4.438,49	12.356,93	1.993,69	53.922,84
Variações (%) referentes ao último mês											
Mês	**0,01**	**0,00**	**0,00**	**0,00**	**0,08**	**0,01**	**0,01**	**0,01**	**0,03**	**0,09**	**0,02**
Acumulado no ano	0,32	0,00	0,00	0,00	1,35	0,46	1,19	1,81	0,88	0,09	0,70
Acumulado em 12 meses	7,16	4,48	1,49	0,56	3,68	3,08	5,79	7,66	−0,16	7,36	2,80

Observações:
1. Os custos de urbanização apresentados foram dimensionados para um módulo de 1.000 m² de área útil (área de lotes) e foram calculados com base no trabalho *Avaliação de glebas – subsídios para pré-planos,* da empresa Guilherme Martins Engenharia de Avaliações S/C Ltda., que faz parte da terceira edição do livro Construções, terrenos da Editora Pini. Os valores são atualizados mensalmente por pesquisa em São Paulo (SP).
2. No preço total devem ser expurgados os valores dos itens não utilizados na urbanização avaliada.

Fonte: Pini (2014).

A seguir, são mostrados alguns *indicadores* úteis para levantamentos expeditos de construções prediais. Embora cada prédio tenha seu projeto particular, a relação entre os quantitativos dos principais serviços obedece a um comportamento geral.

2.3.1 Volume de concreto

O volume de concreto de um pavimento engloba pilares, vigas, lajes e escadas. É calculado a partir da multiplicação entre a área construída e a espessura média do concreto.

$$\text{Volume de concreto} = \text{área construída} \cdot \text{espessura média}$$

Define-se espessura média como a espessura que o volume de concreto do pavimento atingiria se ele fosse distribuído regularmente pela área do pavimento. Vale destacar que a espessura média se refere apenas à superestrutura do prédio; ela não inclui concreto de fundações (blocos, tubulões), quadras esportivas etc. Assim, para o indicador *espessura média*, há alguns parâmetros preestabelecidos:

* Estrutura abaixo de dez pavimentos → entre 12 cm e 16 cm;
* Estrutura acima de dez pavimentos → entre 16 cm e 20 cm.

2.3.2 Peso de armação

O peso de armação é calculado multiplicando-se o volume do concreto pela taxa de aço do concreto.

$$\text{Peso de armação} = \text{volume de concreto} \cdot \text{taxa de aço}$$

Embora lajes, vigas e pilares tenham solicitações distintas e sejam armados com diferentes densidades de aço por metro cúbico de concreto, verifica-se que, em construções prediais, a taxa de aço média, que é o indicador analisado, situa-se em uma faixa em função do volume de concreto:

* Estrutura abaixo de dez pavimentos → entre 83 kg e 88 kg por metro cúbico de concreto;
* Estrutura acima de dez pavimentos → entre 88 kg e 100 kg por metro cúbico de concreto.

2.3.3 Área de fôrma

Para calcular a área de fôrma, é necessário multiplicar o volume de concreto pela taxa de fôrma.

Área de fôrma = volume de concreto · taxa de fôrma

Embora a quantidade de fôrma para moldagem de um pilar seja bem mais representativa do que para uma laje, verifica-se que a área média de fôrma está sempre em uma determinada faixa, em função do volume de concreto:

entre 12 m² e 14 m² por metro cúbico de concreto.

Exemplo 2.7

Estimar os quantitativos de concreto, aço e fôrma do edifício residencial do Exemplo 2.6 (Fig. 2.3).

Solução:

Área construída total (A_c) = 2.400 m²

Volume de concreto (V_{conc}) = A_c · espessura média = 2.400 m² × 0,14 m = 336 m³

Peso de armação = V_{conc} · taxa de aço = 336 m³ × 85 kg/m³ = 28.560 kg = 28,6 t

Área de fôrma = V_{conc} · taxa de fôrma = 336 m³ × 13 m²/m³ = 4.368 m²

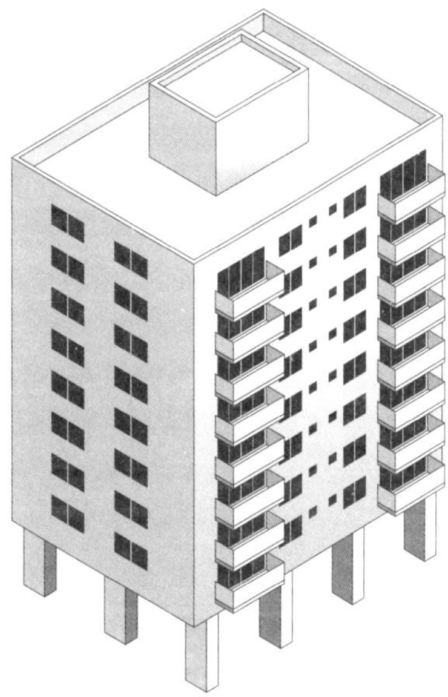

FIG. 2.3 *Edifício residencial tomado como exemplo*

2.4 Estimativa de custos por etapa de obra

A estimativa de custos por etapa de obra é uma decomposição da estimativa inicial, levando em consideração o percentual que cada etapa da obra representa no custo total.

A tabela de percentuais é fruto do estudo de obras similares entre si e geralmente é montada em faixas de valores. A decomposição em etapas é útil por apresentar um valor estimado para cada etapa da obra, e também porque, por meio desse tipo de orçamento, o orçamentista pode rapidamente avaliar se a cotação de um subempreiteiro está dentro ou fora da faixa esperada.

Por meio da Tab. 2.5, é possível ter uma noção da representatividade de cada etapa no custo total de uma obra de edificações.

Tab. 2.5 Estimativa de custos por etapa de obra (%)

Etapas construtivas	Habitacional						Comercial		Industrial
	Residencial			Prédio com elevador fino (4)	Prédio sem elevador		Prédio com elevador fino (7)	Prédio sem elevador médio (8)	Galpão médio (9)
	Fino (1)	Médio (2)	Popular (3)		Médio (5)	Popular (6)			
Serviços preliminares	2,6 a 3,6	2,4 a 3,9	0,6 a 1,3	0,2 a 0,3	0,4 a 0,7	1,1 a 2,1	0 a 1	0,4 a 0,9	1 a 1,9
Movimento de terra	0 a 1	0 a 1	0 a 1	0 a 1	0 a 1	0 a 1	0 a 1	0 a 1	0 a 1
Fundações especiais	-	-	-	3 a 4	3 a 4	3 a 4	3 a 4	3 a 4	4 a 5
Infraestrutura	6,7 a 7,2	3,2 a 3,8	2,3 a 4,1	1,7 a 2,2	3,2 a 3,8	3,8 a 4,3	2,7 a 3,2	3,8 a 4,6	2,7 a 3,5
Superestrutura	15,1a 17,7	10,9 a 15,1	9,6 a 12,2	25,2 a 30,8	22,2 a 27,6	18,6 a 23,2	22,8 a 27,3	18,9 a 22,7	5 a 6,7
Vedação	4,8 a 8	7,7 a 12,1	7,7 a 13,6	3,4 a 4,7	4,5 a 9	8,3 a 14,1	3,3 a 4,7	5,2 a 8,1	1,9 a 3,3
Esquadrias	2,9 a 5,8	8 a 14,9	8,1 a 13,5	7,7 a 14,4	4,7 a 8,4	3,8 a 6,5	7,8 a 15,4	6,7 a 12,5	6,7 a 12,7
Cobertura	0 a 0,4	3,8 a 8,2	10 a 19,9	-	0,6 a 1,8	-	-	-	17,3 - 26
Instalações hidráulicas	10,8 a 12,7	10,9 a 12,8	11,1 a 12	10,3 a 12,1	9,7 a 11,4	9,4 a 10,4	9,5 a 10,5	7,4 a 8,4	4,4 a 5,3
Instalações elétricas	3,8 a 4,8	3,8 a 4,8	3,8 a 4,8	4,5 a 5,4	3,7 a 4,6	3,8 a 4,8	3,7 a 4,6	3,8 a 4,7	5 a 6
Impermeabilização e isolação térmica	10,1 a 13,2	0,3 a 0,7	0,4 a 0,8	1,2 a 2,3	1,2 a 1,8	4,4 a 5,6	1,8 a 2,3	5,7 a 7	0,8 a 1,2
Revestimento (pisos, paredes e forros)	20,6 a 27,9	24,8 a 31	21,2 a 29,2	21,7 a 28,2	26,1 a 33,2	24,5 a 34,6	17,3 a 24,4	19,9 a 25,1	7 a 9,7
Vidros	1,8 a 3,4	0,5 a 1	0,9 a 1,7	1,4 a 2,7	0,4 a 0,9	0,4 a 0,9	1,8 a 3,2	1,6 a 3,1	0 a 0,4
Pintura	4 a 5,7	5,8 a 7,5	3,9 a 4,8	3,4 a 4,4	4,8 a 6,6	2,6 a 3,4	7,3 a 10,9	6,5 a 8,3	4,7 a 7,1
Serviços complementares	2,1 a 3,2	0,5 a 0,7	0,5 a 1,1	0,3 a 0,9	0 a 1,1	0,5 a 1,1	0 a 1,1	0 a 8,3	20,3 a 29,2
Elevadores	-	-	-	1,3 a 1,7	-	-	2,7 a 3,3	-	-

Mês de referência: julho/2017

Observações: (1) residência térrea (250 m²), executada com: alvenaria de tijolos comuns, caixilhos de alumínio e vidros temperados com ferragens (fechaduras e dobradiças); fachada com pintura látex acrílica sobre massa fina e silicone sobre concreto aparente. Nesse projeto ocorre a substituição da cobertura convencional (telhas) pela laje impermeabilizada; (2) residência assobradada (215 m²), executada com: alvenaria de tijolos cerâmicos; vidros comuns em caixilhos de ferro e madeira com pintura esmalte ou verniz; cobertura com telhas cerâmicas; fachada com pintura látex PVA sobre massa fina; (3) residência térrea (63 m²), executada com: alvenaria de blocos de concreto; vidros comuns em caixilhos de ferro com pintura esmalte, pintura interna e externa com caiação sobre massa grossa desempenada; cobertura com telhas de fibrocimento; (4) edifício residencial com 29 pavimentos (18.900 m²), executado com: alvenaria de tijolos cerâmicos; vidros comuns em caixilhos de alumínio e temperados com ferragens; piso das áreas comuns revestidos com granilite, *hall* social, entrada e salão de festas com piso em placas de mármore; fachada em argamassa pré-fabricada imitação travertino; cobertura com laje impermeabilizada e proteção térmica; (5) edifício residencial com quatro pavimentos (1.662,50 m²), executado com: alvenaria de blocos de concreto; caixilhos de alumínio; piso das áreas comuns revestidos com granilite, entrada social com placas de mármore; fachada com pastilhas de porcelana; cobertura com telhas de fibrocimento; (6) edifício residencial com quatro pavimentos (638 m²), executado com alvenaria de blocos de concreto; caixilhos de ferro com pintura esmalte; pintura interna e externa com caiação sobre massa grossa desempenada; cobertura com laje impermeabilizada e proteção térmica; (7) edifício comercial com 13 pavimentos (5.800 m²), executado com: alvenaria de tijolos cerâmicos; vidros temperados em caixilhos de alumínio; fachada com pintura látex acrílico sobre massa corrida e silicone sobre concreto aparente; cobertura com laje impermeabilizada e proteção térmica; (8) edifício comercial com três pavimentos (1.426 m²), executado com: alvenaria de tijolos cerâmicos; caixilhos de ferro com pintura esmalte, fachada com pintura látex acrílico sobre massa grossa desempenada e placas cerâmicas; cobertura com laje impermeabilizada e proteção térmica; (9) galpão industrial (1.553,50 m²) com telhas de fibrocimento; piso de alta resistência e cobertura com telhas de fibrocimento.

Fonte: Pini (2017b).

Ao se trabalhar com a estimativa de custos por etapa de obra, deve-se ter em mente que os percentuais são apenas referenciais. No caso de se ter uma obra atípica – implantada em aclive pronunciado, ou em terreno muito fraturado, ou com grandes balanços na estrutura, ou com sofisticada pele de vidro na fachada –, os percentuais da tabela certamente não serão muito exatos. O ideal continua sendo sempre elaborar o orçamento analítico da obra.

Exemplo 2.8

Retomando o Exemplo 2.6, do edifício residencial de 2.400 m^2 de área construída, o valor estimado do custo de construção por etapa de obra está apresentado na Tab. 2.6.

Tab. 2.6 Estimativa de custo por etapa da obra

Etapa	% do custo total	Valor (R$)
Serviços preliminares	0,2-0,3	6.800,00 a 10.200,00
Movimento de terra	0,0-1,0	0 a 34.000,00
Fundações especiais	3,0-4,0	102.000,00 a 136.000,00
Infraestrutura	1,8-2,4	61.200,00 a 81.600,00
Superestrutura	26,8-32,7	911.200,00 a 1.111.800,00
Vedação	3,6-5,0	122.400,00 a 170.000,00
Esquadrias	6,1-11,3	207.400,00 a 384.200,00
Instalações hidráulicas	10,5-12,3	357.000,00 a 418.200,00
Instalações elétricas	4,5-5,4	153.000,00 a 183.600,00
Impermeabilização e isolação térmica	1,2-2,4	40.800,00 a 81.600,00
Revestimento (pisos, paredes, forros)	21,1-27,4	717.400,00 a 931.600,00
Vidros	1,5-2,9	51.000,00 a 98.600,00
Pintura	3,8-4,9	129.200,00 a 166.600,00
Serviços complementares	0,3-0,9	10.200,00 a 30.600,00
Elevadores	1,4-1,8	47.600,00 a 61.200,00
Total	**100,0**	**3.400.000,00**

2.5 Orçamento analítico

O *orçamento analítico* constitui a maneira mais detalhada e precisa de prever o custo da obra. Ele é efetuado a partir de composições de custos e de cuidadosa pesquisa de preços dos insumos, e procura chegar a um valor bem próximo do custo "real".

O orçamento analítico vale-se de uma composição de custos unitários para cada serviço da obra, levando em consideração o quanto de mão de obra, material e equipamento é gasto em sua execução. Além do custo dos serviços (custo direto), são computados também os custos indiretos, compostos pelos custos de manutenção do canteiro de obras, equipes técnica, administrativa e de suporte da obra, taxas e emolumentos etc., para que se chegue a um valor orçado preciso e coerente.

Uma explicação completa acerca do orçamento analítico será encontrada nos capítulos seguintes deste livro.

três

Levantamento de quantidades

O início da orçamentação de uma obra requer o conhecimento dos diversos serviços que a compõem. Além disso, não basta saber apenas quais os serviços, é preciso saber também o quanto de cada um deve ser realizado.

A etapa de levantamento de quantidades (ou quantitativos) consiste na quantificação dos diversos materiais de um determinado serviço, e deve ser feita com base em desenhos fornecidos pelo projetista e considerando as dimensões especificadas e suas características técnicas. Por exemplo, ao se medir a área de piso de um apartamento, deve-se separá-la por tipo de revestimento. O levantamento de quantidades é uma das etapas que intelectualmente mais exigem do orçamentista, porque demanda leitura de projeto, cálculos de áreas e volumes, consulta a tabelas de engenharia, tabulação de números etc.

O processo de levantamento das quantidades de cada material deve sempre deixar uma memória de cálculo fácil de ser manipulada, a fim de que as contas possam ser conferidas por outra pessoa e que uma mudança de características ou dimensões do projeto não acarrete um segundo levantamento completo. Em vista disso, são normalmente usados formulários padronizados por cada empresa.

3.1 Dimensões

O levantamento de quantidades pode envolver elementos de naturezas diversas. Alguns desses elementos estão expostos no Quadro 3.1.

Quadro 3.1 Grandezas envolvidas no levantamento de quantidades

Dimensão	Exemplos
Linear	Tubulação, meio-fio, cerca, sinalização horizontal de estrada, rodapé
Superficial ou de área	Limpeza e desmatamento, fôrma, alvenaria, forro, esquadria, pintura, impermeabilização, plantio de grama
Volumétrica	Concreto, escavação, aterro, dragagem, bombeamento
De peso	Armação, estrutura metálica
Adimensional	Postes, portões, placas de sinalização, comportas (serviços que não são pagos por medida, mas por simples contagem)

Quanto à permanência, os materiais empregados em uma obra podem ser classificados em dois tipos: permanentes e não permanentes, conforme o Quadro 3.2.

Quadro 3.2 Materiais permanentes e não permanentes

Classe	Característica	Exemplo
Permanentes	Ficam incorporados ao produto final	Concreto, aço, tinta, areia, brita, cimento, tijolo
Não permanentes	São utilizados durante a fase de construção e removidos em seguida	Madeira para fôrmas e escoramentos, tensores metálicos de fôrmas, prego, desmoldante, tubulações provisórias (ar comprimido, ventilação, água)

Eventualmente, o construtor pode fabricar seu próprio material. Um exemplo disso é uma obra de estrada em que o agregado (material pétreo) provém da britagem e do peneiramento de blocos rochosos escavados a fogo. Nesse caso, o preço do material (seja em metro cúbico ou em tonelada) é o preço do desmonte da rocha mais seu beneficiamento.

A seguir, é apresentado em detalhe o processo de levantamento de quantidades dos principais serviços que aparecem nas obras.

3.1.1 Demolição

O volume da estrutura a ser demolida "cresce" quando deixa de ser construção e passa a ser entulho. Isso se dá porque o arranjo da massa se desfaz e, assim, aumenta de volume. Esse "inchamento", bem semelhante a um empolamento, varia de material para material e de acordo com o método de demolição.

Para demolição de alvenaria de blocos, comum em obras e reformas, recomenda-se multiplicar o volume por 2. Em outras palavras, 1 m^3 de alvenaria gera cerca de 2 m^3 de entulho quando demolida.

Dica para o orçamentista

Volume de remoção de entulho = volume de demolição × 2

3.1.2 Fôrma

Para a determinação do quantitativo de fôrmas, é importante que haja um projeto executivo, com o detalhamento das diversas peças.

Para fôrmas de madeira, por exemplo, em geral são utilizados os seguintes componentes: chapa compensada (resinada, plastificada), sarrafo, prego, desmoldante. Apenas com um projeto de fôrmas é que o orçamentista pode estimar com segurança o quantitativo de todos esses elementos.

O exemplo a seguir auxilia na compreensão do levantamento das quantidades.

Exemplo 3.1

Levantar os quantitativos de todos os materiais necessários ao serviço de fabricação, montagem e escoramento da fôrma da estrutura mostrada na Fig. 3.1.

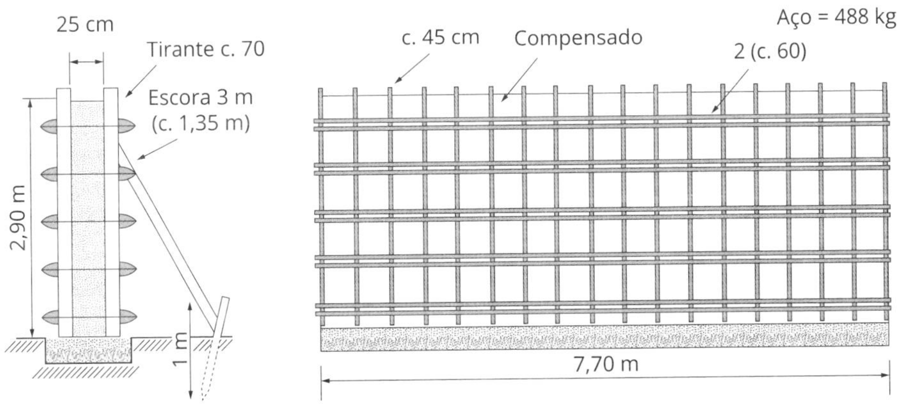

Fig. 3.1 *Esquema de fôrma e escoramento do muro de concreto*

Solução:

- Chapa compensada (dimensões 2,20 m × 1,10 m = 2,42 m^2):

  Quantidade de chapas = (7,70 m × 2,90 m)/2,42 m^2 = 9,22 un

  Total = 9,22 un × 2 lados = 18,44 un → 18,44 un × 2,42 m^2 = 44,66 m^2

- Sarrafo:

  Vertical = 7,70 m/0,45 m = 17,1 → 18 un × 2,90 m × 2 lados = 104,4 m

Horizontal = 2,90 m/0,60 m = 4,8 → 5 un × 2 × 7,70 m × 2 lados = 154 m

Escora = 7,70 m/1,35 m = 5,7 → 6 un × 3,0 m = 18 m

Piquete = 6 un × 1,0 m = 6 m

Total = 282,4 m

* Tensor metálico:

A cada dois cruzamentos na horizontal = 5 × 9 = 45 un

* Prego:

Usar taxa de 0,25 kg/m^2→ 7,70 m × 2,90 m × 2 lados × 0,25 kg/m^2 = 11,2 kg

* Desmoldante:

Usar taxa de 0,10 L/m^2→ 7,70 m × 2,90 m × 2 lados × 0,10 L/m^2 = 4,5 L

Dica para o orçamentista

Taxas por metro quadrado de fôrma:

Prego	0,20 kg/m^2 a 0,25 kg/m^2
Desmoldante	0,10 L/m^2

3.1.3 Armação

O serviço de armação é estimado com base no peso (seria mais correto dizer massa) de aço requerido de acordo com o projeto estrutural, que em geral traz um *quadro de ferragem* (ou *quadro de aço* ou *lista de ferros*) de cada peça ou conjunto de peças, contendo os respectivos comprimentos, bitola e quantidade.

Agrupados por bitola, o comprimento pode ser convertido em peso por meio da correspondência expressa na Tab. 3.1.

Tab. 3.1 Peso de barras de aço por metro

Diâmetro		kg/m
mm	polegada	
5,0	3/16"	0,16
6,3	1/4"	0,25
8,0	5/16"	0,40
10,0	3/8"	0,63
12,5	1/2"	1,00
16,0	5/8"	1,60
20,0	3/4"	2,50
22,3	7/8"	3,00
25,0	1"	4,00
32,0	11/4"	6,30

Dica para o orçamentista

Alguns projetistas já acrescentam 10% de perdas no peso total de aço do quadro de ferragem. Nesse caso, o orçamentista não precisará introduzir as perdas na composição de custos.

Exemplo 3.2

Levantar o peso de armação da estrutura, cujo quadro de ferragem é mostrado na Tab. 3.2.

Tab. 3.2 Quadro de ferragem

Nº	Ø (mm)	Comprimento unitário (m)	Quantidade	Comprimento total (m)
1	8,0	4,50	20	90,0
2	10,0	6,00	50	300,0
3	8,0	1,20	12	14,4
4	12,5	8,00	4	32,0
5	12,5	4,80	40	192,0
6	10,0	2,00	18	36,0

Solução: A solução desse exemplo, com o cálculo do peso total da estrutura, encontra-se a seguir.

Levantamento do quantitativo de aço

Ø (mm)	Comprimento total (m)	Peso por metro (kg/m)	Peso (kg)
8,0	90,0 + 14,4 = 104,4	0,40	41,8
10,0	300,0 + 36,0 = 336,0	0,63	211,7
12,5	32,0 + 192,0 = 224,0	1,00	224,0
		Total	**477,5**

3.1.4 Traços de argamassa e concreto

A Tab. 3.3 traz alguns traços de argamassa e concreto úteis para orçamento.

Tab. 3.3 Traços de concreto e argamassa

	Insumo	Unidade	Coeficiente
Chapisco para parede interna ou externa com argamassa de cimento e areia sem peneirar (traço 1:3), *e* = 5 mm	Areia lavada tipo média	m³	0,006080
	Cimento Portland CP II-E-32 (resistência = 32,00 MPa)	kg	2,430000
Chapisco em teto de concreto com argamassa pré-fabricada adesiva de cimento colante	Argamassa adesiva para chapisco	kg	4,200000

Tab. 3.3 (continuação)

	Insumo	Unidade	Coeficiente
Emboço em teto com argamassa mista de cimento, cal hidratada e areia sem peneirar (traço 1:2:9), *e* = 20 mm	Areia lavada tipo média	m³	0,024320
	Cal hidratada CH III	kg	3,240000
	Cimento Portland CP II-E-32 (resistência = 32,00 MPa)	kg	3,240000
Emboço/massa única para parede interna com argamassa de cimento e areia sem peneirar (traço 1:3), *e* = 20 mm	Areia lavada tipo média	m³	0,024320
	Cimento Portland CP II-E-32 (resistência = 32,00 MPa)	kg	9,720000
Reboco em teto com argamassa de cal hidratada e areia peneirada (traço 1:2), *e* = 5 mm	Areia lavada tipo média	m³	0,006078
	Cal hidratada CH III	kg	1,825000
Reboco para parede interna ou externa, com argamassa de cal hidratada e areia peneirada (traço 1:2), *e* = 5 mm	Areia lavada tipo média	m³	0,006078
	Cal hidratada CH III	kg	1,825000
Concreto estrutural virado em obra, controle "A", consistência para vibração, brita 1 e 2, fck = 20 MPa	Areia lavada tipo média	m³	0,901000
	Pedra britada 1	m³	0,209000
	Pedra britada 2	m³	0,627000
	Cimento Portland CP II-E-32 (resistência = 32,00 MPa)	kg	306,000000
Concreto estrutural virado em obra, controle "C", consistência para vibração, brita 1 e 2, fck = 15 MPa	Areia lavada tipo média	m³	0,913000
	Pedra britada 1	m³	0,209000
	Pedra britada 2	m³	0,627000
	Cimento Portland CP II-E-32 (resistência = 32,00 MPa)	kg	293,000000
Concreto estrutural virado em obra, controle "A", consistência para vibração, brita 1, fck = 18 MPa	Areia lavada tipo média	m³	0,878000
	Pedra britada 1	m³	0,836000
	Cimento Portland CP II-E-32 (resistência = 32,00 MPa)	kg	305,000000
Concreto estrutural virado em obra, controle "B", consistência para vibração, brita 1 e 2, fck = 18 MPa	Areia lavada tipo média	m³	0,904000
	Pedra britada 1	m³	0,209000
	Pedra britada 2	m³	0,627000
	Cimento Portland CP II-E-32 (resistência = 32,00 MPa)	kg	304,000000
Concreto estrutural virado em obra, controle "B", consistência para vibração, brita 1 e 2, fck = 20 MPa	Areia lavada tipo média	m³	0,890000
	Pedra britada 1	m³	0,209000
	Pedra britada 2	m³	0,627000
	Cimento Portland CP II-E-32 (resistência = 32,00 MPa)	kg	320,000000

Fonte: adaptado de Pini (2017c).

Dica para o orçamentista

Os volumes de brita e areia totalizam aproximadamente 1,6-1,7 m^3 para cada 1 m^3 de concreto.

3.1.5 Alvenaria

O levantamento de quantidades de alvenaria por tipo visa obter a área de parede a ser edificada, assim como desmembrar essa área em termos dos insumos que entram na execução do serviço. Em outras palavras, primeiro é determinada a área de parede e, a partir dela, a quantidade de blocos e de argamassa de levante da alvenaria.

A área de alvenaria servirá de base para o levantamento de quantidades de outros serviços, tais como chapisco, emboço, reboco, pintura e azulejo.

Área de alvenaria

O levantamento da área de alvenaria a ser erguida na obra parte da interpretação da planta baixa da edificação, associada às elevações mostradas nos cortes transversais. Pode-se calcular a área de alvenaria pela simples multiplicação *comprimento* × *altura*, ou então *perímetro* × *pé-direito*.

A tabulação individual das paredes permite a checagem das contas e consultas posteriores, além de servir como registro (memória de cálculo).

Quando num pano de parede existirem *aberturas* – portas, janelas, basculantes, elementos vazados etc. –, há uma regra prática para o levantamento da área de alvenaria: se a área da abertura for *inferior a 2* m^2, despreza-se o vão da abertura, isto é, não se faz desconto algum na parede; e se a área da abertura for *igual ou superior a 2* m^2, desconta-se da área total o que exceder a 2 m^2. Essa regra parte do pressuposto de que a execução da alvenaria nas bordas da abertura demanda tempo com ajustes, arestamento, escoramento dos blocos, colocação de verga e contraverga, e que esse tempo seria equivalente ao que o pedreiro levaria para preencher o vão se a parede fosse inteira. A regra não é perfeita, pois faz uma compensação de homem-hora por material, mas ainda assim é uma prática muito difundida entre os orçamentistas.

Dicas para o orçamentista

Vão na alvenaria < 2 m^2 → não se desconta a abertura;

Vão na alvenaria ≥ 2 m^2 → desconta-se o que exceder a 2 m^2.

A análise é feita vão por vão, e não pela soma dos vãos. Por exemplo, se forem duas janelas, desconta-se o que exceder a 2 m^2 em cada uma delas.

Exemplo 3.3

Calcular a área de alvenaria de:

1. uma parede de 6,0 m × 2,8 m com janela de 1,5 m × 1,0 m;
2. uma parede de 6,0 m × 2,8 m com janela de 1,5 m × 2,0 m;
3. uma parede de 6,0 m × 2,8 m com uma janela de 1,5 m × 1,0 m e uma janela de 1,5 m × 2,0 m.

Solução:

1. Área = 6,0 m × 2,8 m – 0 = 16,8 m^2
2. Área = (6,0 m × 2,8 m) – (1,5 m × 2,0 m – 2 m^2) = 16,8 m^2 – 1,0 m^2 = 15,8 m^2
3. Área = (6,0 m × 2,8 m) – 0 – (1,5m × 2,0 m – 2 m^2) = 15,8 m^2

Quantidade de blocos e argamassa de levante

A quantidade de blocos e argamassa por metro quadrado de alvenaria depende da dimensão do bloco e da espessura das juntas horizontais e verticais. Chamando de b_1 e b_2 o comprimento e a altura (em metros) do bloco no plano da parede, e de e_h e e_v a espessura (em metros) das juntas horizontais e verticais, respectivamente, a quantidade n de blocos por metro quadrado será obtida pela divisão de 1 m^2 pela área do bloco equivalente, que é o bloco acrescido das juntas (Fig. 3.2).

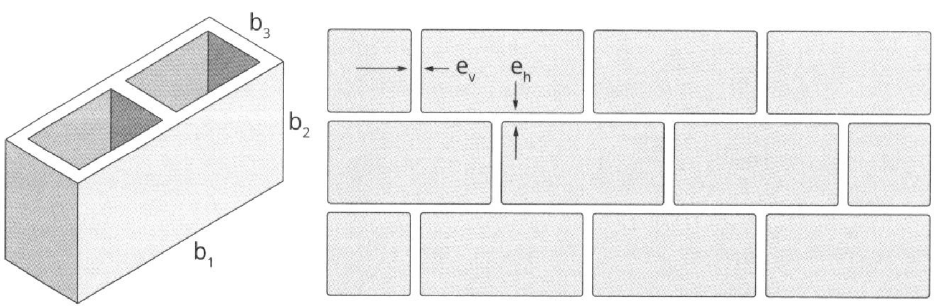

FIG. 3.2 *Detalhe da alvenaria*

Parametricamente:

$$n = \frac{1}{(b_1 + e_h) \cdot (b_2 + e_v)}$$

Para o cômputo do volume de argamassa por metro quadrado de alvenaria (*V*), a maneira mais prática é subtrair de 1 m² a área frontal dos blocos existentes nessa área e multiplicar o resultado pela espessura da parede (b_3):

$$V = [1 - n \cdot (b_1 \cdot b_2)] \cdot b_3$$

Exemplo 3.4

Para uma alvenaria com bloco de 14 cm (espessura) × 19 cm (altura) × 39 cm (comprimento) e juntas de 1,5 cm, calcular o consumo teórico de blocos e de argamassa de levante por metro quadrado de parede.

Solução:

$$n = \frac{1}{(0{,}39 + 0{,}015) \times (0{,}19 + 0{,}015)} = 12{,}04\,\text{un/m}^2$$

$$V = [1 - 12{,}04 \times (0{,}39 \times 0{,}19)] \times 0{,}14 = 0{,}0151\ \text{m}^3/\text{m}^2$$

Dica para o orçamentista

A boa prática recomenda a obrigatoriedade da junta vertical preenchida nas fiadas de marcação, blocos em contato com pilares, paredes muito esbeltas, paredes sobre lajes em balanço, paredes que receberão revestimento fino (gesso), pavimentos superiores de edifícios altos sujeitos a altas cargas de vento, paredes periféricas (fachada) e paredes muito seccionadas por embutimento de prumadas.
Nos demais casos, a junta vertical pode ser seca (sem preenchimento de argamassa).

A Tab. 3.4 mostra a quantidade teórica (nominal) de blocos e o volume de argamassa por metro quadrado de alvenaria para várias combinações de dimensão de blocos e espessura de junta. Fica a cargo do leitor deduzir a fórmula do volume de argamassa quando a junta vertical é seca.

Tab. 3.4 Quantidades de blocos e argamassa de levante por m² de parede (para juntas de 1,5 cm)

Bloco[1]		Junta			Quantidade de blocos	Volume de argamassa	
Largura (b_3)	Altura (b_2)	Comprimento (b_1)	Horizontal (e_h)	Vertical (e_v)	(n)	Juntas cheias	Junta vertical seca
(cm)	(cm)	(cm)	(cm)	(cm)	(un/m²)	(m³/m²)	(m³/m²)
9	19	19	1,5	1,5	23,80	0,01269	0,00659
9	19	24	1,5	1,5	19,13	0,01149	0,00659

Tab. 3.4 (continuação)

Bloco[1]		Junta		Quantidade de blocos		Volume de argamassa	
Largura (b_3)	Altura (b_2)	Comprimento (b_1)	Horizontal (e_h)	Vertical (e_v)	(n)	Juntas cheias	Junta vertical seca
(cm)	(cm)	(cm)	(cm)	(cm)	(un/m²)	(m³/m²)	(m³/m²)
9	19	29	1,5	1,5	15,99	0,01069	0,00659
9	19	39	1,5	1,5	12,04	0,00967	0,00659
9	9	19	1,5	1,5	46,46	0,01850	0,01286
9	14	19	1,5	1,5	31,47	0,01466	0,00871
9	14	24	1,5	1,5	25,30	0,01349	0,00871
11,5	19	19	1,5	1,5	23,80	0,01621	0,00841
11,5	19	24	1,5	1,5	19,13	0,01468	0,00841
11,5	19	29	1,5	1,5	15,99	0,01366	0,00841
11,5	19	39	1,5	1,5	12,04	0,01236	0,00841
11,5	14	24	1,5	1,5	25,30	0,01724	0,01113
14	19	19	1,5	1,5	23,80	0,01974	0,01024
14	19	24	1,5	1,5	19,13	0,01788	0,01024
14	19	29	1,5	1,5	15,99	0,01663	0,01024
14	19	39	1,5	1,5	12,04	0,01505	0,01024
19	19	19	1,5	1,5	23,80	0,02679	0,01390
19	19	24	1,5	1,5	19,13	0,02426	0,01390
19	19	29	1,5	1,5	15,99	0,02256	0,01390
19	19	39	1,5	1,5	12,04	0,02042	0,01390

[1] Dimensões nominais segundo ABNT (1992).

Exemplo 3.5

Calcular a quantidade de cada insumo necessário para a construção de 1 m² de parede de alvenaria de blocos cerâmicos de 9 cm (largura) × 14 cm × 19 cm, com juntas horizontais e verticais de 1,5 cm de largura. A elevação da parede consome 0,90 h de pedreiro por metro quadrado e igual incidência de servente.

Adotam-se os seguintes consumos para a fabricação de 1 m³ de argamassa:

- 190 kg de cimento;
- 0,632 m³ de arenoso;
- 0,948 m³ de areia média;
- 10 h de servente.

Solução:

- Quantidade de blocos por metro quadrado de alvenaria:

$$n = \frac{1}{(0,19 + 0,015) \times (0,14 + 0,015)} = 31,47\,\text{un}$$

- Volume de argamassa por metro quadrado de alvenaria:

$$V = [1 - 31,47 \times (0,19 \times 0,14)] \times 0,09 = 0,01466\ m^3$$

- Quantidade dos insumos da argamassa por metro quadrado de alvenaria:

Cimento = 190 kg/m^3 0,01466 m^3 = 2,79 kg

Arenoso = 0,632 m^3/m^3 0,01466 m^3 = 0,0093 m^3

Areia = 0,948 m^3/m^3 0,01466 m^3 = 0,0139 m^3

Servente = 10 h/m^3 0,01466 m^3 = 0,1466 h

- Mão de obra de assentamento por metro quadrado de alvenaria:

Pedreiro = 0,90 h

Servente = 0,90 h

Insumo	Unidade	Índice
Bloco	un	31,47
Cimento	kg	2,79
Arenoso	m^3	0,0093
Areia	m^3	0,0139
Servente	h	0,1466 + 0,90 = 1,0466
Pedreiro	h	0,90

Nota: Essa composição considera o consumo nominal dos insumos, sem perdas.

- Composição de insumos por metro quadrado de alvenaria (composição unitária):

Exemplo 3.6

Utilizando os dados do Exemplo 3.5, se houver no estoque da obra 12 sacos de cimento, 3 m^3 de arenoso, 5 m^3 de areia e 10.000 blocos, qual a área de alvenaria que pode ser feita sem compra adicional de material?

Solução:

- O cimento é suficiente para (12 sacos × 50 kg/saco)/2,79 kg/m^2 = 215 m^2
- O arenoso é suficiente para 3 m^3/0,0093 m^3/m^2 = 322 m^2
- A areia é suficiente para 5 m^3/0,0139 m^3/m^2 = 359 m^2
- Os blocos são suficientes para 10.000 un/31,47 un/m^2 = 317 m^2

O insumo determinante é, portanto, o cimento. Com os insumos em estoque, só se consegue construir 215 m^2 de alvenaria.

3.1.6 Pintura

A quantidade de tinta (e também de lixamento, selador e massa corrida, se aplicáveis) depende da área total a ser pintada. Como portas, portões, janelas, grades e armários possuem reentrâncias, fica impraticável levantar essa área total. O método utilizado para se aproximar da área real a ser pintada é aplicar um multiplicador sobre a área frontal (vão-luz) do elemento a ser pintado, conforme mostra a Tab. 3.5.

Tab. 3.5 Multiplicador para cálculo de área de pintura

Elemento	Multiplicador do vão-luz
Esquadria de guilhotina sem batente	2
Esquadria (duas faces pintadas)	2,5
Esquadrias chapeadas, onduladas, de enrolar	2,5
Esquadria de guilhotina com batente	3
Elemento vazado (tipo cobogó)	4
Esquadria com veneziana	5
Armário (pinturas interna e externa)	5

Dica para o orçamentista

O consumo de tinta por metro quadrado é função do tipo de tinta e das condições do substrato. Como orientação, pode-se adotar 30-40 m^2/galão por demão (1 galão = 3,6 L).

3.1.7 Cobertura

O levantamento de quantidades de cobertura desdobra-se em madeiramento e telhamento, obviamente no caso de esses dois serviços estarem presentes.

Para o cálculo do levantamento, deve-se sempre considerar a inclinação de cada água do telhado (Fig. 3.3), que em geral é dada sob a forma percentual.

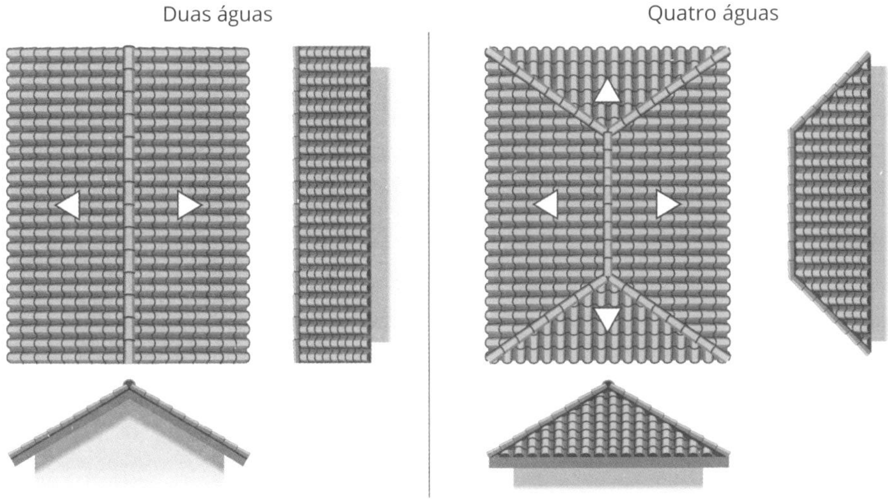

Fig. 3.3 *Telhado: planta e vista*
Fonte: Pini (2017c).

Como geralmente as dimensões do telhado são obtidas em projeção horizontal a partir da planta baixa, é necessário obter a área real do telhado, ou seja, a área ao longo da sua hipotenusa. Para isso, basta multiplicar a área em projeção horizontal pelo fator disposto na Tab. 3.6, a depender da inclinação do telhado em porcentagem.

Tab. 3.6 Fator para cálculo de área de telhado

Inclinação (%)	Graus	Fator	Inclinação (%)	Graus	Fator
0%	0	1	55%	28,81	1,141
5%	2,86	1,001	60%	30,96	1,166
10%	5,71	1,005	65%	33,02	1,193
15%	8,53	1,011	70%	34,99	1,221
20%	11,31	1,020	75%	36,87	1,250
25%	14,04	1,031	80%	38,66	1,281
30%	16,70	1,044	85%	40,36	1,312
35%	19,29	1,059	90%	41,99	1,345
40%	21,80	1,077	95%	43,53	1,379
45%	24,23	1,097	100%	45,00	1,414
50%	26,57	1,118			

Exemplo 3.7

Fazer o levantamento da área do telhado mostrado na Fig. 3.5.

Solução:

Primeira água: área = 240 m² × 1,044 = 250,6 m²

Segunda água: área = 96 m² × 1,077 = 103,4 m²

Total = 354,0 m²

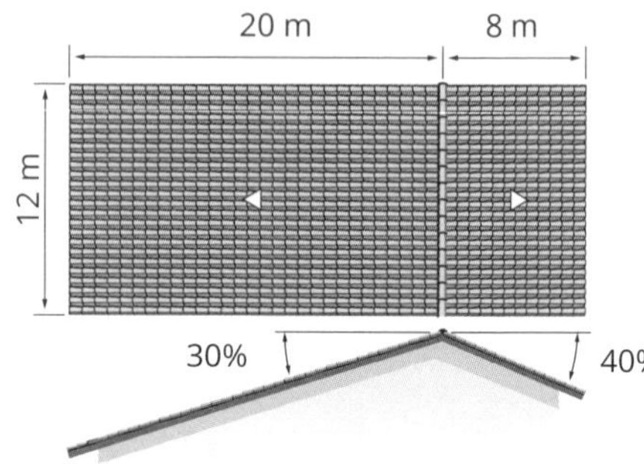

Fig. 3.5 *Telhado com inclinação dada em porcentagem*

3.2 Formulários de levantamento

A maneira mais prática de calcular e documentar os quantitativos de chapisco, emboço, reboco, massa única, pintura de paredes, azulejo e rodapé é mediante a utilização de um formulário cujos dados de entrada são o perímetro e a altura de cada cômodo. Como esses serviços estão vinculados à área ou ao perímetro de paredes, o cálculo fica mais simples. A Fig. 3.4 apresenta um esquema de uso desse tipo de formulário.

Existe outro tipo de formulário que serve para o levantamento das quantidades de piso, contrapiso e impermeabilização, forro e pintura de teto (Tab. 3.7). Faz-se uso desse tipo de formulário porque esses serviços vinculam-se com a área do cômodo.

3.3 Perdas

Durante a orçamentação, é necessário que o construtor leve em consideração as perdas de material que inevitavelmente acontecem. Essas perdas têm diversas origens e só podem ser combatidas ou controladas até certo limite. Infelizmente, apesar dos valores elevados de desperdício, é comum entre as empresas considerar normais esses índices, devido à cultura de que eles fazem parte do processo construtivo. Esse fato contribui para que a implantação de programas de melhoria da qualidade seja introduzida no campo de forma muito lenta.

Há algumas perdas que podem ser evitadas e outras que são inerentes à atividade. É quase impossível, por exemplo, pensar em uma armação estrutural com perda zero, por melhores que sejam a equipe e o detalhamento do projeto. O que acontece é que sempre há um pedaço de vergalhão que não tem como ser aproveitado; assim, a perda é inevitável.

Cômodo	Perímetro (m)	Altura (m)	Descontos (m²)	Chapisco (m²)	Emboço (m²)	Reboco (m²)	Massa corrida (m²)	Pintura (m²)	Azulejo (m²)
Sala	18,00	2,80	0,40	50,00	50,00	50,00	50,00	50,00	
Quarto 1									
Quarto 2									
Banheiro 1	10,00	2,80		28,00	28,00		-	-	28,00
Corredor									
Total				78,00	78,00	50,00	50,00	50,00	28,00

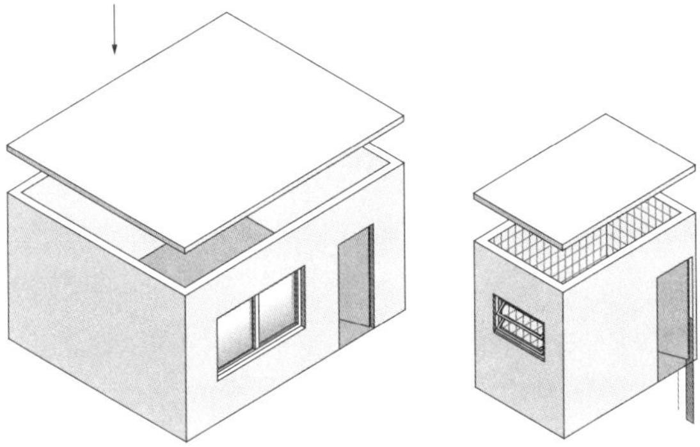

Sala 5 x 4 m; 2,80 m pé-direito; janela 2 x 1,2 m, porta 2 x 0,8 m

Banheiro 3 x 2 m; 2,80 m pé-direito; basculante, porta; paredes de azulejo

Fig. 3.4 *Formulário para levantamento de revestimentos*

Tab. 3.7 Formulário para levantamento de pisos

Cômodo	Área (m²)	Piso			Contrapiso (m²)	Impermea-bilização (m²)	Forro		Pintura
		Gra-nito (m²)	Cerâ-mica (m²)	Porcela-nato (m²)			Gesso (m²)	Madeira (m²)	Teto (m²)
Sala	20,00	20,00	-	-	20,00	-	-	-	20,00
Quarto	12,00	-	12,00	-	12,00	-	-	-	12,00
Banheiro	6,00	-	6,00	-	6,00	6,00	-	-	6,00
Total	38,00	20,00	18,00	-	38,00	6,00	-	-	38,00

Com relação a concreto, por exemplo, há desperdício de material por extravasão na concretagem, deformação das fôrmas, resíduo que fica na betoneira, excesso na fabricação (faz-se mais do que o estritamente necessário), utilização para moldagem de corpos de prova etc. As maiores perdas de concreto, contudo, são causadas pela *diferença dimensional* entre projeto e campo – uma laje projetada para 10 cm que venha a ter dimensão final de 10,5 cm já representa 5% de perda, mesmo que não se perceba visualmente nenhum resíduo. Diferenças dimensionais também são sempre verificadas em emboço, chapisco, contrapiso etc.

Já quando o material é madeira para fôrma, as perdas surgem principalmente das sobras nas atividades de corte e montagem.

No decorrer de uma obra, o controle de perdas deve ser realizado pela equipe construtora. São muitos os casos em que prejuízos acontecem, fruto de desperdício desmedido de material. Formulários de controle podem ser facilmente implementados.

Outros fatores causadores de desperdício são:

- *Carga e descarga malfeitas*: as operações de retirada dos materiais dos caminhões de entrega são fontes importantes de desperdício. A quebra de tijolos arremessados displicentemente sobre o solo ou sobre outros tijolos e a descarga de areia e brita são exemplos cotidianos.
- *Armazenamento impróprio*: sacos de cimento estocados sobre o chão, tijolos em pilhas disformes, montes compridos de areia e brita (quanto maior a área de contato da pilha com o solo, maior é a perda, porque há uma incorporação das partículas ao solo subjacente e também contaminação do material), barras de aço em contato com umidade, barras de aço cortadas sem etiquetas de identificação etc.
- *Manuseio e transporte impróprios*: envolve a manipulação incorreta de objetos como tijolos, cimento e barrotes de madeira, bem como o transporte inadequado de areia e concreto (em carrinhos de mão que derramam o material no caminho), os caminhões supercarregados que espalham terra pelas vias de acesso etc.
- *Roubo*: na construção civil, o roubo é uma grande fonte de perdas. Excesso de locais de estoque, inexistência de controle de entrada e saída de materiais e ferramentas, almoxarifado devassado, grandes estoques, mão de obra pouco confiável e falta de vigilância são fatores que contribuem para que o roubo seja significativo. Auditorias periódicas no almoxarifado e controle de saída de material podem ajudar a coibir essa prática nociva.

Alguns índices de perda usualmente adotados no cálculo do orçamento estão expostos na Tab. 3.8.

Tab. 3.8 Perdas de insumos

Insumo	Perda	Motivo
Aço	15%	Desbitolamento das barras e pontas que sobram
Azulejo	10%	Transporte, manuseio e cortes para arremates
Cimento	5%	Preparo de concreto e argamassa com betoneira
Cimento	10%	Preparo de concreto e argamassa sem betoneira
Blocos de concreto	4%	Transporte, manuseio e arremates
Blocos cerâmicos	8%	Transporte, manuseio e cortes

Fonte: Pini (2017c).

3.4 Reaproveitamento

Os materiais permanentes, por ficarem incorporados ao produto final, são utilizados apenas uma vez. Os materiais não permanentes, no entanto, podem ser empregados mais de uma vez na obra. Assim, enquanto um tijolo é utilizado uma única vez, os painéis de madeira compensada, os pregos e os tirantes metálicos das fôrmas podem ser usados várias vezes, em várias fôrmas.

O reaproveitamento representa uma maneira de economizar insumos. Quanto mais reutilizado um mesmo material, menor será o custo da obra com aquele insumo. Esse processo depende da qualidade da mão de obra e do material, do cuidado no manuseio e, muitas das vezes, do projeto. A padronização é essencial para o aumento do reaproveitamento. Obras prediais em que os vãos da viga se repetem mostram que os painéis de fôrma podem ser reutilizados um número de vezes bem maior do que em prédios em que os vãos são muito diferentes e exigem sucessivos cortes dos painéis e alteração nas fôrmas.

Na composição de custos, quando um material pode ser aproveitado *n* vezes, seu índice de utilização deve aparecer dividido por *n*. Por exemplo, se as folhas de compensado são usadas em média quatro vezes, esse insumo deve aparecer com uma incidência de apenas 0,25 m^2 por metro quadrado de fôrma de compensado.

3.5 Critérios de medição e pagamento

Ao fazer o levantamento de quantidades, é importante que o orçamentista leia com atenção, nas especificações e nos desenhos, quais os critérios de medição e pagamento estabelecidos pelo cliente.

Um item que geralmente suscita dúvidas é o aterro. Se as especificações técnicas da obra definirem que o preço do aterro deve incluir os custos de escavação da jazida, carga, transporte, descarga, espalhamento e compactação do material, o levantamento de quantidades deve ser feito considerando todas essas etapas. Um orçamentista incauto, que não lê as especificações, pode calcular o volume total de aterro e compor um custo unitário apenas para esse serviço, o que frustraria substancialmente o orçamento da obra.

Para facilitar a composição do custo do aterro, o levantamento deve ser realizado por partes: primeiro calcula-se a quantidade de material a ser escavado de cada jazida; depois, a quantidade a ser transportada (que, devido ao fenômeno do empolamento, é maior do que o volume escavado); em seguida, a distância de cada jazida até o aterro; e, por fim, o volume de aterro por tipo de material.

Estudo de caso 3.1

As especificações técnicas de uma obra rodoviária definem as linhas de medição e pagamento da escavação das sapatas da seguinte forma:

Sendo impraticável, quase impossível, escavar segundo os limites de pagamento, a construtora obrigatoriamente terá que escavar além das linhas limítrofes tanto em largura na base, para permitir o trabalho de colocação das fôrmas na cava, quanto em inclinação, pois, como o material não tem coesão para ser escavado verticalmente, será necessário ataludar a cava.

Para fins de composição do preço do serviço da escavação, o orçamentista terá que levar em consideração a forma como o serviço será realmente executado e o critério de medição e pagamento.

A forma correta de orçar é:

1. Arbitrar um talude de escavação – 1H:2V – e admitir 1 m de folga de cada lado.
2. Calcular o volume total a ser escavado (tronco de pirâmide): V = seção média da vala × profundidade = 6,5 × 6,5 × 3 = 126,75 m³. Notar que o volume real é bem maior do que o volume segundo as linhas de pagamento (3 × 3 × 3 = 27 m³)!
3. Quantificar o custo total da escavação: supondo que o metro cúbico escavado custe R$ 4,00 → custo da escavação da sapata = R$ 4,00/m³ × 126,75 m³ = R$ 507,00.
4. Calcular o custo unitário da escavação segundo as condições de pagamento: R$ 507,00/27 m³ = R$ 18,78/m³.

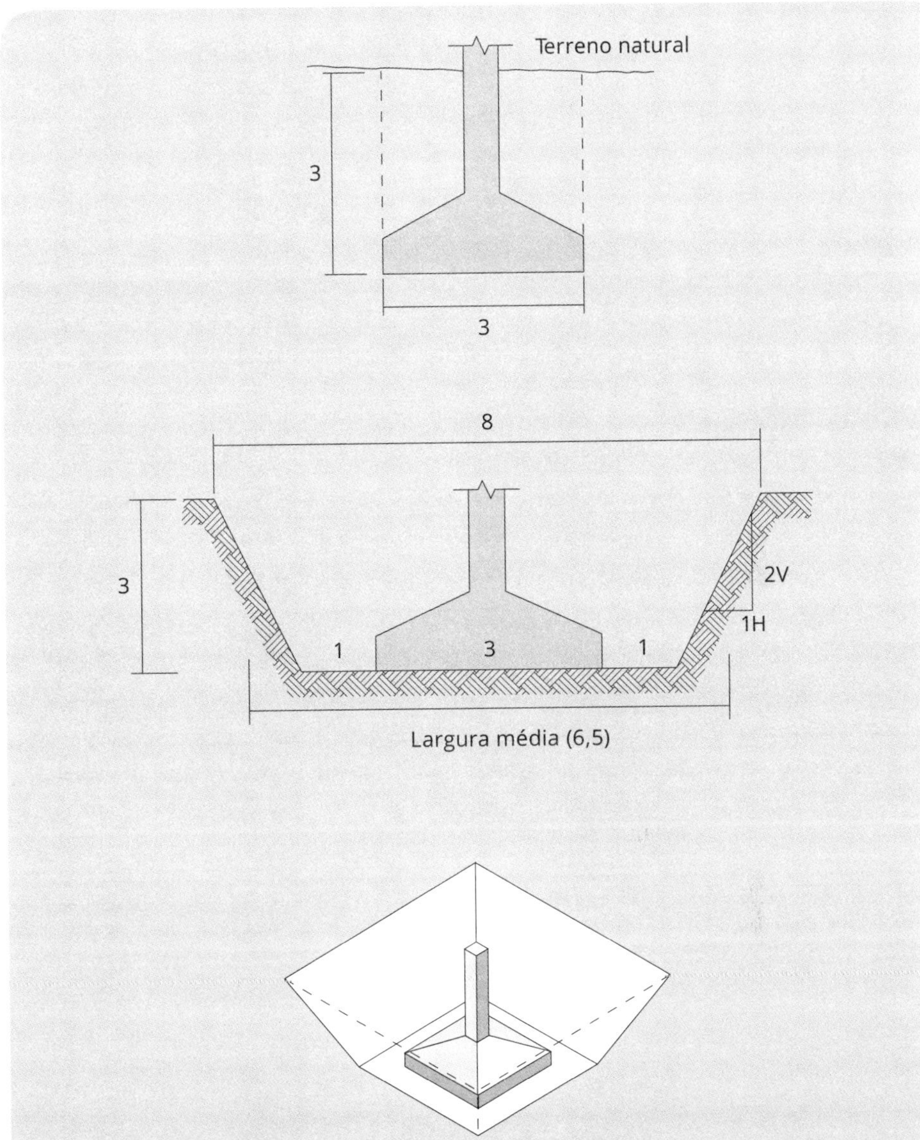
Terreno natural
3
3
8
3
2V
1H
1
3
1
Largura média (6,5)

quatro
Composição de custos

Dá-se o nome de *composição de custos* ao processo de estabelecimento dos custos incorridos para a execução de um serviço ou atividade, individualizado por insumo e de acordo com certos requisitos preestabelecidos. A composição lista todos os insumos que entram na execução do serviço, com suas respectivas quantidades e seus custos unitários e totais.

As categorias de custo envolvidas em um serviço são, tipicamente:

* mão de obra;
* material;
* equipamento.

A determinação da contribuição relativa a cada uma dessas categorias é a essência do processo de estabelecimento de qualquer composição de custos. Há, ainda, os *custos indiretos*, que são custos gerais não diretamente ligados ao serviço propriamente dito, mas de ocorrência inevitável, como as despesas decorrentes de equipe de administração e supervisão da obra, funcionamento do canteiro, entre outras.

Em geral, uma composição de custos pode ser feita antes da execução do serviço ou após este ter sido parcial ou totalmente concluído. O propósito da composição é diferente nos dois casos. Quando feita antes do serviço, a composição é chamada de *estimativa* ou *orçamento*, ou, ainda, *composição conceitual*, e serve para que o construtor tenha uma noção do custo da obra no futuro. Nessa etapa, a composição de custos é a base utilizada pelas empresas para a definição de preços a serem atribuídos em licitações e propostas.

Se feita enquanto o serviço é executado ou após sua conclusão, a composição de custos presta-se à aferição da estimativa previamente feita. A composição passa então a ser um instrumento de *controle de custos*, permitindo ao construtor identificar possíveis fontes de erro na composição do orçamento original e gerando um histórico para a empresa, útil para estimativas futuras.

4.1 Composição de custos unitários

O *custo unitário* corresponde a uma unidade de serviço, como o custo:

- de 1 m^3 de escavação manual;
- de 1 m^2 de alvenaria de tijolo cerâmico de 9 cm × 14 cm × 19 cm;
- de 1 m de meio-fio assentado;
- de 1 m^2 de pintura com tinta à base de óleo;
- de 1 m^3 de carga, transporte, lançamento e espalhamento de solo;
- de 1 kg de armação estrutural;
- de 1 un de poste instalado;
- de 1 kWh de esgotamento de vala.

Dica para o orçamentista

A designação *metro linear* deve ser evitada – o metro é pura e simplesmente uma unidade linear! Também é errado usar a unidade mL para designar o metro linear – mL é mililitro!

A composição de custos unitários é uma tabela que apresenta todos os insumos que entram diretamente na execução de uma unidade do serviço, com seus respectivos custos unitários e totais (Tab. 4.1). Ela é constituída de cinco colunas:

Tab. 4.1 Composição de insumos e de custo unitário

Insumo	Unidade	Índice	Custo unitário (R$)	Custo total (R$)
Armador	h	0,10	13,45	1,35
Ajudante	h	0,10	7,88	0,79
Aço CA-50	kg	1,10	3,60	3,96
Arame recozido nº 18	0,03	7,50	0,23	
Total				**6,32**
Composição de insumos				
Composição de custos unitários				

* *Insumo*: é cada um dos itens de material, mão de obra e equipamento que entram na execução direta do serviço.
* *Unidade*: é a unidade de medida do insumo. Quando se trata de material, pode ser kg, m^3, m^2, m, un, entre outras; para mão de obra, a unidade é sempre hora (mais precisamente, homem-hora); e para equipamento, hora (de máquina).
* *Índice*: é a incidência de cada insumo na execução de uma unidade do serviço.
* *Custo unitário*: é o custo de aquisição ou emprego de uma unidade do insumo.
* *Custo total*: é o custo total do insumo na composição de custos unitários. É obtido pela multiplicação do índice pelo custo unitário. A somatória dessa coluna é o custo total unitário do serviço.

Exemplo 4.1

Para a composição de custos unitários disposta na Tab. 4.2:

1. interpretar a composição;
2. calcular as quantidades e os custos de cada insumo para uma obra, cujo quantitativo seja de 80 m^3 de concreto estrutural;
3. dimensionar a equipe para concretar os 80 m^3 em um prazo de 40 horas.

Serviço: preparo, transporte, lançamento e adensamento de concreto estrutural $fck = 200$ kgf/cm^2.

Unidade: m^3.

Tab. 4.2 Composição de custo unitário do concreto

Insumo	Unidade	Índice	Custo unitário (R$)	Custo total (R$)
Cimento	kg	306,00	0,42	128,52
Areia	m^3	0,901	39,00	35,14
Brita 1	m^3	0,209	55,00	11,50
Brita 2	m^3	0,627	55,00	34,49
Pedreiro	h	1,000	13,45	13,45
Servente	h	8,000	7,88	63,04
Betoneira	h	0,35	2,80	0,98
			Total	**287,11**

Solução:

1. Interpretação da composição:

* Para o preparo de 1 m^3 de concreto, são requeridos:
  ◊ 306,00 kg de cimento (= 6,12 sacos);

- ◊ 0,901 m^3 de areia;
- ◊ 0,209 m^3 de brita 1;
- ◊ 0,627 m^3 de brita 2;
- ◊ 8 horas de servente;
- ◊ 1 hora de pedreiro;
- ◊ 0,35 hora de betoneira.

- ✱ O custo orçado para o preparo, transporte, lançamento e adensamento de 1 m^3 de concreto estrutural é de R$ 287,11.
- ✱ O insumo que mais incide no custo do serviço é o *cimento* (R$ 128,52/m^3), que representa 44,76% do custo do concreto.
- ✱ O segundo insumo que mais incide no custo do serviço é o *servente* (R$ 63,04/m^3), que representa 21,96% do custo do concreto.
- ✱ O custo de material é de R$ 209,65 (= R$ 128,52 + R$ 35,14 + R$ 11,50 + R$ 34,49) por metro cúbico de concreto estrutural, correspondendo a 73,02% do custo total.
- ✱ O *custo de mão de obra* é de R$ 76,49 (= R$ 13,45 + R$ 63,04) por metro cúbico de concreto estrutural, correspondendo a 26,64% do custo total.
- ✱ O *custo de equipamento* é de R$ 0,98 por metro cúbico de concreto estrutural, correspondendo a 0,34% do custo total.
- ✱ Há uma proporcionalidade de 8 *serventes para 1 pedreiro* (pelo índice, nota-se que a incidência de horas de servente é oito vezes maior do que a de pedreiro, daí a razão 8:1).

2. Para uma obra de 80 m^3 de concreto estrutural, ver Tabs. 4.3 e 4.4 para quantidades totais e custos totais, respectivamente.

Tab. 4.3 Quantidades totais

Cimento	306,00 kg/m^3	×	80 m^3	=	24.480 kg
Areia	0,901 m^3/m^3	×	80 m^3	=	72,08 m^3
Brita 1	0,209 m^3/m^3	×	80 m^3	=	16,72 m^3
Brita 2	0,627 m^3/m^3	×	80 m^3	=	50,16 m^3
Pedreiro	1,000 h/m^3	×	80 m^3	=	80 horas
Servente	8,000 h/m^3	×	80 m^3	=	640 horas
Betoneira	0,35 h/m^3	×	80 m^3	=	28 horas

Tab. 4.4 Custos totais

Cimento	R$ 128,52/m³	×	80 m³	=	R$ 10.281,60
Areia	R$ 35,14/m³	×	80 m³	=	R$ 2.811,12
Brita 1	R$ 11,50/m³	×	80 m³	=	R$ 919,60
Brita 2	R$ 34,49/m³	×	80 m³	=	R$ 2.758,80
Pedreiro	R$ 13,45/m³	×	80 m³	=	R$ 1.076,00
Servente	R$ 33,60/m³	×	80 m³	=	R$ 5.043,20
Betoneira	R$ 0,70/m³	×	80 m³	=	R$ 78,40
				Total	**R$ 22.968,72**

3. Dimensionamento da equipe para um prazo de 40 horas:

- Servente: 640 homens-hora/40 horas = 16 serventes
- Pedreiro: 80 homens-hora/40 horas = 2 pedreiros

4.1.1 Interpretação da composição de custos

Os Exemplos 4.2 e 4.3 apresentam, respectivamente, composições de custos unitários de armação e de fôrma (Tabs. 4.5 e 4.6), bem como a interpretação de cada uma dessas composições.

Exemplo 4.2

Serviço: armação estrutural aço CA-50, envolvendo aquisição das barras, manuseio, corte, dobra, transporte e instalação.

Unidade: kg.

Tab. 4.5 Composição de custos unitários

Insumo	Unidade	Índice	Custo unitário (R$)	Custo total (R$)
Armador	h	0,10	13,45	1,35
Ajudante	h	0,10	7,88	0,79
Aço CA-50	kg	1,10	3,60	3,96
Arame recozido nº 18	kg	0,03	7,50	0,23
			Total	**6,32**

Interpretação:

- O custo de preparação de 1 kg de armação estrutural, envolvendo aquisição das barras, manuseio, corte, dobra, transporte e instalação das fôrmas, é de R$ 6,32/kg.

- Há *dois* insumos de *mão de obra* (armador e ajudante) e *dois* insumos de *material* (aço CA-50 e arame recozido nº 18).
- O insumo que mais impacta o custo do serviço é o *aço* CA-50, cujo custo total no serviço é de R$ 3,96/kg, representando 62,7% do serviço de armação estrutural.
- A composição indica uma relação numérica de *1 ajudante para 1 armador* (1:1), pois os índices desses insumos são iguais. Caso os índices fossem 0,10 h para o armador e 0,05 h para o ajudante, a incidência do ajudante seria metade da do armador, indicando uma razão de 1 ajudante para cada 2 armadores (essa composição seria R$ 0,395/kg mais barata).
- Foi considerada a *perda de 10% no aço*, porque seu índice é 1,10, o que significa que é necessário adquirir 1,10 kg de aço CA-50 para se ter 1,0 kg de armação conforme requerido pelo projeto.
- É preferível que o construtor tenha 5% *de desconto no aço* do que 50% *de desconto no arame*. Isso porque o desconto de 5% no aço representa um ganho de R$ 0,20/kg, contra R$ 0,12/kg do arame.
- Cada armador deve preparar *10,0 kg por hora de trabalho*. Ora, se o índice representa 0,10 h de armador para cada quilo de armação, em 1 h teremos 1/(0,10 h/kg) = 10,0 kg/h, que é a *produtividade do armador*.
- Em uma semana de 44 horas, uma equipe de cinco armadores consegue armar 44 h × 5 armadores/(0,10 h/kg) = 2.200 kg de armação.
- O maior valor que deveria ser pago a um subempreiteiro de armação (com material fornecido pelo construtor) seria R$ 1,35 + R$ 0,79 = R$ 2,14/kg (incluídos os encargos sociais), pois o tal subempreiteiro estaria encarregado apenas de fornecer a mão de obra do serviço. Fechar o serviço com o subempreiteiro por um valor superior a R$ 2,14/kg acarretaria uma diminuição no lucro da obra.

Exemplo 4.3

Serviço: fôrma de chapa compensada para estruturas em geral, resinada, com e = 12 mm e três utilizações.

Unidade: m^2.

Tab. 4.6 Composição de custos unitários

Insumo	Unidade	Índice	Custo unitário (R$)	Custo total (R$)
Ajudante	h	1,20	7,88	9,46
Carpinteiro	h	1,20	13,45	16,14
Chapa compensada	m^2	0,43	13,17	5,66
Desmoldante	L	0,10	2,50	0,25
Prego 18 x 27 mm	kg	0,25	5,70	1,43
Pontalete 3" x 3"	m	2,00	2,75	5,50
Sarrafo 1" x 4"	m	1,53	1,55	2,37
Tábua 1" x 12"	m	1,40	7,00	9,80
			Total	**50,61**

Interpretação:

* A composição de custos unitários de fôrma refere-se a 1 m^2 de área desenvolvida na planta de fôrmas, ou seja, à superfície da fôrma em contato com o concreto.
* O custo de preparação de 1 m^2 de fôrma de chapa compensada para estruturas em geral, resinada, com e = 12 mm e três utilizações, é de R$ 50,61.
* O índice 0,43 m^2/m^2 da chapa compensada significa uma *perda de 30%* na chapa. Isso porque, sendo três as utilizações da chapa, o total de chapa por metro quadrado de fôrma é dado por 1 m^2/3 + 30% = 0,43 m^2.
* A composição indica uma relação numérica de *1 ajudante para 1 carpinteiro* (1:1), pois os índices desses insumos são iguais.
* Cada carpinteiro gasta 1,20 h/m^2, o que representa uma produtividade de 1/1,20 = 0,83 m^2/h.

Dicas para o orçamentista

- Quando a composição prevê reaproveitamento da madeira, ela só serve para orçar estruturas que admitam reutilização das chapas.
- Se a composição menciona cinco utilizações, ela só é válida para obras em que as peças sejam em número múltiplo de 5. Se a modulação só admite três utilizações, não há por que se utilizar composição com reaproveitamento superior a 3.
- Insumos secundários, tais como prego, desmoldante e arame, não precisam ter quantitativos absolutamente precisos; basta usar as taxas médias de consumo.
- As publicações técnicas costumam confundir reaproveitamento comutilização. A rigor, *n* utilizações correspondem a *n* - 1 reaproveitamentos.

4.1.2 Montagem de uma composição de custos

O Exemplo 4.4 ilustra o processo de montagem de uma composição de custos unitários.

Exemplo 4.4

Montar as composições de custos unitários da estrutura de concreto armado do Exemplo 3.1, supondo que a obra tenha 30 muros iguais ao mostrado.

* Fôrma:

Área de fôrma de cada muro = 2 × 7,70 m × 2,90 m = 44,66 m^2

Então, na composição de custos unitários, os índices serão as quantidades levantadas divididas por 44,66, para que estejam referidos a 1 m^2 de fôrma.

As colunas *Perdas (%)* e *Quantidade de utilizações* da Tab. 4.7 ilustram os cálculos passo a passo:

* Chapa compensada: 44,66/44,66 × 1,20/5 = 0,24 m^2;
* Sarrafo: 6,32 × 1,30/3 = 2,74 m.

Tab. 4.7 Composição de custos detalhada

Insumo	Unidade	Índice teórico	Perdas (%)	Quantidade de utilizações	Índice com perdas e reaproveitamento	Custo unitário (R$)	Custo total (R$)
Chapa compensada	m^2	1,00	20%	5	0,24	17,00	4,08
Sarrafo 1" x 4"	m	6,32	30%	3	2,74	1,55	4,25
Tensor metálico	un	1,01		30	0,03	20,00	0,60
Prego 18 x 27 mm	kg	0,25			0,25	5,70	1,43
Desmoldante	L	0,10			0,10	2,50	0,25
Carpinteiro	h	1,40*			1,40	13,45	18,83
Ajudante de carpinteiro	h	1,40*			1,40	7,88	11,03
						Total	**40,47**

* Adotado

* Armação: adotar a composição de armação vista na Tab. 4.5.
* Concreto: adotar a composição de concreto estrutural vista na Tab. 4.2.
* Planilha de custos da obra (30 muros):

Serviço	Unidade	Quantidade	Custo unitário (R$)	Custo total (R$)
Fôrma	m^2	1.339,80	40,47	54.221,71
Armação	kg	14.640,00	6,32	92.524,80
Concreto	m^3	167,48	287,11	48.085,18
			Total	**194.831,69**

A partir dos valores mostrados, nota-se que o serviço mais representativo dessa obra é a *armação.*

4.2 ÍNDICE E PRODUTIVIDADE

Define-se *produtividade* como a taxa de produção de uma pessoa ou equipe ou equipamento, isto é, a quantidade de unidades de produto produzida em um intervalo de tempo especificado, normalmente hora. A produtividade indica a eficiência de transformar energia (e tempo) em produto. Quanto maior a produtividade, mais unidades do produto são feitas em um determinado espaço de tempo. É óbvio notar que, quanto mais produtivo um recurso, menor a quantidade de tempo gasta na realização da tarefa.

Dica para o orçamentista

Produtividade é diferente de *produção*. Produção representa a quantidade de unidades feitas em um certo período, e a produtividade é a rapidez com que essa produção foi atingida. Por exemplo, Cosme assenta 800 tijolos em um dia de oito horas e Damião assenta 800 tijolos em 12 horas. No final, a produção dos dois terá sido igual, mas a *produtividade* de Cosme foi 50% mais eficiente no trabalho (100 tijolos/hora contra 67 tijolos/hora de Damião).

Os *índices* podem ser vistos como o inverso da produtividade. No caso da armação, como o índice do armador é 0,10 h/kg, a produtividade é de 10,0 kg/h. Se o índice fosse 0,15 h/kg, a produtividade seria de 6,67 kg/h.

O conhecimento e o domínio dos índices são de grande importância, porque eles:

* revelam a produtividade da mão de obra e do equipamento, e o consumo dos materiais adotados no orçamento;
* fornecem um parâmetro para comparação do orçado com o realizado;
* representam o limite além do qual a atividade se torna deficitária;
* permitem a detecção de desvios;
* ajudam o gerente a estabelecer metas de desempenho para as equipes.

A quantidade de homens-hora de cada categoria de trabalhador de um serviço é função da produtividade, ou seja, da rapidez com que o trabalho é executado. Pela própria definição de produtividade, quanto mais unidades de trabalho o indivíduo produz na unidade de tempo, menor a quantidade de homens-hora requerida para conclusão da atividade.

Existe também uma relação direta entre a duração da atividade e a quantidade de recursos. Se forem alocados muitos operários para uma determinada atividade, sua duração será menor do que se um número inferior de homens estivesse disponível para aquela tarefa. Entretanto, a quantidade de homens-hora permanece igual. Por exemplo, se a produtividade de um pintor é de 2 m²/h e a quantidade de pintura é de 120 m², serão necessárias 60 horas para o serviço, que pode ser executado por um pintor trabalhando 60 h, ou dois pintores trabalhando 30 h cada etc.

Exemplo 4.5

Dimensionar equipe para montar 12 toneladas de estrutura metálica, com a premissa de que o índice é de 150 h/t e que cada operário trabalha 10 horas por dia. Ver Tab. 4.8 para a estimativa calculada.

Solução:

$$\text{Total de horas requeridas} = 12\ \text{t} \times 150\ \text{h/t} = 1.800\ \text{h}$$

Tab. 4.8 Relação entre número de operários e duração do serviço

Quantidade de operários	Horas por dia	Dias
10	10	1.800/(10 × 10) = 18
11	10	16,4
12	10	15
14	10	12,9

Enquanto o consumo de material necessário para um serviço pode ser matematicamente levantado a partir dos desenhos, pois tem dimensões exatas, o estabelecimento da produtividade da mão de obra é um processo empírico e depende de uma série de fatores, tais como experiência, grau de conhecimento do serviço, supervisão, motivação etc. Por tudo isso, a produtividade deve ser continuamente aferida no campo e informada ao setor de orçamento. Consultar índices de livros pode ser uma boa prática, mas a homogeneização da produtividade entre as obras está longe de ser uma realidade.

O gerenciamento da produção de uma obra tem relação intrínseca com os índices adotados no orçamento. A meta de todo gerente é melhorar os índices (ou seja, diminuí-los), a fim de maximizar o lucro de cada serviço.

Se no Exemplo 4.5 cada armador estivesse produzindo em média 370 kg de armação por semana de 44 horas, a obra teria prejuízo nesse serviço, pois a produtividade estaria em 370/44 = 8,4 kg/h, que equivale a um índice de 0,12 h/kg, maior do que o índice orçado. Se o gerente pudesse perceber tal desvio a tempo, ele poderia pesquisar as fontes de ineficiência e tomar medidas corretivas.

Quanto *menor* o índice, *maior* a produtividade.
Quanto *maior* o índice, *menor* a produtividade.

Dica para o orçamentista

O índice pode também ser chamado de razão unitária de produção (RUP). Assim, quanto menor a RUP, maior a produtividade, e quanto maior a RUP, menor a produtividade.

As produtividades devem levar em conta as interrupções e oscilações que ocorrem com a produção do trabalhador: deslocamentos entre uma frente de serviço e outra, paradas para beber água, necessidades fisiológicas, "cera", falta de material, espera por equipamentos, entre outros. O tempo improdutivo depende do indivíduo, da supervisão, das condições climáticas (em temperaturas muito altas, há uma tendência maior a interrupções), da complexidade do serviço, da urgência etc. A produtividade, portanto, deve ser colhida no campo abrangendo um período de tempo relativamente longo, a fim de que seja realista, ou seja, que reflita com precisão a taxa média de rapidez com que o serviço é feito.

Informações sobre produtividade de obras similares são realmente úteis como ponto de partida. Com a finalidade de criar uma história de produtividades, as obras normalmente geram formulários de apropriação de horas nos quais são registrados o número de pessoas empregadas no serviço (por categoria), a quantidade de horas consumidas, a quantidade de unidades realizadas naquele período de tempo e dados descritivos de clima, fatores de ineficiência, imprevistos e qualquer outra informação julgada importante. Os registros devem ser feitos em intervalos de tempo relativamente curtos, de preferência diariamente, de tal forma que possa ser possível acompanhar as oscilações da produtividade com o tempo. Relatórios que cobrem períodos extensos são bons para a obtenção de valores médios, mas não permitem avaliar como cada fator mencionado anteriormente influencia o ritmo do trabalho. Relatórios detalhados ajudam o engenheiro a detectar como a produção cai em um dia chuvoso, por exemplo, ou como varia a quantidade de serviço com o dia da semana.

É sabido que, nos primeiros estágios de qualquer serviço de construção, as produtividades tendem a ser baixas. Com o passar do tempo, a organização das tarefas e o melhor conhecimento das diversas atividades envolvidas promovem um aumento da produtividade. Por outro lado, nos estágios finais do serviço, experimentam-se valores mais baixos para as produtividades.

Dica para o orçamentista

Em obras pequenas, em que os prazos são pequenos e as quantidades de serviço são reduzidas, não há tempo hábil para que as equipes atinjam a plenitude em termos de desempenho, o que acarreta produtividades menores do que as de obras longas, em que o operário permanece em uma mesma atividade por muito tempo e sem tantas interrupções.

4.2.1 Faixas de produtividade

Os setores de orçamento das construtoras costumam trabalhar com uma produtividade predeterminada para cada serviço. São parâmetros históricos, quer gerados por observações de campo da própria empresa, quer retirados de livros ou recomendações de fabricantes.

Como dito anteriormente, a produtividade depende intrinsecamente das circunstâncias em que o serviço é realizado. Ela varia com a tipologia do produto (um pedreiro levantando um muro linear de 200 m de comprimento tende a atingir uma produtividade maior do que se fizer 100 muros de 2 m de comprimento cada), o grau de adestramento da equipe (treinamento, interação, conhecimento do serviço, facilidade de leitura de projeto), a tecnologia empregada (ferramentas e equipamentos adequados), o apoio logístico (transporte racional de argamassa), as condições climáticas etc.

Fica claro perceber que a adoção de valores médios de produtividade é uma simplificação que traz distorções. É aí que surge o conceito de *produtividade variável*. Dessa forma, a partir de observações em canteiros sob circunstâncias distintas, pode-se obter uma *faixa de produtividade*, que é uma escala que mostra os valores *mínimo*, *médio* e *máximo* da produtividade do serviço.

Ao orçar uma obra, o orçamentista deve tentar enquadrar a situação da obra dentro dos limites dessa faixa. Os fatores que influem na produtividade da obra levam o valor estimado mais para um extremo ou outro da faixa. Se os fatores forem predominantemente positivos, pode-se adotar uma produtividade próxima ao limite máximo, ao passo que, se os fatores forem predominantemente negativos, deve-se buscar um valor tendente ao limite mínimo. Sempre que as informações forem poucas, ou quando se tratar de um estudo de viabilidade, deve-se optar pelo valor médio.

O banco de dados TCPO traz faixas de produtividade para alguns serviços. Como exemplo, na Tab. 4.9 estão dispostas as faixas de produtividade para alvenaria de vedação com blocos de concreto, 11,5 cm × 19 cm × 39 cm, com espessura da parede 11,5 cm, juntas de 10 mm com argamassa mista de cimento, arenoso e areia sem peneirar, e traço 1:4:4 (unidade: m³), e no Quadro 4.1 são mostrados os fatores que influenciam os índices mínimo e máximo de cada setor.

Tab. 4.9 Índices conforme faixa de produtividade de alvenaria

Insumo	Unidade	Índice variável – consumos		
		Mínimo	Médio	Máximo
Pedreiro	h	0,51	0,71	0,98
Servente	h	0,31	0,43	0,59
Argamassa	m³	0,0068	0,0188	0,0473
Bloco de concreto	un	12,875	13,500	15,591

Quadro 4.1 Fatores de influência no consumo de materiais e produtividade da mão de obra

Insumo	Índice mínimo	Índice máximo
Pedreiro e servente	Não preenchimento de juntas verticais	Preenchimento de juntas verticais
	Densidade média da alvenaria m² de parede por m² de piso	Densidade alta ou baixa da alvenaria
	Presença quase que exclusiva de paredes na altura usual	Presença significativa de paredes altas ou baixas demais
	Pouco tempo para executar um pavimento (prazos enxutos)	Muito tempo para executar um pavimento (prazos extensos)
	Baixa rotatividade	Alta rotatividade
	Pagamentos em dia	Pagamentos em atraso
	Material em disponibilidade para atendimento das necessidades	Indisponibilidade eventual ou frequente de material
	Equipamento de transporte vertical disponível	Quebras ou indisponibilidade de equipamento de transporte vertical

Quadro 4.1 (continuação)

Insumo	Índice mínimo	Índice máximo
Argamassa mista de cimento, arenoso e areia	Pequena porcentagem de juntas verticais preenchidas	Preenchimento de todas as juntas verticais
	Uso de bisnaga ou tabuinha para aplicação da argamassa	Uso de colher de pedreiro para aplicação da argamassa
	Uso de argamassa pré-dosada	Dosagem e mistura da argamassa na obra
	Existência de procedimentos para dosagem e/ou mistura na obra	Inexistência de procedimentos para dosagem e/ou mistura na obra
	Transporte de argamassa com equipamentos e procedimentos adequados	Transporte de argamassa com equipamentos e procedimentos não racionais
	Paredes longas	Paredes curtas
	Existência de projeto definido	Projeto incompleto ou com indefinições
	Existência de componentes complementares para acerto da modulação da alvenaria	Acerto da modulação com argamassa
Bloco de concreto	Utilização de peças complementares para acerto de modulação	Blocos cortados para acerto de modulação
	Paredes grandes	Paredes pequenas
	Blocos de boa qualidade	Blocos de má qualidade
	Blocos paletizados	Blocos não paletizados
	Envio do número correto de blocos para as frentes de trabalho	Número de blocos aleatório nas frentes de trabalho
	Existência de projeto de alvenaria	Inexistência de projeto de alvenaria
	Uso de ferramentas e técnicas adequadas para o corte de componentes de alvenaria	Corte dos componentes com colher de pedreiro ou outras ferramentas e técnicas inadequadas
	Controle de qualidade e quantidade no recebimento	Inexistência de controle de qualidade e quantidade no recebimento
	Existência de procedimentos padronizados de execução	Inexistência de procedimentos padronizados de execução
	Não adoção de componentes de alvenaria para enchimentos	Adoção de componentes de alvenaria para enchimentos

Fonte: Pini (2017c).

4.3 Composição auxiliar

A fim de expandir o entendimento sobre a mecânica do orçamento, será analisada a composição de emboço para parede interna com argamassa de cimento e areia sem peneira, com unidade m², mostrada na Tab. 4.10.

Em uma composição desse tipo, a argamassa pode ser vista como um material, se for adquirida pronta para usar. Não é o caso dessa composição. Nossa obra fabricará a argamassa no canteiro. Dessa forma, o insumo *argamassa* representa na verdade um *serviço* com seus próprios insumos, isto é, "um serviço dentro do outro". Na linguagem técnica, a argamassa então é uma *composição auxiliar.*

Se quisermos representar a composição do emboço com todos os insumos (portanto, sem composição auxiliar), precisamos "explodir" a composição auxiliar em seus componentes (insumos) (Tab. 4.11).

A conta é fácil: basta multiplicar o índice da composição auxiliar na composição principal (0,030) pelos índices dos insumos da auxiliar. Por que essa multiplicação? Porque a composição auxiliar é calculada para 1 m³ de argamassa, porém só requeremos 0,030 m³ de argamassa para cada m² de emboço (Tab. 4.12).

Tab. 4.10 Composição do emboço contendo uma composição auxiliar

Insumo	Unidade	Índice
Pedreiro	h	0,57
Servente	h	0,34
Argamassa	m³	0,030

Tab. 4.11 Decomposição da argamassa em seus constituintes

Insumo	Unidade	Índice
Pedreiro	h	0,57
Servente	h	0,34
Argamassa	m³	0,030

Composição auxiliar = argamassa de cimento e areia sem peneirar (traço 1:4), unidade m³

Insumo	Unidade	Índice
Servente	h	10,00
Areia lavada tipo média	m³	1,220
Cimento Portland CP-32	m³	365

Tab. 4.12 Composição de emboço com a composição auxiliar "explodida"

Insumo	Unidade	Índice
Pedreiro	h	0,57
Servente	h	0,34 + 0,030 × 10,00 = 0,64
Areia lavada tipo média	m³	0,030 × 1,220 = 0,037
Cimento Portland CP-32	kg	0,030 × 365 = 10,95

Aplicação do emboço

Fabricação da argamassa

Vejamos outro exemplo. Um orçamentista quer orçar 1 m² de fôrma para vigas, com chapa compensada plastificada, *e* = 12 mm e unidade m², porém ele dispõe de composições específicas para cada etapa do serviço: fabricação, montagem e desmontagem. Trata-se, então, de um serviço geral com três composições auxiliares, mostradas na Tab. 4.13. Em seguida, na Tab. 4.14, temos a composição toda aberta, se assim desejar o orçamentista.

Tab. 4.13 Composição de fôrma contendo composições auxiliares

Insumo	Unidade	Índice
Fôrma para vigas: fabricação (três aproveitamentos)	m²	0,333
Fôrma para vigas: montagem	m²	1,000
Fôrma para vigas: desmontagem	m²	1,000

→ Fôrma para vigas, com chapa compensada plastificada, *e* = 12 mm
Fabricação – unidade: m²

Insumo	Unidade	Índice
Ajudante de carpinteiro	h	0,300
Carpinteiro	h	1,200
Chapa de madeira compensada	m²	1,200
Sarrafo 1" x 3"	m	4,000
Pontalete 3" x 3"	m	3,200
Prego com cabeça 17 x 21 mm	kg	0,200

→ Fôrma para vigas, com chapa compensada plastificada, *e* = 12 mm
Montagem – unidade: m²

Insumo	Unidade	Índice
Ajudante de carpinteiro	h	0,139
Carpinteiro	h	0,554
Desmoldante	L	0,020
Prego com cabeça 17 x 27 mm	kg	0,100

→ Fôrma para vigas, com chapa compensada plastificada, *e* = 12 mm
Desmontagem – unidade: m²

Insumo	Unidade	Índice
Ajudante de carpinteiro	h	0,059
Carpinteiro	h	0,238
Prego com cabeça 17 x 21 mm	kg	0,200

Tab. 4.14 Composição aberta

Insumo	Unidade	Índice
Ajudante de carpinteiro	h	0,333 × 0,300 + 1 × 0,139 + 1 × 0,059 = 0,297
Carpinteiro	h	0,333 × 1,200 + 1 × 0,554 + 1 × 0,238 = 1,188
Chapa de madeira compensada	m^2	0,333 × 1,200 = 0,400
Sarrafo 1" x 3"	m	0,333 × 4,000 = 1,333
Pontalete 3" x 3"	m	0,333 × 3,200 = 1,067
Prego com cabeça 17 x 21 mm	kg	0,333 × 0,200 + 1 × 0,200 = 0,267
Desmoldante	L	0,020
Prego com cabeça 17 x 27 mm	kg	0,100

4.4 Apropriação de índices

Por mais abrangente que seja o conjunto de composições de custos unitários que um livro possa conter, ele parte de observações de obras diversas realizadas sob condições particulares por construtoras diferentes. As construtoras precisam, então, desenvolver suas próprias composições de custos, que reflitam a produtividade de campo de suas equipes e, enfim, que melhor representem as características de produção da empresa.

Ao processo de obtenção dos índices reais de produção dá-se o nome de *apropriação*. É pela apropriação que o construtor passa a conhecer os índices e a realidade de sua empresa.

O passo inicial da apropriação é a observação. É a partir dos dados coletados no campo que se construirá a composição real. Observar é assistir e registrar.

Exemplo 4.6

Uma construtora apurou os dados expostos na Tab. 4.15 referentes ao serviço de levantamento de alvenaria de bloco. Calcular a *produtividade* e o *índice* (RUP) do serviço e comparar com os índices de 1,00 h/m² adotados no orçamento (para pedreiro e servente).

Tab. 4.15 Horas de trabalho (pagas)

Operário	Cargo	Categoria	Hora							
			Seg	Ter	Qua	Qui	Sex	Sáb	Dom	Semana
José	Pedreiro	Normal	8	8	8	8	8	4		44
		Extra	2							2
João	Pedreiro	Normal	8	8	8	8	8			40
		Extra	1	1	1	1				4

Tab. 4.15 (continuação)

Operário	Cargo	Categoria	Hora							
Luís	Servente	Normal	8	8	8	8	8	4	4	4
		Extra	2							2
Antônio	Servente	Normal	8	8	8	8	8	4		44
		Extra	2			2				4
Total	Pedreiro		19	17	17	17	16	4		90
	Servente		20	16	16	18	16	8		94
Produção de alvenaria (m^2)			15	20	20	22	18	5		100

1. Para calcular a produtividade (m^2/h) das duas categorias de operário, basta dividir a produção feita pela quantidade de horas pagas:

Produtividade (m^2/h)	Seg	Ter	Qua	Qui	Sex	Sáb	Dom	Semana
Pedreiro	0,79	1,18	1,18	1,29	1,13	1,25		1,11
Servente	0,75	1,25	1,25	1,22	1,13	0,63		1,06

2. Para calcular o índice ou RUP (h/m^2) das duas categorias de operário, basta dividir a quantidade de horas pagas pela produção feita (que é o mesmo que tomar o inverso da produtividade!):

Índice ou RUP (m^2/h)	Seg	Ter	Qua	Qui	Sex	Sáb	Dom	Semana
Pedreiro	1,27	0,85	0,85	0,77	0,89	0,80		0,90
Servente	1,33	0,80	0,80	0,82	0,89	1,60		0,94

3. Comparação com os índices de orçamento:

Pedreiro	1,00h/m²	0,90h/m²	Melhor do que o orçado!
Servente	1,00h/m²	0,94h/m²	Melhor do que o orçado!

Não custa relembrar:

Quanto *maior* o índice, *menor* a produtividade.
Quanto *menor* o índice, *maior* a produtividade.

4.5 Fontes de composição de custos unitários

As composições de custos unitários para orçamentos de obras podem ser obtidas de várias fontes, a depender do grau de organização e registro da construtora e do acesso à literatura especializada. Destacamos abaixo três fontes de composições oficiais, isto é, administradas pela Administração Pública (Sinapi, Sicro e Orse), e uma administrada por uma empresa privada (TCPO). Existem ainda bancos de composições divulgados por associações, revistas técnicas e livros especializados.

4.5.1 Sinapi

O Sistema Nacional de Pesquisa de Custos e Índices da Construção Civil (Sinapi) é um amplo banco de dados de insumos e composições de custos unitários mantido pela Caixa Econômica Federal em gestão compartilhada com o IBGE. A Caixa é responsável pela base técnica de engenharia (especificação de insumos, composições de serviços e projetos referenciais) e pelo processamento de dados, enquanto o IBGE responde pela pesquisa mensal de preço, metodologia e formação dos índices.

Em 2013, a Caixa realizou o processo de aferição das composições do banco referencial do Sinapi. Esse trabalho gerou a revisão de composições existentes e a criação de novas composições para serviços que antes não estavam contemplados. O *Manual de metodologias e conceitos* do Sinapi (CEF, 2018) merece leitura detida.

Um dos aspectos do "Novo Sinapi", como foi chamado após essa revisão, é o conceito de árvore de fatores. A metodologia de aferição das composições prevê a identificação dos fatores que impactam a produtividade (mão de obra e equipamentos) e o consumo (materiais) de cada grupo de serviços, que são observados e mensurados durante a coleta de dados em obra.

A Fig. 4.1 mostra a árvore de fatores para o serviço *emboço em fachada*. Os fatores de variação entre as composições são a existência de tela metálica, o método de aplicação (manual × projetada), a existência de vãos, a espessura da camada e a forma de preparo (manual × betoneira).

A composição de custo unitário mostrada na Tab. 4.16 refere-se à combinação dos fatores destacados na árvore.

Outra inovação importante do Novo Sinapi é a utilização de *encargos complementares* no custo da mão de obra. Por encargos complementares entende-se aqueles custos associados à mão de obra, que não são tradicionalmente incluídos no rol dos encargos sociais. São eles: alimentação, transporte, equipamentos de proteção individual, ferramentas, exames médicos obrigatórios e seguros de vida, cuja obrigação de pagamento decorre das Convenções Coletivas de Trabalho e de normas que

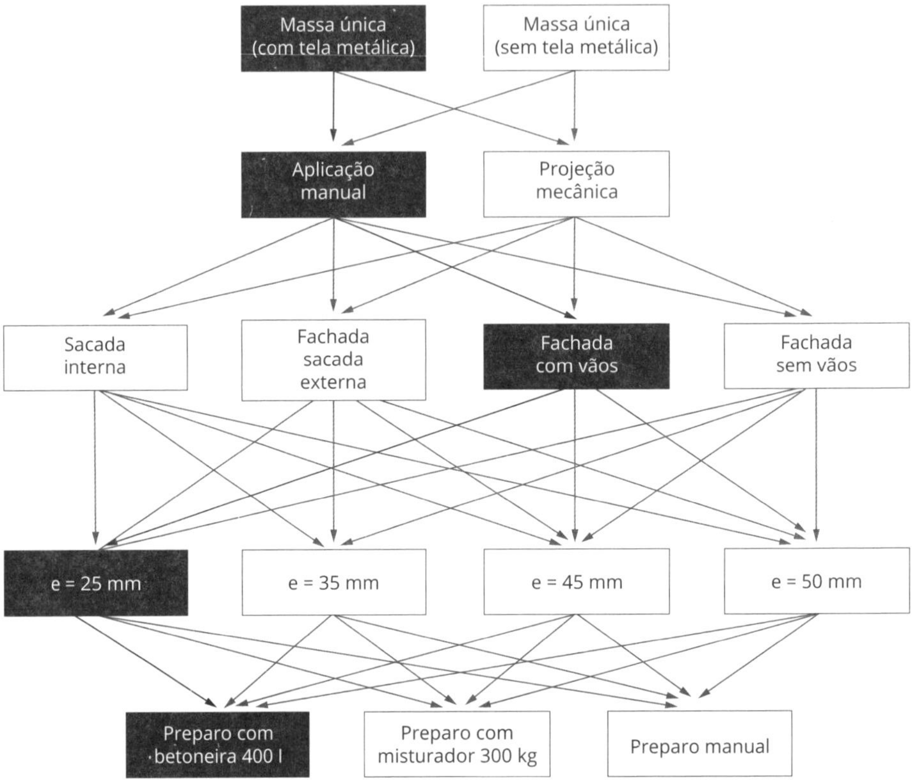

Fig. 4.1 *Árvore de fatores*

Fonte: CEF (2018).

Tab. 4.16 Composição de custo unitário

Código/seq.			**Descrição da composição**	**Unidade**
01.REVE.EMBO.001/01			Emboço ou massa única em argamassa traço 1:2:8, preparo mecânico com betoneira 400 L, aplicada manualmente em panos de fachada com presença de vãos, espessura de 25 mm. AF_06/2014	m^2
Código SIPCI				
87775				
Composição				
Item	**Código**	**Descrição**	**Unidade**	**Coeficiente**
C	88309	Pedreiro com encargos complementares	h	0,7800

Tab. 4.16 (continuação)

Composição				
Item	**Código**	**Descrição**	**Unidade**	**Coeficiente**
C	88316	Servente com encargos complementares	h	0,7800
C	87292	Argamassa traço 1:2:8 (cimento, cal e areia média) para emboço/massa única/ assentamento de alvenaria de vedação, preparo mecânico com betoneira 400 L. AF_06/2014	m^3	0,0314
I	37631	Tela metálica eletrossoldada, galvanizada e semirrígida, malha 25 x 25 mm e fio diâmetro 1,24 mm (BWG 18)	m^2	0,1388

Fonte: CEF (2018).

regulamentam a prática profissional na construção civil e não variam proporcionalmente aos salários. O Novo Sinapi opta por embutir o custo dos encargos complementares na tarifa horária dos operários, isto é, adota uma hora "cheia" que inclui o salário, os encargos sociais tradicionais e os encargos complementares.

O Cap. 5 deste livro trata melhor do tema do custo da mão da obra.

4.5.2 Sicro

O Sistema de Custos Referenciais de Obras (Sicro) é mantido pelo Departamento Nacional de Infraestrutura de Transportes (DNIT). Sua função é referenciar a elaboração dos orçamentos de projetos e a licitação de obras rodoviárias. A teoria está toda exposta no altamente recomendável *Manual de custos de infraestrutura de transportes* (DNIT, 2017), uma das grandes publicações da literatura nacional sobre formação de preços de obras, dividido em doze volumes:

- Volume 1: Metodologia e conceitos.
- Volume 2: Pesquisa de preços.
- Volume 3: Equipamentos.
- Volume 4: Mão de obra.
- Volume 5: Materiais.
- Volume 6: Fator de influência de chuvas.

* Volume 7: Canteiros.
* Volume 8: Administração local.
* Volume 9: Mobilização e desmobilização.
* Volume 10: Manuais técnicos.
* Volume 11: Composições de custos.
* Volume 12: Produções de equipes mecânicas.

Cabe destacar uma passagem da introdução do manual: "é notório que os custos de obras são sensíveis à localização geográfica e às condições naturais, sociais, econômicas e logísticas encontradas, bem como ao próprio plano de mobilização e instalação que o construtor tenha em mente".

A base do orçamento do Sicro é a planilha *produção das equipes mecânicas*, que será abordada no Cap. 8.

4.5.3 Orse

O Orçamento de Obras de Sergipe (Orse) é um sistema desenvolvido pela Companhia Estadual de Habitação e Obras Públicas (Cehop) do Estado de Sergipe. Atualmente, o banco de dados conta com quase dez mil insumos e dez mil composições de custos. O acesso ao Orse é gratuito.

A busca de uma composição de custos pode ser feita por pesquisa por argumento (ao digitar parte da descrição do serviço; por exemplo, "alvenaria de bloco") ou por árvore (vai-se clicando progressivamente por fase da obra e categoria de serviço até se chegar à composição desejada; por exemplo, "Obras civis → Elevações → Alvenarias de vedação"). Atentar para o fato de que os preços comerciais apresentados pelo Orse consideram o custo de entrega dos insumos em Aracaju.

Uma das feições do Orse mais apreciadas pelos usuários é o conjunto de especificações técnicas de serviços. As especificações contêm explicação detalhada do método executivo, critérios de controle, critérios de medição e pagamento e as normas aplicadas a cada serviço.

4.5.4 TCPO

Uma boa referência para o orçamentista é a tradicional publicação *Tabelas de composições de preços para orçamentos – TCPO*, da Editora Pini. Esse manual traz as composições organizadas de acordo com a Classificação Pini:

* Informações introdutórias sobre o projeto.
* Requisitos gerais.

* Canteiro de obras e materiais básicos.
* Concreto.
* Vedações internas e externas.
* Componentes metálicos.
* Madeira e plásticos.
* Impermeabilização, isolação térmica e cobertura.
* Portas, janelas e vidros.
* Acabamentos.
* Produtos especiais ou sob encomenda.
* Equipamentos para fins especiais.
* Mobiliário e decoração.
* Módulos e sistemas especiais de construção.
* Sistemas de transporte.
* Sistemas hidráulicos e mecânicos.
* Sistemas elétricos e de comunicação.
* Máquinas, veículos e equipamentos.

Nota: As composições integrantes do TCPO não são propriamente composições de custos unitários, uma vez que faltam as colunas de custo, omitidas porque variam de lugar para lugar. Mais correto seria denominá-las composições de insumos.

cinco

Custo de mão de obra

O trabalhador é o elemento racional de uma obra, e é de suas ações e decisões que depende, em grande parte, o sucesso do empreendimento. Ele tem influência em todas as partes de um projeto de construção civil e é responsável por dar forma aos serviços ao escavar uma trincheira, operar um guindaste, concretar uma laje, pintar uma parede, soldar um trecho de tubulação, entre outros. É o trabalho humano que, em última análise, gera o produto final.

Nas composições de custos unitários vistas nos capítulos anteriores, arbitraram-se valores para o custo do homem-hora sem tecer maiores comentários. Este capítulo, portanto, destina-se a dissecar o que realmente entra no custo-horário da mão de obra. Muitos são os parâmetros envolvidos: hora-base, impostos, benefícios etc.

Considerando que uma obra pode chegar a ter mais da metade de seu custo composto pela mão de obra, é fácil perceber a importância que a estimativa correta dessa categoria de custo tem para a precisão do orçamento.

5.1 Encargos sociais e trabalhistas

Durante a orçamentação de um serviço, cabe ao construtor atribuir à hora de cada insumo de mão de obra o custo que ele realmente representa para a empresa. O custo de um operário, para o empregador, não se confunde com seu salário-base: é um valor bastante superior. Isso porque não é somente o salário que constitui o ônus do empregador –

este arca com diversos *encargos sociais* e *trabalhistas* impostos pela legislação e pelas convenções do trabalho, que se somam ao salário-base ao qual o funcionário faz jus.

O percentual de encargos sociais e trabalhistas a aplicar no custo da mão de obra tem sido motivo de debate e de gritante discrepância entre empresas, embora não devesse ser assim. Uma das causas é a ignorância acerca dos parâmetros constituintes dos encargos e a aposta que muitos fazem na impunidade, ou seja, a certeza de que não precisam embutir todos os encargos nos cálculos porque sempre há margem para um "jeitinho".

O fato de o patamar de encargos apresentar variações de uma empresa para outra leva a divergências de entendimento. Para tornar essa "caixa-preta" mais compreensível, apresenta-se a seguir a estrutura completa dos encargos sociais e trabalhistas do empregado da construção civil. Didaticamente, os encargos são divididos sob duas óticas:

* *Encargos em sentido estrito*: são os encargos sociais, trabalhistas e indenizatórios previstos em lei e com os quais o empregador deve arcar. Essa é modalidade mais usada entre os orçamentistas.
* *Encargos em sentido amplo*: aos encargos sociais, trabalhistas e indenizatórios somam-se outras despesas que podem ser referenciadas ao homem-hora, tais como alimentação, transporte, EPI, seguro em grupo e até horas extras habituais. A rigor, essa ampliação do conceito de encargo existe por conveniência de quem orça.

5.1.1 Encargos em sentido estrito

São os encargos sociais, trabalhistas e indenizatórios previstos em lei e aos quais o empregador está obrigado.

A metodologia a seguir apresenta o trabalho exaustivo desenvolvido pelo Programa de Qualidade em Obras Públicas (Qualiop) da Bahia, o qual instituiu no Estado as diretrizes do Programa Brasileiro da Qualidade e Produtividade no Hábitat (PBQP-H). O comitê gestor do Qualiop pautou-se pelos critérios técnicos no cálculo dos percentuais, utilizando a legislação atual e os parâmetros estatísticos aferidos e de procedência conhecida, e pela participação ativa de técnicos dos setores público e privado.

Primeiramente, deve-se fazer uma distinção entre horistas e mensalistas para fins de estabelecimentos dos encargos:

* *Horistas*: operários pagos por apropriação de horas trabalhadas. Esses operários entram no orçamento na unidade *hora* e figuram nas composições de

custos unitários dos serviços diretos. São horistas o servente, o carpinteiro, o pedreiro, o armador, o encanador etc.

- *Mensalistas*: funcionários que entram no orçamento na unidade *mês*. Em geral são os integrantes das equipes técnica, administrativa e de suporte da obra, figurando prioritariamente no custo indireto da obra. São mensalistas o engenheiro, o mestre, o encarregado, o almoxarife, o apontador, o topógrafo, a secretária, o vigia, o motorista etc.

Encargos dos horistas

A Tab. 5.1 apresenta os encargos sociais e trabalhistas dos *horistas*, seguida de uma explicação sumária de cada item componente. Vale salientar que ninguém é obrigado a utilizar os percentuais de encargos que estão propostos; eles servem apenas de orientação para o orçamentista.

Tab. 5.1 Encargos sociais em sentido estrito: horistas

		Sem desoneração	Com desoneração
A	**Encargos sociais básicos**		
A.1	INSS	20,00%	-
A.2	FGTS	8,00%	8,00%
A.3	Salário-educação	2,50%	2,50%
A.4	Sesi	1,50%	1,50%
A.5	Senai	1,00%	1,00%
A.6	Sebrae	0,60%	0,60%
A.7	Incra	0,20%	0,20%
A.8	Seguro contra acidente	3,00%	3,00%
A.9	Seconci	1,00%	1,00%
	Subtotal A	**37,80%**	**17,80%**
B	**Encargos trabalhistas**		
B.1	Férias (+ 1/3)	14,86%	14,86%
B.2	Repouso semanal remunerado	17,83%	17,83%
B.3	Feriados	4,09%	4,09%
B.4	Auxílio-enfermidade	0,98%	0,98%
B.5	Acidente do trabalho	0,74%	0,74%
B.6	Licença-paternidade	0,05%	0,05%
B.7	Faltas justificadas	0,74%	0,74%
B.8	13º salário	11,14%	11,14%
	Subtotal B	**50,43%**	**50,43%**

Tab. 5.1 (continuação)

		Sem desoneração	Com desoneração
C	**Encargos indenizatórios**		
C.1	Aviso prévio (adotado)	13,83%	13,83%
C.2	Multa por rescisão	4,57%	4,57%
C.3	Indenização adicional	0,69%	0,69%
	Subtotal C	**19,09%**	**19,09%**
D	**Incidências cumulativas**		
D.1	Incidência de A sobre B	19,06%	8,98%
D.2	Incidência de férias sobre o aviso	2,06%	2,06%
D.3	Incidência do 13° sobre o aviso	1,54%	1,54%
D.4	Incidência do FGTS sobre o aviso	1,11%	1,11%
	Subtotal D	23,77%	13,69%
	Total (A + B + C + D)	**131,10%**	**101,01%**

Descrição dos encargos e memória de cálculo

A. Encargos sociais básicos

A.1 INSS

A contribuição para o Instituto Nacional do Seguro Social (INSS) incide sobre a remuneração paga no decorrer do mês de referência, e seu percentual é fixo por lei.

A legislação mais recente permite que a empresa opte pelo sistema de recolhimento do INSS:

* Contribuição sobre a folha de pagamento ("sem desoneração"): é a contribuição convencional. A empresa paga 20% sobre o valor da remuneração dos profissionais.
* Contribuição sobre a receita bruta ("com desoneração"): a empresa paga 4,5% sobre a receita bruta. O tributo é denominado Contribuição Previdenciária sobre a Receita Bruta (CPRB).

A.2 FGTS

É a contribuição para o Fundo de Garantia do Tempo de Serviço (FGTS), cujo percentual é fixo por lei.

A.3 Salário-educação

É a contribuição social destinada ao financiamento de programas, projetos e ações voltados para a educação básica pública. Seu percentual é fixo por lei.

A.4 Sesi

É a contribuição para o Serviço Social da Indústria (Sesi), cujo percentual é fixo por lei.

A.5 Senai

É a contribuição para o Serviço Nacional de Aprendizagem Industrial (Senai), cujo percentual é fixo por lei. Esse percentual sobe de 1,00% para 1,20% caso a empresa tenha mais de 500 empregados.

A.6 Sebrae

É a contribuição para o Serviço Brasileiro de Apoio às Micro e Pequenas Empresas (Sebrae), cujo percentual é fixo por lei.

A.7 Incra

É a contribuição para o Instituto Nacional de Colonização e Reforma Agrária (Incra), cujo percentual é fixo por lei.

A.8 Seguro contra acidente de trabalho

O acidente de trabalho na construção civil foi enquadrado no grau de risco 3 (grave) pela legislação. Seu percentual é fixo por lei.

A.9 Seconci

É a contribuição para o Serviço Social da Indústria da Construção e do Mobiliário (Seconci), cujo percentual é fixo por lei. É importante mencionar que essa contribuição só se aplica quando existir um ambulatório do Seconci no Estado em questão. Cabe ao orçamentista, portanto, verificar a necessidade de incluir esse item.

B. *Encargos trabalhistas*

São os encargos pagos na folha de pagamento, como benefícios ao trabalhador. Esse grupo de encargos depende de algumas premissas de cálculo que partem de dados estatísticos ou históricos.

Para calcular o impacto percentual de cada item, torna-se necessário definir preliminarmente a *quantidade de dias efetivamente trabalhados* durante um ano (Tab. 5.2). Isso é feito subtraindo-se de 365 todos os dias não trabalhados por causa de férias, feriados, repouso remunerado, licenças e faltas.

Tab. 5.2 Cálculo dos dias trabalhados por ano

<table>
<tr><td colspan="2">Dias do ano</td><td>365</td></tr>
<tr><td colspan="2">B.1 Férias</td><td>-30</td></tr>
<tr><td colspan="3">Correspondem a 30 dias após cada 12 meses de trabalho.</td></tr>
<tr><td colspan="2">B.2 Repouso semanal remunerado</td><td>-48</td></tr>
<tr><td colspan="3">Corresponde a um dia por semana, preferencialmente o domingo
52 domingos/ano - 4 domingos incluídos nas férias = 48 dias.</td></tr>
<tr><td colspan="2">B.3 Feriados (excluídos os que caem no domingo ou nas férias - adotados três):</td><td>-11</td></tr>
<tr><td rowspan="7">Nacionais:</td><td colspan="2">Confraternização Universal (1º/1)</td></tr>
<tr><td colspan="2">Tiradentes (21/4)</td></tr>
<tr><td colspan="2">Dia do Trabalho (1º/5)</td></tr>
<tr><td colspan="2">Independência do Brasil (7/9)</td></tr>
<tr><td colspan="2">Nossa Senhora Aparecida (12/10)</td></tr>
<tr><td colspan="2">Proclamação da República (15/11)</td></tr>
<tr><td colspan="2">Natal (25/12)</td></tr>
<tr><td rowspan="2">Estaduais (Bahia):</td><td colspan="2">Independência da Bahia (2/7)</td></tr>
<tr><td colspan="2">Tiradentes (21/4)</td></tr>
<tr><td rowspan="4">Municipais (Salvador):</td><td colspan="2">Sexta-feira da Paixão (data móvel)</td></tr>
<tr><td colspan="2">Corpus Christi (data móvel)</td></tr>
<tr><td colspan="2">São João (24/6)</td></tr>
<tr><td colspan="2">Nossa Sra. da Conceição da Praia (8/12)</td></tr>
<tr><td>Intersindicais:</td><td colspan="2">Dia do Trabalhador da Construção Civil (19/3)</td></tr>
<tr><td colspan="2">B.4 Auxílio-enfermidade</td><td>-2,65</td></tr>
<tr><td colspan="3">O empregador arca com o pagamento dos primeiros 15 dias de ausência do trabalhador. A partir dos primeiros 15 dias,o funcionário recebe do governo. Utilizou-se o percentual de beneficiários que recorreram ao auxílio: 17,65% × 15 dias = 2,65 dias (por trabalhador por ano).</td></tr>
<tr><td colspan="2">B.5 Acidente do trabalho</td><td>-2,00</td></tr>
<tr><td colspan="3">O empregador arca com os primeiros 15 dias de ausência do trabalhador. A partir dos primeiros 15 dias, o funcionário recebe do governo. Utilizou-se a frequência de acidentes na construção: 13,31% × 15 dias = 2,00 dias (por trabalhador por ano).</td></tr>
<tr><td colspan="2">B.6 Licença-paternidade</td><td>-0,14</td></tr>
<tr><td colspan="3">O trabalhador tem direito a cinco dias de licença quando ganha um filho. Adotou-se que 95% dos trabalhadores são homens e que a taxa de fecundidade é de 3% (percentual de homens que tem filho ao longo de um ano): 95% × 3% × 5 dias = 0,14 dia (por trabalhador por ano).</td></tr>
<tr><td colspan="2">B.7 Faltas justificadas</td><td>-2,00</td></tr>
<tr><td colspan="3">São faltas abonadas pelo empregador, por motivos definidos na convenção coletiva do trabalho: morte de cônjuge, ascendente ou descendente; registro de nascimento de filho; casamento; doação de sangue; alistamento eleitoral; exigências do serviço militar. Adotou-se um total de duas faltas por trabalhador por ano.</td></tr>
<tr><td colspan="3">Dias trabalhados por ano = 365 - 30 - 48 - 11 - 2,65 - 2,00 - 0,14 - 2,00 = 269,21 dias</td></tr>
</table>

De posse da quantidade de dias trabalhados, pode-se calcular o impacto de cada categoria de encargos sobre esses dias. Por exemplo, as férias, que contam ainda com um abono de 1/3, representam 30 × 1,3333 dias pagos além dos 269,21 dias trabalhados, o que representa um acréscimo de custo de 14,86% sobre a hora efetivamente trabalhada:

B.1 Férias

O pagamento das férias é acrescido de 1/3 (abono):

$$(30/269{,}21) \times 1{,}3333 = 14{,}86\%$$

B.2 Repouso semanal remunerado

A percentagem referente ao repouso semanal paga ao trabalhador é de:

$$48/269{,}21 = 17{,}83\%$$

B.3 Feriados

A Consolidação das Leis do Trabalho (CLT) impõe o pagamento dos dias feriados e santificados ao empregado:

$$11/269{,}21 = 4{,}09\%$$

B.4 Auxílio-enfermidade

Os primeiros 15 dias de afastamento são de responsabilidade do empregador:

$$2{,}65/269{,}21 = 0{,}98\%$$

B.5 Acidente do trabalho

Os primeiros 15 dias de afastamento são de responsabilidade do empregador:

$$2{,}00/269{,}21 = 0{,}74\%$$

B.6 Licença-paternidade

São cinco dias de afastamento do empregado, pagos ao trabalhador. A licença-maternidade não entra no cômputo porque o empregador não arca com ela, e sim o governo.

$$0{,}14/269{,}21 = 0{,}05\%$$

B.7 Faltas justificadas

São aquelas abonadas pelo empregador, se enquadradas nas categorias regulamentadas na Tab. 5.2:

$$2{,}00/269{,}21 = 0{,}74\%$$

B.8 13º salário

Tecnicamente batizado de gratificação natalina, o 13º salário é uma bonificação anual equivalente a um salário e paga em dezembro, sendo que a metade pode ser paga por ocasião das férias ou até o final de novembro:

$$30/269{,}21 = 11{,}14\%$$

C. Encargos indenizatórios

C.1 Aviso prévio

Constitui-se na obrigação que o empregador tem de avisar ao trabalhador, com antecedência mínima de 30 dias, que irá rescindir seu salário unilateralmente sem justa causa. O aviso prévio comporta duas situações:

- Aviso prévio *indenizado*: 1 salário adicional se o empregado contar até um ano de serviço na empresa, somado ao pagamento de três dias por ano de serviço prestado na mesma empresa, até o máximo de 90 dias de remuneração.
- Aviso prévio *trabalhado*: o empregado continua trabalhando durante o período referente ao aviso, com direito a ter sua jornada diária reduzida em duas horas, ou falta por sete dias corridos.

Nessa análise, adota-se que as construtoras praticam o aviso prévio indenizado em 100% dos casos. Supondo que a permanência média de um operário é de 9,67 meses, tem-se:

$$30/269{,}21 \times (12/9{,}67) = 13{,}83\%$$

C.2 Multa por rescisão do contrato de trabalho

Quando a demissão é sem justa causa, a empresa deve pagar uma multa de 40% sobre o saldo da conta vinculada ao FGTS. Adotou-se a premissa de que 95% das demissões são sem justa causa:

$$40\% \times (A.2 + A.2 \times B) \times 95\% = 0{,}40 \times (0{,}08 + 0{,}08 \times 0{,}5043) \times 0{,}95 = 4{,}57\%$$

C.3 Indenização adicional

Se a demissão se der por justa causa, no período de 30 dias antes da data-base da correção salarial (dissídio), o trabalhador tem direito a um salário adicional. Considerando que a permanência média de um operário é de 9,67 meses e que a média histórica de demissões nessa época é de 5%, tem-se:

$$30/269{,}21 \times (12/9{,}67) \times 5\% = 0{,}69\%$$

D. Incidências cumulativas

Nesse grupo, computam-se as incidências cruzadas entre os grupos A, B e C:

D.1 Incidência de A sobre B

$$0{,}3780 \times 50{,}43\% = 19{,}06\%$$

D.2 Incidência de férias sobre o aviso prévio

$$0{,}1486 \times 13{,}83\% = 2{,}06\%$$

D.3 Incidência do 13º salário sobre o aviso prévio

$$0{,}1114 \times 13{,}83\% = 1{,}54\%$$

D.4 Incidência do FGTS sobre o aviso prévio

$$0{,}08 \times 13{,}83\% = 1{,}11\%$$

Encargos dos mensalistas

Os empregados *mensalistas*, que são geralmente a equipe da administração local, mestres, encarregados e técnicos, figuram no orçamento na unidade *mês*.

O percentual de encargos sociais e trabalhistas dos mensalistas é menor, pois o salário mensal pactuado com o empregador já engloba o repouso semanal remunerado, as faltas justificadas, o auxílio-enfermidade e a licença-paternidade. Por essa razão, esses itens não precisam ser computados à parte no rol dos encargos. O aviso prévio de mensalista é percentualmente mais baixo porque esse perfil de funcionário geralmente tem menor rotatividade na obra do que os operários.

Apresentam-se na Tab. 5.3 os encargos sociais e trabalhistas dos mensalistas. Vale salientar que ninguém é obrigado a utilizar os percentuais de encargos que estão propostos; eles servem apenas de orientação para o orçamentista.

Interpretação dos encargos

Nota-se que algumas parcelas do rol de encargos sociais e trabalhistas são fixas e outras são variáveis.

As parcelas *fixas* são as mesmas para qualquer empresa, porque as alíquotas são estabelecidas na legislação. Elas independem de considerações como porte da companhia ou capacidade gerencial. Já as parcelas *variáveis* dependem da realidade da empresa e das premissas de cálculo adotadas. Elas variam de empresa para empresa, em geral apresentando valores diferentes. É justamente nessas parcelas que uma

Tab. 5.3 Encargos sociais em sentido estrito: mensalistas

		Sem desoneração	Com desoneração
A	**Encargos sociais básicos**		
A.1	INSS	20,00%	-
A.2	FGTS	8,00%	8,00%
A.3	Salário-educação	2,50%	2,50%
A.4	Sesi	1,50%	1,50%
A.5	Senai	1,00%	1,00%
A.6	Sebrae	0,60%	0,60%
A.7	Incra	0,20%	0,20%
A.8	Seguro contra acidente	3,00%	3,00%
A.9	Seconci	1,00%	1,00%
	Subtotal A	**37,80%**	**17,80%**
B	**Encargos trabalhistas**		
B.1	Férias (+1/3)	11,11%	11,11%
B.8	13º salário	8,33%	8,33%
	Subtotal B	**19,44%**	**19,44%**
C	**Encargos indenizatórios**		
C.1	Aviso prévio (adotado)	10,20%	10,20%
C.2	Multa por rescisão	3,63%	3,63%
	Subtotal C	13,83%	13,83%
D	**Incidências cumulativas**		
D.1	Incidência de A sobre B	7,35%	3,46%
D.2	Incidência de férias sobre o aviso	1,13%	1,13%
D.3	Incidência do 13º sobre o aviso	0,85%	0,85%
D.4	Incidência do FGTS sobre o aviso	0,82%	0,82%
	Subtotal D	10,15%	6,26%
	Total	**81,22%**	**57,33%**

construtora pode chegar a um total de encargos menor e, consequentemente, tornar-se mais competitiva do que suas concorrentes.

Como decorrência de ter todas as suas parcelas *fixas*, o *grupo A* (encargos sociais básicos) conduz todas as empresas a um mesmo total. Os *grupos B* e *C* (encargos trabalhistas e indenizatórios) e também o *grupo D* (incidências cumulativas) contêm diversas parcelas *variáveis*, e por esse motivo duas empresas não necessariamente chegarão a um mesmo total.

Dicas para o orçamentista
Com a finalidade de reduzir o percentual de encargos, toda empresa deve se empenhar em reduzir as parcelas variáveis, que são, basicamente, aviso prévio, faltas, acidentes de trabalho e auxílio-enfermidade.
O aviso prévio, por ser o item variável mais representativo, deve ser permanentemente monitorado pela empresa. Ele pode ser mantido em níveis baixos se a rotatividade de trabalhadores for pequena. Como exemplo, imagine-se uma obra em que um carpinteiro trabalhe 18 meses e então seja demitido: no momento de sua demissão, a construtora irá lhe pagar um salário de indenização. Se, entretanto, essa mesma função for desempenhada por três carpinteiros que trabalharam seis meses cada um, a construtora terá que pagar o triplo em aviso prévio.
A prevenção de acidentes de trabalho e a diminuição do absenteísmo por motivo de enfermidade se processam por meio de supervisão constante, implantação de rotinas de segurança e acompanhamento de profissionais de saúde.

Desoneração da folha de pagamento

A desoneração da folha de pagamento é uma criação relativamente recente do governo, que objetiva evitar evasão de recolhimento de impostos. A desoneração é um regime opcional que consiste na substituição previdenciária de 20% sobre a folha de pagamento por 4,5% sobre a receita bruta (no caso das empresas de construção). Com isso, se o empresário optar pelo regime da desoneração da folha de pagamento, o INSS deixa de figurar no rol de encargos sociais e passa a incidir sobre o faturamento da obra sob a forma de Contribuição Previdenciária sobre a Receita Bruta (CPRB). A bem da verdade, o termo *desoneração* é enganoso, pois não há redução de imposto – o que há é a troca do local de incidência do imposto.

Podem optar pela desoneração as empresas cujas atividades estão descritas no Código Nacional de Atividades Econômicas (CNAE 2.0): grupos 412 (construção de edifícios); 432 (instalações elétricas, hidráulicas e outras instalações em construções); 433 (obras de acabamento); e 439 (outros serviços especializados para construção).

Ficam de fora todas as empresas que prestam serviços técnicos de engenharia, projetos e arquitetura, além das empresas de incorporação. Por não terem personalidade jurídica, os consórcios também não estão desonerados.

A desoneração é uma opção *da empresa*, e não da obra. Por causa disso, o regime vale para todas as obras da empresa. Optando pela desoneração, a empresa só pode alterar o regime no ano seguinte.

5.1.2 Encargos em sentido amplo

Os *encargos em sentido amplo* representam uma extensão do conceito tradicional de encargos sociais e trabalhistas. A ampliação consiste em incluir no rol dos encargos todos os demais custos que possam ser referenciados à hora do trabalhador, tais como:

* *Encargos intersindicais*: são aqueles provenientes de acordos coletivos entre o sindicato patronal e o sindicato dos trabalhadores da construção civil. Eles compreendem:
  - almoço;
  - café da manhã (refeição mínima);
  - vale-transporte;
  - cesta básica (se for pactuado seu fornecimento pelo empregador);
  - seguro de vida e acidentes em grupo.
* *Equipamentos de proteção individual (EPI)*: são os instrumentos de uso pessoal para prevenir acidentes e proteger o trabalhador contra possíveis danos à saúde causados pelas condições de trabalho.
* *Ferramentas.*
* *Seguro em grupo.*
* *Horas extras habituais.*

A mudança de ótica para tratar esses custos como encargos traz algumas vantagens:

* Com a incorporação dos custos de alimentação, transporte e EPI, o custo da hora de trabalho passa a ser um valor completo, o qual engloba todas as despesas que um empregado acarreta.
* Eliminam-se as estimativas grosseiras feitas no custo indireto, no qual geralmente se parte de uma "adivinhação" da quantidade média de operários por mês.
* Desonera-se o BDI, pois, ao tratar as despesas de alimentação e transporte como encargos, elas automaticamente passam a integrar o *custo direto* da obra, não precisando ser incluídas no custo indireto, reduzindo o BDI em consequência.
* Afasta-se o risco de esquecimentos na hora de orçar o custo indireto.

Dicas para o orçamentista

Os encargos em sentido amplo permitem tratar a hora do operário dentro do conceito de homem remunerado, alimentado, transportado, fardado e equipado.

Tradicionalmente, as empresas preferem computar os custos com alimentação, transporte, EPI e ferramentas nas despesas indiretas, porém a inclusão desses custos em mais dois grupos de encargos (grupo E – encargos intersindicais – e grupo F – EPI e ferramentas) é uma tendência moderna entre os orçamentistas. O Sinapi e o Sicro dão a esse grupo o nome de encargos complementares. Cabe ao orçamentista sempre verificar quais itens estão sendo embutidos no conceito de encargos complementares, pois o que não estiver contemplado nesse conceito deverá ser levado em conta no custo indireto da obra.

Encargos dos horistas e dos mensalistas

Os encargos em sentido amplo dos horistas estão sumarizados na Tab. 5.4.

Tab. 5.4 Encargos sociais em sentido amplo: horistas

		Sem desoneração	Com desoneração
A	**Encargos sociais básicos**		
A.1	INSS	20,00%	-
A.2	FGTS	8,00%	8,00%
A.3	Salário-educação	2,50%	2,50%
A.4	Sesi	1,50%	1,50%
A.5	Senai	1,00%	1,00%
A.6	Sebrae	0,60%	0,60%
A.7	Incra	0,20%	0,20%
A.8	Seguro contra acidente	3,00%	3,00%
A.9	Seconci	1,00%	1,00%
	Subtotal A	**37,80%**	**17,80%**
B	**Encargos trabalhistas**		
B.1	Férias (+ 1/3)	14,86%	14,86%
B.2	Repouso semanal remunerado	17,83%	17,83%
B.3	Feriados	4,09%	4,09%
B.4	Auxílio-enfermidade	0,98%	0,98%
B.5	Acidente do trabalho	0,74%	0,74%
B.6	Licença-paternidade	0,05%	0,05%
B.7	Faltas justificadas	0,74%	0,74%
B.8	13º salário	11,14%	11,14%
	Subtotal B	**50,43%**	**50,43%**

Tab. 5.4 (continuação)

		Sem desoneração	Com desoneração
C	**Encargos indenizatórios**		
C.1	Aviso prévio (adotado)	13,83%	13,83%
C.2	Multa por rescisão	4,57%	4,57%
C.3	Indenização adicional	0,69%	0,69%
	Subtotal C	19,09%	19,09%
D	**Incidências cumulativas**		
D.1	Incidência de A sobre B	19,06%	8,98%
D.2	Incidência de férias sobre o aviso	2,06%	2,06%
D.3	Incidência do 13º sobre o aviso	1,54%	1,54%
D.4	Incidência do FGTS sobre o aviso	1,11%	1,11%
	Subtotal D	23,77%	13,69%
E	**Encargos intersindicais**		
E.1	Alimentação	14,47%	14,47%
E.2	Café da manhã	9,04%	9,04%
E.3	Vale-transporte	19,36%	19,36%
E.4	Cesta básica	20,18%	20,18%
E.5	Seguro de vida e acidentes em grupo	1,21%	1,21%
	Subtotal E	**64,26%**	**64,26%**
F	**EPI e ferramentas**		
F.1	Equipamentos de proteção individual	1,46%	1,46%
F.2	Ferramentas (adotado)	1,00%	1,00%
	Subtotal F	**1,46%**	**1,46%**
	Total (A + B + C + D + E + F)	**196,82%**	**166,73%**

Os encargos em sentido amplo dos mensalistas estão sumarizados na Tab. 5.5.

Tab. 5.5 Encargos sociais em sentido amplo: mensalistas

		Sem desoneração	Com desoneração
A	**Encargos sociais básicos**		
A.1	INSS	20,00%	-
A.2	FGTS	8,00%	8,00%
A.3	Salário-educação	2,50%	2,50%
A.4	Sesi	1,50%	1,50%
A.5	Senai	1,00%	1,00%
A.6	Sebrae	0,60%	0,60%

Tab. 5.5 (continuação)

		Sem desoneração	Com desoneração
A	**Encargos sociais básicos**		
A.7	Incra	0,20%	0,20%
A.8	Seguro contra acidente	3,00%	3,00%
A.9	Seconci	1,00%	1,00%
	Subtotal A	**37,80%**	**17,80%**
B	**Encargos trabalhistas**		
B.1	Férias (+ 1/3)	11,11%	11,11%
B.8	13° salário	8,33%	8,33%
	Subtotal B	**19,44%**	**19,44%**
C	**Encargos indenizatórios**		
C.1	Aviso prévio (adotado)	10,20%	10,20%
C.2	Multa por rescisão	3,63%	3,63%
	Subtotal C	**13,83%**	**13,83%**
D	**Incidências cumulativas**		
D.1	Incidência de A sobre B	7,35%	3,46%
D.2	Incidência de férias sobre o aviso	1,13%	1,13%
D.3	Incidência do 13° sobre o aviso	0,85%	0,85%
D.4	Incidência do FGTS sobre o aviso	0,82%	0,82%
	Subtotal D	10,15%	6,26%
E	**Encargos intersindicais**		
E.1	Alimentação	14,47%	14,47%
E.2	Café da manhã	9,04%	9,04%
E.3	Vale-transporte	9,68%	9,68%
E.4	Cesta básica	10,09%	10,09%
E.5	Seguro de vida e acidentes em grupo	1,21%	1,21%
	Subtotal E	**44,49%**	**44,49%**
F	**EPI e ferramentas**		
F.1	Equipamentos de proteção individual	1,46%	1,46%
F.2	Ferramentas (adotado)	1,00%	1,00%
	Subtotal F	**1,46%**	**1,46%**
	Total (A+B+C+D+E+F)	**127,17%**	**103,28%**

Descrição dos encargos

E. Encargos intersindicais

Para o cálculo dos encargos intersindicais, que correspondem ao grupo E, é necessário calcular o *salário médio* do operário da construção que, por sua vez, é calculado pela média ponderada do salário por hora de cada operário multiplicada pelo total de horas mensais que o trabalhador deve cumprir.

A Tab. 5.6 ilustra a hora-base de cada categoria e seu percentual no total de trabalhadores, com base em dados levantados pelo SindusCon/BA e pelo Secovi/SP.

Tab. 5.6 Hora-base dos operários da construção civil

Operário	**Salário/hora (R$)**	**Percentagem de trabalhadores**
Servente	4,68	41,92%
Pedreiro	6,31	32,47%
Carpinteiro	6,31	14,13%
Pintor	6,31	8,43%
Armador	6,31	3,05%
Média ponderada	**5,63**	

A média ponderada do salário mensal leva a: R$ 5,63/h × 220 horas = R$ 1.238,60. As 220 horas representam o mínimo que o empregador é obrigado a pagar mensalmente ao trabalhador.

E.1 Almoço

Pode-se cobrar do empregado até 20% do valor do almoço fornecido pela empresa, ou seja, a empresa arca com até 80% do total:

$$NR \cdot (CA - 0{,}20CA)/S = 14{,}47\%$$

em que:

NR = número de almoços por pessoa por mês (= 22,4 un);

CA = custo do almoço (= R$ 10,00);

S = salário médio mensal (= R$ 1.238,60);

0,20 = 20% de dedução sobre o valor do almoço.

E.2 Café da manhã

A empresa fornece o café da manhã sem ônus para o empregado:

$$NC \cdot CC/S = 9{,}04\%$$

em que:

NC = número de cafés da manhã por pessoa por mês (= 22,4 un);

CC = custo do café da manhã (= R$ 5,00);

S = salário médio mensal (= R$ 1.238,60).

E.3 Vale-transporte

A empresa pode descontar até 6% do salário do empregado para cobrir as despesas de transporte. O restante é pago pela empresa:

$$(CT \cdot NT - 0{,}06S)/S = 19{,}36\%$$

em que:

CT = custo do transporte por pessoa (= R$ 3,50);

NT = número de viagens por pessoa por mês (= 4 × 269,21/12 = 89,7 viagens);

S = salário médio mensal (R$ 1.238,60);

0,06 = 6% de dedução sobre o salário mensal.

E.4 Cesta básica

É previsto o fornecimento de uma cesta básica por mês:

$$CB/S = 20{,}18\%$$

em que:

CB = custo da cesta básica (= R$ 250,00);

S = salário médio mensal (= R$ 1.238,60).

E.5 Seguro de vida e acidentes em grupo

É previsto o fornecimento do seguro de vida e acidentes em grupo:

$$CP/S = 1{,}21\%$$

em que:

CP = custo médio do prêmio (= R$ 15,00);

S = salário médio mensal (= R$ 1.238,60).

F. EPI e ferramentas

F.1 Equipamento de proteção individual (EPI)

$$CMAE/(12 \cdot S) = 1{,}46\%$$

em que:

$CMAE$ = custo médio anual de EPI por operário (= R$ 217,60), conforme Tab. 5.7;

S = salário médio mensal (R$ 1.238,60).

O custo médio anual de EPI por operário é estimado em função do consumo de cada equipamento, como consta na Tab. 5.7.

Tab. 5.7 Custo médio anual de EPI por operário

EPI	Unidade	Consumo anual	Custo unitário	Custo total
Bota de borracha	par	2	35,00	70,00
Capacete	un	2	25,00	50,00
Protetor auricular	un	25	1,00	25,00
Luva de raspa	par	4	9,00	36,00
Cinto de náilon	un	0,25	50,00	12,50
Capa de chuva	un	1	12,00	12,00
Avental de raspa	un	0,33	30,00	9,90
Óculos protetores	un	0,2	10,00	2,00
Protetor facial	un	0,2	1,00	0,20
			Total	**217,60**

Fonte: adaptado de Silva (2003).

F.2 Ferramentas

Com ferramentas, pode-se proceder de forma análoga ao que foi feito para o EPI. O custo médio anual de ferramentas (CMAF) por operário pode ser estimado em função do consumo de cada ferramenta:

$$CMAF/(12 \cdot S)$$

em que:

CMAF = custo médio anual de ferramentas por operário;

S = salário médio mensal.

Em uma obra típica, as ferramentas básicas são: alicate; arco de serra; balde; cavadeira; chave de dobrar ferro; colher de pedreiro; enxada com cabo; marreta; martelo; metro de madeira; pá com cabo; peneira; picareta com cabo; prumo; roldana (moitão); serra rápida; serrote; talhadeira; torquês; trena metálica.

Julga-se complicado tratar as ferramentas como encargo porque o consumo médio varia com o ofício do operário e com o tipo de obra. A não ser que o orçamentista componha uma tabela de encargos para cada ofício de operário, incluir os gastos no custo indireto continua sendo a opção mais indicada.

Hora extra habitual

O adicional por hora extraordinária (*hora extra*) destina-se a indenizar o trabalhador pelas horas suplementares às da jornada diária ou semanal. A hora extra pode surgir por extrapolação da carga de trabalho *diária* – o excesso diário compensável não pode ser superior a quatro horas –, ou *semanal* – quando exceder as 44 horas da jornada legal. Por sua natureza, as horas extras habituais pertencem aos encargos trabalhistas (grupo B).

A Constituição Federal estabelece que o valor da hora extra deve ser no mínimo 50% maior do que o valor da hora normal. Em Salvador, pela Convenção Coletiva do Trabalho, pratica-se o seguinte:

* Hora extra de *segunda-feira* a *sexta-feira*: acréscimo de 50%.
* Hora extra aos *sábados*: acréscimo de 70%.
* Hora extra aos *domingos* e *feriados*: 110%.

A técnica orçamentária normalmente não leva em conta a hora extra nas composições de custos. Essa técnica assume que todo o trabalho da obra será realizado dentro da jornada diária e semanal regulamentar. Contudo, verifica-se que as construtoras não conseguem trabalhar sem recorrer a esse mal necessário, e por isso é boa prática prever no orçamento um percentual de horas extras habituais. Outra possibilidade é a construtora já se planejar para trabalhar com um turno estendido, ou seja, já contando com as horas extras como forma de aceleração do cronograma de execução da obra.

O percentual de horas extras habituais, pressupondo uma média de três horas extras semanais por operário, é de:

$$4{,}33 \cdot (HES \cdot CHE)/S = 8{,}86\%$$

em que:

4,33 = semanas por mês;

HES = quantidade de horas extras habituais por semana (3 h por semana);

CHE = custo médio da hora extra (1,50 × R$ 5,63);

S = salário médio mensal (R$ 1.238,60).

5.2 Custo do homem-hora

Tendo em vista que o custo da hora de um empregado não se confunde com o custo de seu salário-base, é intuitivo perceber que, para fins de orçamentação, deve-se somar à hora-base os encargos sociais e trabalhistas. A hora com encargos é a que será utilizada no orçamento.

Exemplo 5.1

Considerando R$ 6,00 a hora-base do pedreiro e R$ 2.000,00 o salário-base do encarregado, calcular a hora com os encargos em sentido estrito e com os encargos em sentido amplo, nas modalidades sem e com desoneração.

Solução:

Faz-se primeiro a conta com os encargos em sentido estrito e sem desoneração:

- Pedreiro: R$ 6,00 (hora-base) + R$ 6,00 × 1,3110 (encargos do horista) = R$ 6,00 × 2,3110 = R$ 13,87
- Encarregado: R$ 2.000,00 (salário-base) + R$ 2.000,00 × 0,8122 (encargos do mensalista) = R$ 3,50 × 1,8122 = R$ 3.624,39

Custo do homem-hora = hora-base × (1 + % encargos)

Pedreiro (horista)	Hora com encargos em sentido estrito		Hora com encargos em sentido amplo	
	Sem desoneração (131,10%)	Com desoneração (101,01%)	Sem desoneração (196,82%)	Com desoneração (166,73%)
R$ 6,00	R$ 13,87	R$ 12,06	R$ 17,81	R$ 16,00
Encarregado (mensalista)	Sem desoneração (81,22%)	Com desoneração (57,33%)	Sem desoneração (127,17%)	Com desoneração (103,28%)
R$2.000,00	R$ 3.624,39	R$ 3.146,63	R$ 4.543,39	R$ 4.065,63

O raciocínio é o mesmo se o orçamentista optar por adotar os encargos ampliados:

5.3 Adicionais legais

No intuito de tutelar o trabalhador, a legislação trabalhista criou alguns adicionais ao salário, destinados a indenizar condições desfavoráveis de prestação do trabalho:

- trabalho noturno;
- insalubridade;
- periculosidade.

Esses adicionais *não têm a natureza de encargos*. Logo, se eles estiverem presentes em uma obra, não devem integrar a tabela de encargos vista anteriormente. O tratamento é diferente: os adicionais são aplicados *sobre o salário* (ou sobre a hora-base), e em cima desse total computam-se os encargos sociais e trabalhistas.

Exemplo 5.2

Calcular o custo do homem-hora em uma obra na qual a hora-base do pedreiro é de R$ 6,00; o adicional noturno é de 20%; a periculosidade é de 30%; e os encargos são de 131,10%.

Solução:

Adicional noturno ↓ Encargos ↓

Homem-hora = (R$ 6,00 × 1,20) × 1,30 × 2,3110 = R$ 21,63

↑ Hora-base ↑ Periculosidade

5.3.1 Trabalho noturno

A legislação assume que o trabalho noturno é mais desgastante do que o diurno, além de privar o trabalhador do horário convencional de repouso. Assim, é estabelecido um adicional por trabalho noturno – ou simplesmente *adicional noturno* – que representa uma majoração de 20% sobre a remuneração da hora diurna.

O adicional noturno tem vigência durante o horário noturno, que é definido pela lei como sendo o período entre as 22h de um dia e as 5h do dia seguinte. Essa jornada de apenas sete horas equipara-se à jornada diurna de oito horas, o que explica a CLT considerar a hora noturna como tendo duração de 52,5 minutos (= 7/8 × 60 minutos).

Sendo assim, para 1 hora de duração do trabalho à noite, o orçamentista deve considerar uma majoração sobre a hora-base não de 20%, mas de 60/52,5 × 1,20 = 1,3714, ou seja, de 37,14%.

Hora noturna de 60 minutos = hora-base × 1,3714

Exemplo 5.3

Calcular o custo de um pedreiro que trabalha na reforma de uma loja em um *shopping center* à noite, entre 23h e 4h. A hora-base custa R$ 6,00.

Solução:

As cinco horas de trabalho (300 minutos) correspondem a 300/52,5 = 5,714 horas noturnas. O custo do trabalho é de [5,714 horas noturnas × (R$ 6,00 × 1,20)] = R$ 41,14 (sem encargos). Esse resultado é o mesmo que 5 h × R$ 6,00 × 1,3714 = R$ 41,14, que é a maneira mais fácil de calcular.

5.3.2 Insalubridade

O adicional de insalubridade é acrescido quando ocorre exercício de trabalho em condições insalubres, ou seja, em "atividades ou operações que, por sua natureza, condições ou métodos de trabalho, exponham os empregados a agentes nocivos à saúde, acima dos limites de tolerância fixados em razão da natureza e da intensidade dos agentes e do tempo máximo de exposição aos seus efeitos" (Brasil, 1943, art. 189).

A versatilidade de escala da insalubridade forçou sua classificação em graus de intensidade: *máxima*, *média* e *mínima*. Para maiores detalhes sobre essa classificação, ver a Norma Regulamentadora NR-15, a qual traz um quadro que classifica cada fonte de insalubridade conforme o grau.

O adicional de insalubridade tem como base de cálculo o *salário mínimo* e varia conforme o grau (Tab. 5.8).

Tab. 5.8 Adicionais de insalubridade

Grau	Adicional
Mínimo	10%
Médio	20%
Máximo	40%

5.3.3 Periculosidade

O adicional de periculosidade é acrescido quando ocorre exercício de trabalho em atividades ou operações perigosas que, por sua natureza ou métodos de trabalho, impliquem o contato permanente com *inflamáveis* ou *explosivos* em condições de risco acentuado (Brasil, 1943, art. 193).

A periculosidade é uniforme e dispensa graduação indenizatória, ou seja, seu percentual é único: 30% sobre o salário do empregado – não sobre o salário mínimo, como é na insalubridade.

A Tab. 5.9 apresenta um resumo da aplicação dos adicionais de insalubridade e periculosidade.

Tab. 5.9 Adicionais de insalubridade e periculosidade

Aspecto	Insalubridade	Periculosidade
Fundamento	Risco à saúde	Perigo de vida
Gradação	Admite 10%, 20%, 40%	Somente 30%
Base de cálculo	Salário mínimo	Salário do empregado

Dica para o orçamentista

Os adicionais de insalubridade e de periculosidade não se *acumulam*.
Aplica-se o que for mais vantajoso para o trabalhador.

5.4 Outros tipos de contrato relacionados à mão de obra

5.4.1 Contrato de experiência

O *contrato de experiência* é aquele destinado a permitir que o empregador verifique as aptidões do empregado durante certo tempo, tendo em vista sua contratação por prazo indeterminado. Nesse caso, o empregador não está obrigado a contratar o empregado em definitivo.

Tal contrato objetiva dar ao empregador oportunidade de avaliar a habilidade do empregado para o exercício da função para a qual pretende contratá-lo de forma definitiva. Avalia-se não só a aptidão técnica mas também as atitudes sociais e disciplinares do empregado.

O contrato de experiência não poderá exceder 90 dias. Ele é de curta duração e por prazo determinado. Se o lapso de 90 dias for excedido, o contrato será transformado automaticamente em contrato por prazo indeterminado. Se, contudo, for firmado por prazo inferior a 90 dias, o contrato de experiência poderá ser prorrogado uma vez; porém, a partir da segunda prorrogação, passará a ser considerado como de prazo indeterminado. Embora seja possível a prorrogação, o contrato de experiência deve respeitar o limite máximo dos 90 dias.

Um aspecto curioso do contrato de experiência é que o empregador que despedir o empregado sem justa causa antes do término do prazo estipulado fica obrigado a lhe pagar, como indenização, metade da remuneração a que o funcionário teria direito até o término do contrato.

5.4.2 Contrato por obra certa

O *contrato por obra certa* é uma modalidade de contrato de trabalho por prazo determinado. Sua duração depende da execução de um determinado serviço (construção de um muro, construção de uma casa, escavação de um túnel etc.); sendo assim, o empregado trabalha somente até a realização da obra contratada. Todavia, há uma restrição: esse contrato não pode ser estipulado por mais de dois anos. Se for prorrogado mais de uma vez, passa a vigorar por tempo indeterminado.

Deve ser anotado na carteira de trabalho que o empregado está sendo contratado por obra certa, assim como também deve ser anotado o tipo de serviço que ele estará desempenhando e a descrição da obra. Faz parte do contrato um memorial descritivo da obra e a definição precisa do que será executado pelo contratado.

A vantagem desse tipo de contrato é que nele não há que se falar em pagamento do aviso prévio. A desvantagem é que, se houver ruptura do contrato por parte do empregador antes do prazo fixado, será devida indenização por metade da remuneração que o empregado teria até o término do contrato.

As construtoras em geral evitam o contrato por obra certa porque ele induz o empregado a forçar sua demissão sem justa causa (por "corpo mole", falta de iniciativa, preguiça etc.). Quanto mais cedo ele for demitido, maior o valor da indenização a receber.

seis

Custo de material

A análise de custo de material é também de extrema importância na elaboração da composição de custos de um serviço. Os materiais entram na maioria absoluta das atividades da obra, muitas vezes representando mais da metade do custo unitário do serviço.

A cotação de preço dos materiais é uma tarefa que requer cuidado, pois há algumas particularidades que o orçamentista deve levar em consideração: são variadas as formas pelas quais os fornecedores dão seus preços, e nem sempre as cotações obtidas se referem ao mesmo escopo. Exemplo disso é quando um fornecedor entrega a mercadoria no porto e outro fornecedor a coloca na obra, ou quando uma metalúrgica entrega portões pintados e outra, portões sem tinta. O orçamentista deve, então, ser capaz de homogeneizar as cotações para fazer as devidas comparações.

Por todas essas razões, o orçamento deve ser capaz de refletir a realidade de mercado a fim de conduzir à formação do preço correto da obra e evitar estouros de custo durante a execução dos serviços.

6.1 Cotação de insumos

Uma vez identificados os materiais a serem empregados na obra, passa-se à coleta de preços. A maioria dos materiais para uma obra é cotado junto a fornecedores do mercado. Todavia, a simples obtenção de um preço nem sempre é bastante por si só. Para não haver "furo" no orçamento, ao preço fornecido devem ser adicionados os custos de frete, carreto, impostos de venda, tarifas de importação e qualquer outra taxa que venha a incidir sobre a compra da mercadoria. Os indivíduos encarregados de cotação e ordens de compra devem estar bem orientados a esse respeito.

Durante o processo de compra, os principais aspectos que influenciam no preço de aquisição do insumo são:

- especificações técnicas;
- unidade e embalagem;
- quantidade;
- prazo de entrega;
- condições de pagamento;
- validade da proposta;
- local e condições de entrega;
- despesas complementares (frete, impostos etc.).

6.1.1 Especificações técnicas

Consistem na descrição qualitativa do material, com informações de dimensões, peso, cor, resistência e quaisquer outros parâmetros que sirvam para caracterizar o produto.

No caso de aquisição de produtos pouco comuns, como equipamentos, é costume informar no pedido a relação de normas técnicas que o referido equipamento deve atender.

6.1.2 Unidade e embalagem

É importante registrar o tipo de embalagem em que o material deve ser acondicionado, pois, logicamente, essa informação influi no preço. Um bloco para alvenaria, por exemplo, pode vir solto sobre o caminhão ou paletizado (em paletes), ou o cimento pode ser comprado em sacos ou a granel, sendo então a unidade saco ou quilograma. No caso do cimento, de nada adianta conseguir cotação em saco se a obra utilizará silos de armazenamento de cimento a granel.

6.1.3 Quantidade

Em geral, o preço unitário de um produto é inversamente proporcional à quantidade que se adquire dele. É sempre conveniente informar a quantidade de material no pedido de cotação, para facilitar algum tipo de barganha e para que o fornecedor verifique a disponibilidade da quantidade solicitada.

A informação da quantidade também serve para a seleção de fornecedores, pois uma quantidade muito grande pode inviabilizar o suprimento por um fornecimento de porte pequeno.

6.1.4 Prazo de entrega

O período compreendido entre o pedido e a entrega do material é de capital importância, principalmente quando se trata de um produto especial que não é encontrado facilmente nas prateleiras das lojas. É o caso de elevadores, esquadrias especiais, cerâmicas, mármores, turbinas de usina hidrelétrica, produtos importados etc.

Define-se como *tempo de aprovisionamento* o período de tempo entre o momento do pedido do cliente e o recebimento do produto. É também conhecido pelo termo em inglês *lead time*.

6.1.5 Condições de pagamento

A empresa que adquire um bem precisa se programar para fazer o desembolso. Por isso, é importante saber que tipo de facilidades o fornecedor concede em termos de prazos para pagamento. Uma compra pode ser à vista ou a prazo – com ou sem entrada ou desconto. Não é raro que uma construtora opte por comprar um material por um preço um pouco mais alto se o fornecedor parcelar o pagamento em várias prestações. É tudo uma questão de caixa.

6.1.6 Validade da proposta

Os fornecedores costumam atribuir um prazo de validade às cotações que dão às empresas. É importante verificar se o início da obra ou a época provável de compra são atendidos pelo prazo da proposta.

6.1.7 Local e condições de entrega

As cotações dos fornecedores geralmente indicam o local de entrega do produto. Pode ser na obra, na fábrica, no depósito do distribuidor, no porto, no aeroporto, numa transportadora, na fronteira etc.

A fim de identificar o local de entrega e o que está embutido no preço (seguro, frete, despesas de desembaraço aduaneiro etc.), costuma-se utilizar siglas padronizadas do comércio, como FOB e CIF, explicadas a seguir. Atenção especial deve ser dada a esse aspecto, pois qualquer confusão entre os termos pode representar um "furo" no orçamento.

Preço FOB

O preço FOB (*free on board*, ou livre a bordo) é aquele que inclui a mercadoria pura e simples, disponibilizada no local de fabricação ou armazenamento – é o popular preço *posto na fábrica* ou *a retirar.*

No caso de preço FOB, o comprador tem que cotar à parte as despesas de transporte e seguro das mercadorias, pois elas não integram o preço dado pelo vendedor. Dessa forma, é o comprador que deve arcar com essas despesas adicionais de carga, transporte, seguro etc.

Preço CIF

O preço CIF (*cost, insurance and freight*, ou custo, seguro e frete) é aquele que inclui a mercadoria e os custos de seguro e frete. Essa é a modalidade tradicionalmente conhecida como preço *posto na obra*. No caso de preço CIF, o comprador não necessita adicionar nenhuma parcela ao preço dado pelo vendedor.

Incoterms

Outras siglas de uso corrente no comércio internacional são definidas pelas normas internacionais Incoterms (International Commercial Terms), utilizadas principalmente quando há importação de materiais, componentes e equipamentos. A classificação das siglas no Quadro 6.1 e na Fig. 6.1 obedece a uma ordem crescente nas obrigações do vendedor.

Quadro 6.1 Terminologia do Incoterms

Grupo	Sigla	Por extenso	Significado
E	EXW	*Ex works* (a partir de)	A mercadoria é deixada à disposição do comprador no local de produção (fábrica, plantação, mina, armazém). Todas as despesas e riscos cabem ao comprador, desde a retirada no local designado até o destino final. São mínimas as obrigações e responsabilidades do vendedor.
F	FCA	*Free carrier* (franco transportador ou livre transportador)	A obrigação do vendedor termina ao entregar a mercadoria, desembaraçada para a exportação, à custódia do transportador nomeado pelo comprador, no local designado. O desembaraço aduaneiro no local de entrega é encargo do vendedor.

Quadro 6.1 (continuação)

Grupo	Sigla	Por extenso	Significado
F	FAS	*Free alongside ship* (livre no costado do navio)	A obrigação do vendedor é colocar a mercadoria ao lado do costado do navio no cais do porto de embarque designado ou em embarcações de transbordo. O desembaraço da mercadoria no local de entrega é de responsabilidade do vendedor.
C	CFR	*Cost and freight* (custo e frete)	As despesas decorrentes da colocação da mercadoria a bordo do navio, o frete até o porto de destino designado e as formalidades de exportação correm por conta do vendedor. Os riscos e danos da mercadoria, a partir do momento em que é colocada a bordo do navio, no porto de embarque, são de responsabilidade do comprador, que deverá contratar e pagar o seguro e os gastos com o desembarque. Esse termo é utilizado somente para transporte marítimo ou transporte fluvial doméstico.
	CPT	*Carriage paid to* (transporte pago até)	O vendedor paga o frete até o local do destino indicado. O comprador assume o ônus dos riscos por perdas e danos, a partir do momento em que a transportadora assume a custódia das mercadorias.
	CIP	*Carriage and insurance paid to* (transporte e seguro pagos até)	O frete até o destino convencionado é pago pelo vendedor. As responsabilidades são as mesmas indicadas na CPT, acrescidas do pagamento de seguro até o destino. Os riscos e danos passam para a responsabilidade do comprador no momento em que o transportador assume a custódia das mercadorias.
D	DAF	*Delivered at frontier* (entregue na fronteira)	A entrega da mercadoria é feita um ponto antes da fronteira alfandegária com o país limítrofe, desembaraçada para exportação, mas não para importação. A partir desse ponto, a responsabilidade por despesas, perdas e danos é do comprador.
	DES	*Delivered ex ship* (entregue no navio)	O vendedor coloca a mercadoria, não desembaraçada, a bordo do navio no porto de destino designado, à disposição do comprador. Até chegar ao destino, a responsabilidade por perdas e danos é do vendedor.

Quadro 6.1 (continuação)

Grupo	Sigla	Por extenso	Significado
D	DEQ	*Delivered ex quay* (entregue no cais)	O vendedor entrega a mercadoria não desembaraçada ao comprador, no porto de destino designado; a responsabilidade pelas despesas de entrega das mercadorias ao porto de destino e desembarque no cais é do vendedor. É de responsabilidade do comprador o desembaraço das mercadorias para importação e o pagamento de todas as formalidades, impostos, taxas e outras despesas relativas à importação.
	DDU	*Delivered duty unpaid* (entregue direitos não pagos)	A mercadoria é entregue descarregada dentro do país do comprador. Os riscos e despesas até a entrega da mercadoria correm por conta do vendedor, exceto os decorrentes do pagamento de direitos, impostos e outros encargos relativos à importação.
	DDP	*Delivered duty paid* (entregue direitos pagos)	O vendedor cumpre os termos de negociação ao tornar a mercadoria disponível no país do importador, no local combinado, desembaraçada para importação, porém sem o compromisso de efetuar o desembarque. O vendedor assume os riscos e custos referentes a impostos e outros encargos até a entrega da mercadoria. Representa o máximo de obrigação do vendedor.

6.1.8 Despesas complementares

No caso de o vendedor não se comprometer a entregar a mercadoria no canteiro de obras, o orçamentista precisa completar o custo de aquisição, adicionando as parcelas restantes. Dessa forma, as despesas com carreto, frete, seguro, impostos e armazenamento portuário e as despesas de desembaraço aduaneiro, entre outras, precisam ser computadas para perfazer o custo total de aquisição do bem.

6.1.9 Diferença de alíquota do ICMS

Quando um produto é adquirido em um Estado diferente daquele do local da obra, há que se pagar a diferença de ICMS (Imposto sobre Circulação de Mercadorias e Serviços). Para se calcular o valor a pagar, compara-se a alíquota do ICMS do Estado em que a obra é realizada com a alíquota interestadual, dada em função do par origem-destino. A diferença entre os dois percentuais é aplicada sobre o valor da mercadoria.

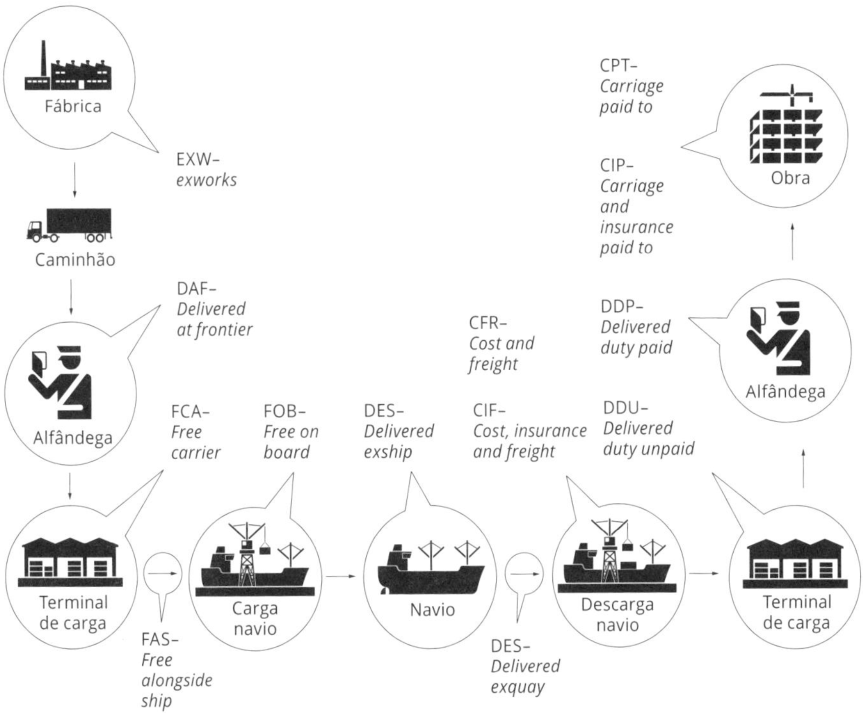

Fig. 6.1 *Siglas do Incoterms e local de entrega ao qual se refere a cotação de preço*

A Tab. 6.1 mostra as alíquotas estaduais (na diagonal) e as alíquotas interestaduais (cruzamento da linha *origem* com a linha *destino*), dadas em porcentagem.

Exemplo 6.1

Calcular a diferença de ICMS a ser paga na aquisição de mercadoria de R$ 1.000,00 em dois casos:

* Obra na Bahia, com mercadoria comprada em São Paulo;
* Obra no Paraná, com mercadoria comprada no Rio de Janeiro.

Solução:

* Origem = São Paulo (SP); destino = Bahia (BA):
  Alíquota interestadual SP-BA = 7% (marcado na Tab. 6.1)
  Alíquota interna da BA = 17% (marcado na diagonal da Tab. 6.1)
  Diferença de ICMS = 17% – 7% = 10%
  Valor adicional a pagar = 10% × R$ 1.000,00 = R$ 100,00

Tab. 6.1 Alíquotas estaduais e interestaduais

Alíquota interna do ICMS

Destino (colunas) / Origem (linhas)

Origem	AC	AL	AM	AP	BA	CE	DF	ES	GO	MA	MT	MS	MG	PA	PB	PR	PE	PI	RN	RS	RJ	RO	RR	SC	SP	SE	TO
AC	17	12	12	12	12	12	12	12	12	12	12	12	12	12	12	12	12	12	12	12	12	12	12	12	12	12	12
AL	12	17	12	12	12	12	12	12	12	12	12	12	12	12	12	12	12	12	12	12	12	12	12	12	12	12	12
AM	12	12	17	12	12	12	12	12	12	12	12	12	12	12	12	12	12	12	12	12	12	12	12	12	12	12	12
AP	12	12	12	17	12	12	12	12	12	12	12	12	12	12	12	12	12	12	12	12	12	12	12	12	12	12	12
BA	12	12	12	12	17	12	12	12	12	12	12	12	12	12	12	12	12	12	12	12	12	12	12	12	12	12	12
CE	12	12	12	12	12	17	12	12	12	12	12	12	12	12	12	12	12	12	12	12	12	12	12	12	12	12	12
DF	12	12	12	12	12	12	17	12	12	12	12	12	12	12	12	12	12	12	12	12	12	12	12	12	12	12	12
ES	12	12	12	12	12	12	12	17	12	12	12	12	12	12	12	12	12	12	12	12	12	12	12	12	12	12	12
GO	12	12	12	12	12	12	12	12	17	12	12	12	12	12	12	12	12	12	12	12	12	12	12	12	12	12	12
MA	12	12	12	12	12	12	12	12	12	17	12	12	12	12	12	12	12	12	12	12	12	12	12	12	12	12	12
MT	12	12	12	12	12	12	12	12	12	12	17	12	12	12	12	12	12	12	12	12	12	12	12	12	12	12	12
MS	12	12	12	12	12	12	12	12	12	12	12	17	12	12	12	12	12	12	12	12	12	12	12	12	12	12	12
MG	7	7	7	7	7	7	7	7	7	7	7	7	18	7	7	12	7	7	7	12	12	7	7	12	12	7	7
PA	12	12	12	12	12	12	12	12	12	12	12	12	12	17	12	12	12	12	12	12	12	12	12	12	12	12	12
PB	12	12	12	12	12	12	12	12	12	12	12	12	12	12	17	12	12	12	12	12	12	12	12	12	12	12	12
PR	7	7	7	7	7	7	7	7	7	7	7	7	12	7	7	18	7	7	7	12	12	7	7	12	12	7	7
PE	12	12	12	12	12	12	12	12	12	12	12	12	12	12	12	12	17	12	12	12	12	12	12	12	12	12	12
PI	12	12	12	12	12	12	12	12	12	12	12	12	12	12	12	12	12	17	12	12	12	12	12	12	12	12	12
RN	12	12	12	12	12	12	12	12	12	12	12	12	12	12	12	12	12	12	17	12	12	12	12	12	12	12	12
RS	7	7	7	7	7	7	7	7	7	7	7	7	12	7	7	12	7	7	7	17	12	7	7	12	12	7	7
RJ	7	7	7	7	7	7	7	7	7	7	7	7	12	7	7	12	7	7	7	12	19	7	7	12	12	7	7
RO	12	12	12	12	12	12	12	12	12	12	12	12	12	12	12	12	12	12	12	12	12	17	12	12	12	12	12
RR	12	12	12	12	12	12	12	12	12	12	12	12	12	12	12	12	12	12	12	12	12	12	17	12	12	12	12
SC	7	7	7	7	7	7	7	7	7	7	7	7	12	7	7	12	7	7	7	12	12	7	7	17	12	7	7
SP	7	7	7	7	7	7	7	7	7	7	7	7	12	7	7	12	7	7	7	12	12	7	7	12	18	7	7
SE	12	12	12	12	12	12	12	12	12	12	12	12	12	12	12	12	12	12	12	12	12	12	12	12	12	17	12
TO	12	12	12	12	12	12	12	12	12	12	12	12	12	12	12	12	12	12	12	12	12	12	12	12	12	12	17

- Origem = Rio de Janeiro (RJ); destino = Paraná (PR):
  Alíquota interestadual RJ-PR = 12%
  Alíquota interna do PR = 18%
  Diferença de ICMS = 18% – 12% = 6%
  Valor adicional a pagar = 6% × R$ 1.000,00 = R$ 60,00

Dicas para o orçamentista
Os contadores costumam se referir à diferença de ICMS como *Difal*.
O orçamentista não precisa ser especialista em contabilidade. A explicação sobre ICMS serve apenas para que ele possa identificar se a diferença de ICMS foi levada em consideração na cotação do insumo.
A legislação brasileira, especialmente a tributária, é muito complexa e sofre alterações constantes. Por isso, não tome as alíquotas e a regra acima como imutáveis. Certifique-se sempre de estar utilizando a legislação atual.

6.2 Comparação de cotações

Cotações de preços obtidas de dois fornecedores podem não estar numa mesma base de informações, o que dificulta a comparação entre elas. Seja o caso, por exemplo, de um vendedor que fornece esquadrias de madeira pintadas e outro que as fornece sem pintura. Os dois valores não são comparáveis porque se referem a escopos de serviço distintos. O orçamentista precisa, então, adicionar à segunda cotação o custo da pintura para que os valores fiquem na mesma base.

Essa tarefa pode ser simples ou complicada, a depender do grau de detalhamento da cotação mais completa. Se ela individualiza os valores de cada etapa (fornecimento, pintura), o orçamentista deve buscar a parcela que falta na outra cotação e preencher a lacuna. Quando os valores não estão individualizados, ele precisa, então, orçar a parcela de serviço que falta na proposta incompleta.

Exemplo 6.2

Comparar as cotações das três empresas que apresentaram preços para o fornecimento de cobertura metálica para uma obra (Tab. 6.2).

Tab. 6.2 Cotações de preço de três fornecedores

Item	Fornecedor ABC	Fornecedor CDE	Fornecedor EFG
Fornecimento	R$ 20.000,00	R$ 18.000,00	R$ 15.000,00
Instalação	R$ 4.000,00	Não instala	Não instala
Base do preço	Preço CIF	Posto na obra	Na metalúrgica

Solução:

A cotação do fornecedor ABC é a única completa.

Para comparação, a cotação do fornecedor CDE precisa ser completada com o valor da instalação. O melhor é o orçamentista obter cotações de mercado para a instalação. No entanto, o que alguns orçamentistas fazem, por simplicidade, é assumir o mesmo preço cotado pela empresa que apresentou todas as parcelas (no caso, a ABC, de R$ 4.000,00).

A cotação de EFG pode ser completada com a instalação (R$ 4.000,00) e com um valor de transporte cotado à parte pelo orçamentista (R$ 7.500,00).

Item	Fornecedor ABC	Fornecedor CDE	Fornecedor EFG
Fornecimento	R$ 20.000,00	R$ 18.000,00	R$ 15.000,00
Instalação	R$ 4.000,00	R$ 4.000,00 (admitido)	R$ 4.000,00 (admitido)
Transporte/seguro	Não precisa adicionar (preço é CIF)	Não precisa adicionar (preço é posto na obra)	R$ 7.500 (cotado)
Total	**R$ 24.000,00**	**R$ 22.000,00**	**R$ 26.500,00**

Assim, normalizando as cotações:

Observa-se que a melhor oferta é a do fornecedor CDE.

Dicas para o orçamentista

Uma máxima válida para a construção civil é: *nem sempre o menor preço é o melhor preço*. Embora o menor preço exerça uma atração irresistível, cabe ao comprador avaliar a idoneidade do fornecedor, a qualidade do material, as condições de pagamento, se é conveniente diversificar demais o leque de fornecedores etc.

Equalização de propostas é algo muito comum em orçamento. Alguns profissionais fazem a comparação em formulários padronizados chamados *mapas de cotações*. É importante que a equalização seja registrada e arquivada.

6.3 Quantidade mínima de cotações

Quando a cotação de preços de um insumo revela valores muito próximos uns dos outros, é um sinal de que a amostragem do mercado está boa. O orçamentista pode, então, adotar o valor médio como o melhor para o orçamento.

Se, pelo contrário, os valores cotados forem muito díspares entre si, o orçamentista terá que coletar preços de mais fornecedores, até que tenha confiança para atribuir o preço do insumo no orçamento.

A pergunta que fica no ar é: quantos preços são necessários para que haja uma segurança estatística de que a média das amostras possa ser confiável o bastante para refletir os preços de mercado?

A resposta está na *distribuição t-Student*. Essa distribuição estatística é utilizada quando se quer saber quantas amostras são necessárias para que a média de um conjunto pequeno reflita a média do universo total de amostras possíveis.

Segundo Silva (2003), o cálculo da quantidade mínima é dado da seguinte forma:

$$NC = \frac{4 \cdot s^2}{\left(\frac{\overline{x}}{10}\right)^2} \qquad s^2 = \frac{1}{N-1}\sum_{i=1}^{n}(x_i - \overline{x})^2$$

em que:

NC = quantidade mínima de cotações requeridas;

s^2 = variância da amostra;

x_i = cada cotação obtida;

$\overline{x}$ = média das cotações;

N = quantidade de cotações colhidas.

Exemplo 6.3

Para o orçamento de uma obra em local remoto, uma empresa obteve as cotações de revestimento cerâmico e azulejo dispostas na Tab. 6.3. Avaliar se as cotações bastam.

Tab. 6.3 Cotações de preço de cerâmica e azulejo

Cerâmica		Azulejo	
Fornecedor	Cotação	Fornecedor	Cotação
1	50	1	15
2	55	2	16
3	58	3	20
4	60	4	21
5	65	5	22
Média	57,6	Média	18,8
Variância	31,3	Variância	9,7
NC	**3,77**	*NC*	**10,98**

Solução:

- Cerâmica: quantidade de cotações > NC ⇒ a média 57,6 reflete bem a média dos fornecedores
- Azulejo: quantidade de cotações < NC ⇒ a média 18,8 não reflete bem a média dos fornecedores. Deve-se aumentar o número de cotações ou abandonar os valores extremos e reavaliar.

Pelo que se viu neste capítulo, a cotação de preços de materiais envolve um trabalho um pouco maior do que meramente ligar ou enviar um e-mail para subempreiteiros e fornecedores e digitar preços nas planilhas do orçamento da obra. O orçamentista precisa atentar para as condições específicas de cada proposta e efetuar a equalização das propostas a fim de poder comparar escopos similares. Com alguma prática, a cotação de materiais passa a não ser um processo muito complicado.

sete

Custo de equipamento

A depender do porte da obra, os equipamentos ocupam muitas das frentes de serviço. Pequenos ou grandes, alugados ou próprios, hidráulicos, pneumáticos ou elétricos, os equipamentos frequentemente representam grande parcela do custo de um serviço e, por extensão, da obra. Essa representatividade do equipamento atinge seu ápice em obras de terraplenagem.

Numa composição de custos de um serviço, estabelecer uma taxa horária, como será visto a seguir, envolve um processo mais complicado do que o utilizado na análise da mão de obra e do material. Em primeiro lugar, quando da compra de um equipamento, o construtor está investindo certo capital que poderia ter rentabilidade numa aplicação bancária. Em segundo lugar, o uso diário do equipamento acarreta despesas de várias espécies.

Por isso, é necessário ao construtor recuperar, mediante o uso do equipamento, todo o desembolso decorrente de aquisição, operação, manutenção, seguro, taxas etc., além dos juros referentes ao capital investido. A metodologia de cálculo do custo horário de um equipamento é apresentada a seguir.

7.1 Custo horário total

A maneira habitual de atribuir valor a um equipamento é por hora de utilização, pois é dessa maneira que o equipamento aparece nas composições de custos unitários.

O custo horário de um equipamento é a soma de várias parcelas, sendo preciso calcular cada uma delas. Como são vários os fatores envolvidos, não é tarefa das mais fáceis. Por isso, os métodos de cálculo são relativamente empíricos, baseados em parâmetros obtidos pela observação das condições de trabalho, tipo de equipamento e outras características especiais. Mais uma vez, deve-se ressaltar que cabe a cada empresa apropriar seus custos reais e tabulá-los de forma a ter dados confiáveis para o orçamento. Mesmo dois equipamentos idênticos em modelo, ano de fabricação e tipo de serviço podem apresentar custos reais diferentes, que a empresa só detectará se coletar os dados e tratá-los.

Os custos envolvidos na hora do equipamento são basicamente de três famílias, como mostrado na notação horária a seguir:

$$C_h = \underbrace{D_h + J_h}_{\text{Custo de propriedade}} + \underbrace{P_h + G_h + L_h + MO_h}_{\text{Custo de operação}} + \underbrace{M_h}_{\text{Custo de manutenção}}$$

em que:

C_h = custo horário total (R$/h);

D_h = custo horário de depreciação (R$/h);

J_h = custo horário de juros (R$/h);

P_h = custo horário de pneus (R$/h);

G_h = custo horário de combustível (R$/h);

L_h = custo horário de lubrificação (R$/h);

MO_h = custo horário de mão de obra de operador (R$/h);

M_h = custo horário de manutenção (R$/h).

Para equipamentos elétricos:

$$C_h = D_h + J_h + E_h + M_h$$

em que:

E_h = custo horário de energia elétrica (R$/h).

Cada uma das parcelas citadas requer uma análise particular. Para a obtenção dessas parcelas, alguns conceitos importantes são introduzidos a seguir.

7.1.1 Hora produtiva e hora improdutiva

A *hora produtiva* ($C_{h;prod}$) de um equipamento é a hora de trabalho efetivo. Seu custo é a soma de todas as parcelas de custo de propriedade (depreciação e juros), custo de operação (pneus, combustível, lubrificantes, energia elétrica, operador) e custo de manutenção.

$$C_{h;prod} = C_h + D_h + J_h + P_h + G_h + L_h + MO_h + M_h$$

A *hora improdutiva* ($C_{h;improd}$) corresponde a uma hora de trabalho em que o equipamento fica à disposição do serviço, porém sem ser empregado efetivamente, ou seja, a máquina está à disposição da obra e com o operador ocioso.

É o caso, por exemplo, de um caminhão-pipa numa praça de aterro. Ele não trabalha a hora inteira, pois fica parte do tempo aguardando o lançamento do material. Sendo assim, o equipamento fica improdutivo durante boa parte do tempo.

O tempo improdutivo surge, muitas vezes, do arredondamento feito ao se dimensionar uma equipe – se uma carregadeira produz 100 m^3/h e cada caminhão consegue fazer 30 m^3/h, a necessidade teórica de caminhão é de 3,33 unidades, mas o arredondamento para quatro caminhões acarreta a improdutividade: cada caminhão trabalhará apenas $100/(4 \times 30) = 83\%$ do tempo de forma produtiva, passando 17% do tempo em hora improdutiva.

A hora improdutiva leva em conta apenas o custo de propriedade (depreciação e juros) e a mão de obra de operação:

$$C_{h;improd} = D_h + J_h + MO_h$$

Dicas para o orçamentista

A *hora improdutiva* é usada para computar o tempo em que o equipamento fica parado em um serviço e para futuras reivindicações que o construtor venha a fazer no decorrer da obra.

A *hora improdutiva* inclui depreciação, juros e mão de obra de operação.

7.2 Custo de propriedade

Quando o construtor utiliza um equipamento próprio para realizar um serviço qualquer em sua obra, o custo envolvido com aquele equipamento não é apenas o de combustível, lubrificação e operador. Com o decorrer do tempo, o equipamento se desvaloriza, tem seu valor de mercado diminuído. Os custos de propriedade são, pois, inevitáveis, ocorrendo independentemente da atividade do equipamento. São custos provenientes da perda do valor do equipamento com o decorrer do tempo.

Para se recuperar o dinheiro investido – e poder repor o equipamento no futuro –, uma parcela do valor de aquisição deve ser cobrada de cada serviço em que o referido equipamento for empregado. Procedendo dessa maneira, se a vida útil de uma máquina é estimada em 10 mil horas, ao final dessa quantidade de horas o valor para reposição da máquina deverá ter sido recolhido aos cofres da empresa. À tarifa horária cobrada para reaver o valor investido dá-se o nome de *depreciação horária*.

Além disso, se o dinheiro não tivesse sido investido na aquisição do equipamento, poderia estar rendendo por meio de aplicação financeira em um banco. Por causa disso, há uma segunda parcela que também precisa ser computada, a de *juros horários*. Os juros representam a remuneração do capital investido no equipamento; não se confundem com lucro.

O custo de propriedade obviamente varia para cada equipamento e depende não apenas do valor inicial da máquina, mas também do prazo em que se pretende reaver o montante investido. O processo de determinação da depreciação horária pode ser feito de diferentes formas, conforme se explica a seguir.

7.2.1 Depreciação

Quando o construtor adquire um equipamento, ele não está gastando seu dinheiro, mas investindo, isto é, trocando uma quantia em dinheiro por um bem de valor equivalente.

O valor do equipamento, contudo, começa a se desvalorizar a partir do instante em que é entregue ao comprador, e essa desvalorização prossegue devido a inúmeros fatores, tais como idade, tempo de uso, desgaste e obsolescência. Esse declínio no valor do equipamento representa um dispêndio real e deve entrar na contabilidade da empresa. Pode-se definir *depreciação* como a diminuição do valor contábil do ativo.

No cálculo do custo de uma unidade de serviço realizado com o equipamento, o construtor deve incluir uma parcela da depreciação, de tal forma que, ao final da vida útil do equipamento, um valor equivalente à sua reposição tenha sido recolhido aos cofres da empresa. Em outras palavras, os serviços de campo devem ir pouco a pouco pagando a reposição futura do equipamento.

Como seria contraproducente e caro realizar uma avaliação anual precisa do valor de mercado de cada máquina a fim de determinar a depreciação, as empresas lançam mão de fórmulas preestabelecidas que estimam antecipadamente a depreciação. O custo de depreciação de um equipamento é comumente determinado com dois propósitos básicos: composição de custos e contabilidade. No primeiro caso, a depreciação serve para a determinação da tarifa horária a ser usada no orçamento de obras e concorrências. No segundo, a depreciação é exigida para controle fiscal. Esse é um ponto sempre focalizado por auditores.

Para fins de orçamentação, como o que se busca é o custo horário do equipamento, faz-se necessário calcular o custo da depreciação por hora, que depende de três parâmetros: o *valor de aquisição*, a *vida útil* e o *valor residual*.

Valor de aquisição

O *valor de aquisição* (V_0) é o valor pelo qual o equipamento foi adquirido (conforme estampado na nota fiscal ou no recibo de compra) acrescido dos impostos cabíveis, do seguro e das despesas com frete, armazenamento e desembaraço.

No caso de compra a prazo, é o valor presente do financiamento.

Dica para o orçamentista

O que muitas vezes se faz é calcular a depreciação do equipamento *descontando-se* o custo dos *pneus* e, em seguida, calcular o custo horário de pneus como um custo de operação, conforme explicado mais adiante. Isso porque o equipamento e os pneus têm vidas úteis distintas.

Vida útil

Dá-se o nome de *vida útil* (*VU*) ao período de tempo em que o equipamento trabalha de forma eficiente e produtiva. Ela depende do tipo de equipamento, das condições de trabalho e da qualidade da manutenção.

No cálculo da depreciação, a vida útil reflete o período ao final do qual o construtor terá conseguido aprovisionar fundos para substituir aquela máquina que está atingindo seu prazo de utilização. É o prazo necessário para o retorno do capital investido.

Em termos de horas,

$$VU = n \cdot a$$

em que:

n = vida útil (anos);

a = horas de utilização por ano (h/ano).

A Tab. 7.1 apresenta a vida útil média de alguns equipamentos.

Tab. 7.1 Vida útil dos equipamentos

Equipamento	Vida útil (VU)		
	Anos (n)	Horas/ano (a)	Horas (n-a)
Perfuratriz manual	3	2.000	6.000
Betoneira	4	1.250	5.000
Trator de esteira	4 (condições severas) a 6 (condições leves)	2.000	8.000 a 12.000

Tab. 7.1 (continuação)

Equipamento	Vida útil (VU)		
	Anos (n)	Horas/ano (a)	Horas (n-a)
Rolo pé de carneiro	8	1.750	14.000
Compressor de ar	5	2.000	10.000
Caminhão basculante	5	2.000	10.000
Caminhão fora de estrada	8 a 12	2.000	16.000 a 24.000
Carregadeira de pneus	4 a 6	2.000	8.000 a 12.000
Escavadeira	5	2.000	10.000

Valor residual

Valor residual (V_r) é o valor que uma máquina ainda possui após ter sido utilizada durante a quantidade de horas estabelecida como sua vida útil. É o valor estimado de revenda ao final da vida útil. Nos cálculos de custo horário de depreciação, normalmente se adota um valor residual de 10% a 20%.

Se a vida útil de uma carregadeira foi estimada em 10 mil horas, ao final desse período ela não estará necessariamente inservível. Ao contrário, se houve operação e manutenção eficientes, ela pode ainda estar em relativamente boas condições de uso e ter um determinado valor de revenda no mercado. Na pior das hipóteses, o equipamento pode servir como sucata para algum ferro-velho. O valor residual deve ser subtraído do valor de aquisição do equipamento para o cálculo da depreciação.

Se uma construtora depreciou certo equipamento em 8 mil horas, porém ele ainda pode ser usado após essa idade, seu custo horário a partir dali não terá mais a parcela da depreciação, pois o valor de aquisição já foi recuperado. Seu custo a partir de então será composto apenas de operação e manutenção – o que o torna bem mais barato, constituindo uma grande vantagem competitiva para o proprietário.

O custo de propriedade deixa de existir a partir do número total de horas previamente estabelecido durante o cálculo da depreciação. Nota-se, assim, que estender a vida útil de um equipamento é de primordial importância para o construtor. Enfatizar a necessidade de manutenção preventiva e operação cautelosa deve ser um aspecto frequentemente abordado junto a operadores e mecânicos.

Dica para o orçamentista

Eventualmente, o valor residual pode ser considerado *nulo* se houver indícios de que o equipamento estará irrecuperável no final de sua vida útil ou de que dificilmente poderá ser vendido na praça. É o caso de equipamentos empregados em condições muito agressivas ou equipamentos muito específicos.

Métodos para o cálculo da depreciação

Três métodos são os mais usados no cálculo da depreciação de equipamentos: *método linear*, *método do saldo devedor* (exponencial) e *método da soma dos anos*. Cabe ao construtor definir o que melhor lhe atende. Todos os três serão explicados mais adiante.

O método linear é o mais comum entre os orçamentistas, sendo aplicado por sua grande simplicidade de manuseio. Os outros dois métodos são mais adotados na contabilidade da empresa.

Método linear

Pelo *método linear*, assume-se que o valor do equipamento decrescerá a partir do valor de aquisição original segundo uma taxa uniforme. A perda de valor entre dois anos consecutivos é constante, independentemente da idade da máquina naquele período.

Esse método, que prima pela simplicidade, é o utilizado pelos orçamentistas. Por ele, a depreciação horária é o custo de aquisição da máquina deduzido do seu valor residual e dividido pelo número de horas da vida útil:

$$D_h = \frac{V_0 - V_r}{VU} = \frac{V_0 - V_r}{n \cdot a}$$

Exemplo 7.1

Uma escavadeira foi comprada por R$ 500.000,00 e sua vida útil foi estimada em cinco anos, considerando-se uma utilização de 2.000 horas por ano. O valor residual é 10% do original. Calcular a depreciação horária pelo método linear.

Solução:

Valor de aquisição (V_0) = R$ 500.000,00

Valor residual (V_r) = 10% × R$ 500.000,00 = R$ 50.000,00

Vida útil (VU) = 5 anos × 2.000 h/ano = 10.000 h

$$D_h = \frac{V_0 - V_r}{VU} = \frac{500.000 - 50.000}{10.000} = \text{R\$}45{,}00/\text{h}$$

Em termos contábeis, a depreciação é a mesma ano a ano, correspondendo a $(V_o - V_r)/n$:

Depreciação pelo método linear:

Ano	% de depreciação	Depreciação anual (R$)	Valor contábil (R$)
0	-	-	500.000,00 = V_o
1	20%	90.000,00	410.000,00
2	20%	90.000,00	320.000,00
3	20%	90.000,00	230.000,00
4	20%	90.000,00	140.000,00
5	20%	90.000,00	50.000,00 = V_r
	Total depreciado	**450.000,00**	

Método do saldo devedor (exponencial)

A essência do método do saldo devedor é tornar a depreciação proporcional ao estado do equipamento, ou seja, depreciar o equipamento mais nos primeiros anos – quando ele está em melhor estado – e menos nos últimos anos da vida útil.

Esse método tenta remediar as críticas feitas ao método linear, pelo qual se paga por um trator com 5 mil horas de uso a mesma depreciação anual que se paga por um trator idêntico com 200 horas. Uma grande vantagem do método do saldo devedor é permitir uma depreciação mais rápida, importante para o construtor, que em pouco tempo fica com o equipamento já quase todo contabilmente pago, fato que reduz o custo de propriedade dos equipamentos em idade avançada.

Na depreciação baseada no saldo devedor, o percentual cobrado ano a ano é o dobro daquele da depreciação linear, porém aplicado sobre o saldo ainda a depreciar, ou seja, o valor da depreciação em um determinado ano é dado pela *multiplicação da taxa percentual pelo saldo* no princípio do ano. O saldo é o valor ainda não depreciado, isto é, a diferença entre o valor original e o total de depreciação já cobrado até o momento. O valor residual não é levado em conta na fórmula, somente no cálculo da última parcela, quando, então, o saldo final deve ser igual ao valor residual.

Exemplo 7.2

Calcular a depreciação do equipamento do Exemplo 7.1 pelo método do saldo devedor.

Solução:

$$\text{Taxa de depreciação anual} = \frac{2 \times 100\%}{5} = 40\%$$

Ano	% de depreciação	Depreciação anual (R$)	Valor contábil (R$)
0	-	-	500.000,00 = V_o
1	40%	200.000,00	300.000,00
2	40%	120.000,00	180.000,00
3	40%	72.000,00	108.000,00
4	40%	43.200,00	64.800,00
5	40%	14.800,00	50.000,00 = V_r
Total depreciado		**450.000,00**	

Depreciação pelo método do saldo devedor:

No quinto ano, a depreciação foi limitada a R$ 14.800,00 para o saldo não ultrapassar o valor residual.

Método da soma dos anos

Nesse método, a taxa de depreciação anual varia ano a ano. O primeiro passo é colocar os anos da vida útil em ordem crescente (1, 2,...) e somá-los. Por exemplo, para uma vida útil de cinco anos, a soma é 1 + 2 + 3 + 4 + 5 = 15. O próximo passo é atribuir a cada ano uma taxa igual à razão entre os números em ordem decrescente e a soma dos números, ou seja, no primeiro ano a taxa de depreciação é de 5/15; no segundo ano, de 4/15 etc. Cada fração é aplicada sobre o valor de aquisição deduzido do valor residual.

Exemplo 7.3

Calcular a depreciação do equipamento do Exemplo 7.1 pelo método da soma dos anos.

Solução:

Vida útil = 5 anos → 1 + 2 + 3 + 4 + 5 = 15

Coeficientes são aplicados sobre $V_o - V_r$ = R$ 450.000,00

Total a depreciar = R$ 500.000,00 – R$ 50.000,00 = R$ 450.000,00

Depreciação pelo método da soma dos anos:

Ano	% de depreciação	Depreciação anual (R$)	Valor contábil (R$)
0		-	500.000,00 = V_o
1	5/15	150.000,00	350.000,00
2	4/15	120.000,00	230.000,00
3	3/15	90.000,00	140.000,00
4	2/15	60.000,00	80.000,00
5	1/15	30.000,00	50.000,00 = V_r
Σ = 15	**Total depreciado**	**450.000,00**	

Uma comparação entre os resultados obtidos com os três métodos (Exemplos 7.1 a 7.3) é mostrada na Tab. 7.2 e na Fig. 7.1.

Tab. 7.2 Valor do equipamento a cada ano de acordo com os métodos de depreciação

Ano	Linear (R$)	Saldo devedor (R$)	Soma dos anos (R$)
0	500.000,00	500.000,00	500.000,00
1	410.000,00	300.000,00	350.000,00
2	320.000,00	180.000,00	230.000,00
3	230.000,00	108.000,00	140.000,00
4	140.000,00	64.800,00	80.000,00
5	50.000,00	50.000,00	50.000,00

Dicas para o orçamentista
Os métodos do saldo devedor e da soma dos anos alocam a maior parte da depreciação no começo do período. Eles são ditos métodos de *depreciação rápida* e refletem com mais fidelidade o que ocorre com o valor do equipamento no mercado.
Como nesses métodos o valor da depreciação é variável, haveria um custo horário diferente para cada ano, o que dificultaria a vida do orçamentista.
Um ativo não pode ser depreciado numa quantidade muito grande de anos. A Receita Federal impõe limites a essa duração, por tipo de ativo.
Por questões empresariais e de mercado, uma empresa pode querer depreciar um equipamento totalmente numa única obra. É o caso de equipamentos especiais adquiridos para um projeto particular: correias transportadoras, guindastes, tuneladoras etc.

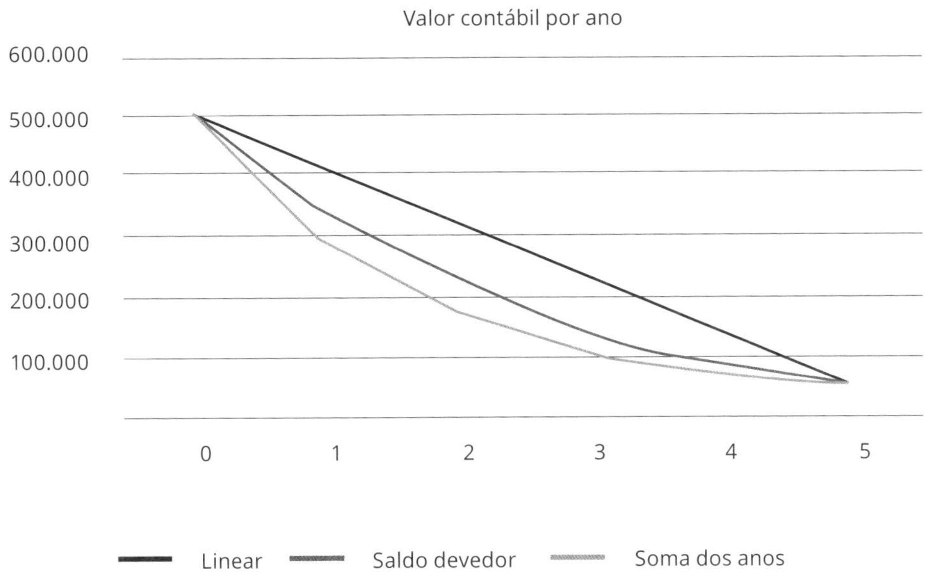

FIG. 7.1 *Valor do equipamento a cada ano de acordo com os métodos de depreciação*

O método linear é o preferido dos orçamentistas porque assume uma depreciação horária constante, independentemente da idade do equipamento, enquanto nos métodos acelerados a depreciação tem um valor diferente a cada ano. Como o orçamentista não sabe exatamente qual das carregadeiras da empresa será empregada na obra, fica impossível para ele saber qual valor de depreciação horária adotar. Portanto, é mais prático e conveniente para ele calcular a tarifa horária pelo método linear, mesmo que a contabilidade da construtora proceda de outra forma. Os métodos acelerados têm mais interesse para os contadores.

7.2.2 Juros

Quando o construtor investe na aquisição de um equipamento, está dispondo de uma quantia de dinheiro que poderia estar aplicada no mercado financeiro, rendendo juros. Por isso, o custo de propriedade de um equipamento deve levar em consideração também os juros correspondentes ao rendimento que o investimento auferiria ao longo de sua vida útil.

O cálculo dos juros baseia-se no conceito de *investimento médio* ou *valor médio do equipamento*, que é a média aritmética do valor contábil do equipamento ao longo dos anos em que é depreciado.

Dica para o orçamentista

Juros não se confunde com *lucro*!
Uma coisa nada tem a ver com a outra. Os juros não aumentam o patrimônio – apenas corrigem o poder de compra do dinheiro. É importante esclarecer isso porque já houve casos em que um órgão público se negou a aceitar a inclusão da parcela de juros na composição do custo horário dos equipamentos, sob alegação de que isso era um lucro além daquele incluído no BDI da empresa proponente. A tal órgão não assistia razão – aplicar juros não é atribuir lucro!

O exemplo da Tab. 7.3 serve para ilustrar a metodologia. Suponha-se um equipamento de valor de aquisição de R$ 200.000,00, com vida útil de cinco anos, depreciação linear e com valor residual nulo.

Tab. 7.3 Depreciação pelo método linear

Ano	Depreciação acumulada (R$)	Valor contábil do equipamento (R$)
0	0	200.000,00 = V_o
1	40.000,00	160.000,00
2	80.000,00	120.000,00
3	120.000,00	80.000,00
4	160.000,00	40.000,00
5	200.000,00	0 = V_r
		Σ = 600.000

$$\text{Investimento médio } (I_m) = \text{R\$ } 600.000/5 \text{ anos} = \text{R\$ } 120.000/\text{ano}$$

Em termos matemáticos e assumindo-se valor residual não nulo, demonstra-se que:

$$I_m = (V_o - V_r)\frac{(n+1)}{2n} + V_r$$

em que:

I_m = investimento médio;

V_o = valor inicial;

V_r = valor residual;

n = vida útil (em anos).

Os juros horários são, então, calculados da seguinte maneira:

$$J_h = \frac{I_m \cdot i}{a}$$

em que:

J_h = juros horários;

I_m = investimento médio;

i = taxa anual de juros;

a = horas de utilização por ano.

Exemplo 7.4

Calcular o custo horário de juros para a escavadeira do Exemplo 7.1, admitindo uma taxa de juros anual de 12%.

Solução:

Valor de aquisição (V_0) = R$ 500.000,00

Valor residual (V_r) = 10% × R$ 500.000,00 = R$ 50.000,00

Vida útil (VU) = 5 anos de 2.000 h/ano

Taxa anual de juros (i) = 12% ao ano

$$I_m = (V_0 - V_r)\frac{n+1}{2n} + V_r = 450.000 \cdot \frac{6}{10} + 50.000 = R\$320.000,00$$

$$\text{Juros horários} = J_h = \frac{I_m \cdot i}{a} = \frac{320.000 \cdot 0,12}{2.000} = R\$19,20/h$$

7.3 Custo de operação

Os custos de operação de um equipamento de construção envolvem basicamente:

- *pneus*;
- *combustível*;
- *lubrificantes*: óleo, graxa, filtro, equipamento de lubrificação;
- *energia elétrica*: caso o equipamento seja elétrico;
- *mão de obra de operação*.

Embora o consumo desses elementos varie de acordo com o tipo e o estado da máquina e com as condições de operação, algumas fórmulas podem ser utilizadas para o cálculo do custo horário de cada uma dessas parcelas.

7.3.1 Pneus

O custo dos pneus normalmente já vem embutido no preço de aquisição do equipamento. Como a vida útil dos pneus é diferente daquela do equipamento, deve-se calcular seu custo horário separadamente, em função de sua própria vida útil. É óbvio que equipamentos sobre esteira não têm custo de pneus.

Em geral, admitem-se três faixas de vida útil para os pneus, de acordo com a agressividade do local de trabalho, que estão dispostas na Tab. 7.4.

Tab. 7.4 Vida útil dos pneus

Equipamento	Condições leves (horas)	Condições medianas (horas)	Condições severas (horas)
Motoniveladora	5.000	3.500	2.000
Carregadeira	3.500	2.500	1.500
Caminhão basculante	3.000	2.500	2.000

Presume-se que, ao final da vida útil do pneu, todo o jogo de pneus será trocado. No caso de um caminhão de seis rodas, por exemplo, o custo de pneus será de um jogo de seis pneus a cada 2.500 h, supondo-se condições medianas de agressividade do local de trabalho.

O custo horário de pneus é dado por:

$$P_h = \frac{p \cdot C_p}{VU_p}$$

em que:

P_h = custo horário dos pneus;

p = número de pneus do equipamento;

C_p = custo unitário do pneu;

VU_p = vida útil do pneu.

Exemplo 7.5

Calcular o custo horário dos pneus de um trator, que possui dois pneus 12,4" × 24" × 6" e dois pneus 6" × 16" × 8". Adotar vida útil de 2.500 horas para ambos os tipos e preço unitário de R$ 2.000,00 e R$ 1.200,00, respectivamente.

Solução:

* Pneu de 12,4" × 24" × 6":

  P_{h1} = (2 × R$ 2.000,00)/2.500 h = R$ 1,60/h

* Pneu de 6" × 16" × 8":

  P_{h2} = (2 × 1.200,00)/2.500 h = R$ 0,96/h

Custo horário total de pneus: P_h = R$ 1,60/h + R$ 0,96/h = R$ 2,56/h

7.3.2 Combustível

Trabalhando em condições ideais, um motor de combustão interna à gasolina consome em média 0,23 litro por *horsepower*-hora (HP · h) desenvolvido.

Para um motor a diesel, o consumo é de cerca de 0,15 litro por *horsepower*-hora desenvolvido.

Exemplo 7.6

Uma carregadeira a diesel possui potência nominal de 160 HP. A carregadeira trabalha a plena potência, enchendo a concha durante 5 segundos. Nos 15 segundos restantes do ciclo, assume-se que o motor trabalha com meia potência. A carregadeira trabalha, em média, 45 minutos por hora. Qual o custo horário de combustível (G_h), se 1 litro custa R$ 3,00?

Solução:

Potência média = (5 s × 160 HP + 15 s × 80 HP)/20 s = 100 HP (ou seja, fator de operação = 100/160 = 62,5%)

Fator de eficiência = 45/60 = 0,75

Fator de potência = 0,625 × 0,75 = 0,47

Potência média corrigida = 0,47 × 160 HP = 75 HP

Consumo horário = 0,15 L/(HP × h) × 75 HP = 11,25 L/h

Custo horário = G_h = 11,25 L/h × R$ 3,00/L = R$ 33,75/h

Como visto no Exemplo 7.6, todo equipamento tem uma utilização descontínua, por isso a necessidade de aplicar um *fator de potência* (f) sobre a potência nominal do equipamento. Para situações de uso baixo, médio ou intenso, pode-se adotar fator de potência de 40%, 55% e 75%.

- Motor a gasolina: consumo (L/h) = $0{,}23 \cdot f \cdot HP$.
- Motor a diesel: consumo (L/h) = $0{,}15 \cdot f \cdot HP$.

Exemplo 7.7

Calcular o custo horário de óleo diesel para a escavadeira do Exemplo 7.1, considerando uma potência de 165 HP, fator de potência de 55% e custo de R$ 3,00 por litro.

Solução:

G_h = 0,15 L/(HP · h) · 0,55 · 165 HP · R$ 3,00/L = R$ 40,84/h

---

Tab. 7.5 Consumo médio de combustível

Equipamento	Consumo (L/h)
Motoniveladora	19-23
Carregadeira	23-28
Trator de esteiras médio	23-30

Uma fonte preciosa de dados de consumo de combustível são os manuais dos veículos. Alguns equipamentos apresentam os consumos médios expostos na Tab. 7.5.

7.3.3 Lubrificantes

Os lubrificantes de um equipamento abrangem óleo do cárter, da transmissão, do comando final e do sistema hidráulico.

A fórmula a seguir permite calcular o consumo de óleo do cárter em função de três elementos: potência do motor, capacidade do cárter e intervalo entre trocas de óleo (Peurifoy; Oberlender, 1989):

$$Q = \frac{HP \times 0{,}6 \times 0{,}0027\text{kg}/(\text{HP} \cdot \text{h})}{0{,}893\text{kg}/\text{L}} + \frac{c}{t}$$

em que:

Q = consumo (L/h);

HP = potência do motor (HP);

c = capacidade do cárter (L);

t = intervalo de trocas (h).

Para os demais lubrificantes – de transmissão, comando final e sistema hidráulico –, a regra é adicionar 50% ao custo obtido por essa fórmula.

Exemplo 7.8

Calcular o custo horário de lubrificante para a escavadeira de 160 HP do Exemplo 7.1, considerando que o cárter tem capacidade para 15 litros de óleo e as trocas periódicas são feitas a cada 100 horas. O litro custa R$ 20,00.

Solução:

HP = 160 HP

c = 15 L

t = 100 h

Q = (160 × 0,6 × 0,0027)/0,893 + 15/100 = 0,45 L/h

Custo horário óleo do cárter = 0,45 × 20,00 = R$ 9,00/h

L_h = R$ 9,00 + 50% = R$ 13,50/h

Além do combustível, há que se computar também o custo de graxa e filtros. Preferiu-se, no entanto, incluí-los nos custos de manutenção, que serão analisados mais adiante.

Outra forma de se calcular o consumo de materiais é por uma fórmula única que engloba combustível, óleos lubrificantes, filtro e graxa (Dias, 2011):

* Motor a gasolina: custo horário materiais = 0,245 · *HP* · litro da gasolina (R$).
* Motor a diesel: custo horário materiais = 0,18 · *HP* · litro do diesel (R$).

É recomendável à empresa apropriar dados reais de campo. Nada é mais preciso que usar dados retirados da efetiva observação dos equipamentos em operação. O setor de equipamentos da construtora deve ser capaz de registrar o consumo de lubrificantes por máquina e disponibilizar os dados para o setor de orçamento.

Dicas para o orçamentista
O preço da gasolina é 20% maior que o do óleo diesel.
O preço do óleo lubrificante é aproximadamente seis vezes o preço do óleo diesel.
O preço do quilo da graxa é o dobro do preço do óleo lubrificante.

Fonte: Dias (2011).

7.3.4 Energia elétrica

Os equipamentos movidos a eletricidade têm o seu consumo de energia expresso em função de sua potência, que é dada em HP ou kW. A equivalência é 1 HP = 0,75 kW.

São equipamentos elétricos: vibrador de imersão, régua vibratória, betoneira, bomba de concreto, bomba de sucção, motosserra, britadeira, martelete pneumático, usina de concreto e usina de asfalto.

O custo horário de energia elétrica é dado por:

$$E_h = HP \cdot 0{,}75 \cdot c_{kWh} = kW \cdot c_{kWh}$$

em que:

HP = potência do motor (HP);

c_{kWh} = custo do kWh (R$).

7.3.5 Mão de obra de operação

O custo da mão de obra de operação corresponde ao custo do homem-hora de operador. A hora do operador deve ser calculada com todos os encargos sociais e trabalhistas vistos anteriormente.

Exemplo 7.9

Calcular o custo horário de operador para a escavadeira do Exemplo 7.1, considerando que a hora do operador custa R$ 8,00 e os encargos são de 130%.

Solução:

$$MO_h = R\$\ 8{,}00 \times (1 + 1{,}30) = R\$\ 8{,}00 \times 2{,}30 = R\$\ 18{,}40/h$$

Dica para o orçamentista

Alguns orçamentistas e alguns bancos de dados não incluem o operador no custo horário do equipamento. Nesse caso, o operador precisa ser incorporado na composição de custos como um insumo separado.

7.4 Custo de manutenção

Equipamentos exigem manutenção. As despesas relacionadas a essa etapa são com a aquisição de peças de reposição e a mão de obra envolvida na troca das peças, ajustes etc. Os custos variam consideravelmente com o tipo de equipamento e o serviço que se executa, assim como dependem da política da empresa.

Em termos gerais, os custos de manutenção compreendem a manutenção de rotina, os reparos e as despesas fixas. A rigor, é difícil estabelecer uma distinção clara entre manutenção e reparo. Geralmente se denomina *manutenção* o conjunto de atividades de limpeza, lavagem, inspeção, ajuste, calibração, regulagem, retoque, reaperto e troca rotineira de peças (filtros, mangueiras, cabos, câmaras etc.). Em algumas obras, a manutenção dos equipamentos é feita na própria frente de serviço, sem necessidade de levá-los até a oficina mecânica; em outras, é necessário montar uma oficina.

Um *reparo* consiste no conserto ou substituição de peças e partes danificadas, defeituosas ou quebradas. É, portanto, uma atividade mais esporádica, podendo ser minimizada com a maximização da manutenção. São serviços de reparo: retífica, serviços de chaparia, usinagem de peças, troca de sapatas e esteiras, entre outros. Uma inspeção mais pormenorizada pode ser encaixada na categoria de reparos se envolve o desmonte completo de uma estrutura do equipamento. Os reparos, em geral, são feitos nas oficinas das obras ou por terceiros, em casas especializadas. Se, por exemplo, a transmissão de um trator apresenta uma engrenagem quebrada, a substituição pura e simples pode ser considerada manutenção; todavia, se o serviço englobar a desmontagem da caixa de marchas para limpeza e inspeção dos componentes, tem-se então um reparo.

As *despesas fixas* de manutenção são os gastos de oficina (mão de obra de mecânicos e ajudantes, ferramentas), seguros dos equipamentos, impostos (IPVA) etc. Elas ocorrem independentemente da demanda por consertos e reparos, não sendo necessariamente proporcionais às horas trabalhadas.

Dados de custos de manutenção e reparo de um equipamento não podem estar dissociados de informações sobre as condições de trabalho sob as quais ele opera. Uma escavadeira trabalhando em solo arenoso terá menores custos de manutenção e reparo do que se for empregada para escavar rocha ou argila dura. Também exercem influência no custo a qualidade dos operadores, o grau de manutenção, a temperatura ambiente e a idade da máquina. É fácil perceber que um equipamento novo tem um custo de manutenção inferior a um equipamento de idade avançada, já próxima ao término de sua vida útil.

Empresas com longa história de trabalho têm, em registros de obras passadas, uma proveitosa fonte de informação para custos de manutenção. Quanto mais detalhado e completo o banco de dados de que dispõe o construtor, mais confiável será a sua estimativa para obras futuras.

Na composição de custos de um equipamento, é importante avaliar as características do serviço a ser executado, para que a estimativa de custos de manutenção e reparo não venha a frustrar o orçamento.

A seguir, são explicados os métodos mais comuns de cálculo dos custos de manutenção.

7.4.1 Método do coeficiente único

Por ser uma categoria muito vasta, os custos de manutenção são geralmente calculados com uso de um coeficiente multiplicador (k) sobre a depreciação horária calculada com valor residual nulo, ou seja:

$$M_h = k \cdot \frac{V_o}{n \cdot a}$$

em que:

M_h = manutenção horária (R$/h);

V_o = valor de aquisição (R$);

n = vida útil em anos;

a = número de horas de utilização por ano.

Se a depreciação horária for calculada com valor residual nulo, pode-se escrever:

$$M_h = k \cdot D_h$$

Dica para o orçamentista

O coeficiente *k* é também conhecido como "*k* de peças".

Alguns valores de *k*, fornecidos por fabricantes, apresentam-se na Tab. 7.6.

Tab. 7.6 Custo de manutenção - coeficiente único

Equipamento	*k*
Betoneira	0,6
Motoniveladora	0,6
Retroescavadeira	0,6
Carregadeira	0,6
Motoescrêiper	0,9
Rolo compactador	0,8
Trator sobre pneus	0,75
Trator de esteiras	0,9
Caminhão basculante	0,75
Picape	0,75

Fonte: Pini (2017c).

Exemplo 7.10

Calcular o custo horário de manutenção da escavadeira do Exemplo 7.1, considerando um coeficiente de 0,8.

Solução:

Valor de aquisição (V_0) = R$ 500.000,00

Vida útil (VU) = 5 anos × 2.000 h/ano = 10.000 h

$k = 0{,}8$

$$M_h = 0{,}8 \times \text{R\$ } 500.000/10.000 = \text{R\$ } 40{,}00/\text{h}$$

Exemplo 7.11

Totalizar o custo horário da escavadeira do Exemplo 7.1.

Dados:

D_h = R$ 45,00/h;

J_h = R$ 19,20/h;

P_h = R$ 2,56/h;

G_h = R$ 40,84/h;
L_h = R$ 13,50/h;
MO_h = R$ 18,40/h;
M_h = R$ 40,00/h.

Solução:

- Hora produtiva:

$$C_{h;prod} = D_h + J_h + P_h + G_h + L_h + MO_h + M_h =$$
$$45{,}00 + 19{,}20 + 2{,}56 + 40{,}84 + 13{,}50 + 18{,}40 + 40{,}00 = \text{R\$ } 179{,}50/\text{h}$$

- Hora improdutiva:

$$C_{h;improd} = D_h + J_h + MO_h = 45{,}00 + 19{,}20 + 18{,}40 = \text{R\$ } 82{,}60/\text{h}$$

7.4.2 Método dos coeficientes múltiplos

Outro processo de estimativa de custos de manutenção baseia-se na Tab. 7.7. O orçamentista deve enquadrar cada equipamento nos 11 campos, multiplicar os coeficientes correspondentes e, em seguida, multiplicar o produto por 1/10.000 do valor de aquisição da máquina.

Tab. 7.7 Custo de manutenção – coeficientes

Tipo	
Guindaste	0,5
Caminhão comum	0,8
Fora de estrada	1,0
Carregadeira	1,0
Escavadeira	1,4
Motoescrêiper	1,1
Trator de esteira	1,2

Temperatura	
Muito quente (> 40 °C)	1,3
Quente (30 °C a 40 °C)	1,1
Médio (10 °C a 30 °C)	1,0
Frio (< 10 °C)	1,2

Horas de uso	
1.000	0,5
2.000	0,5
3.000	0,6
4.000	0,7
5.000	0,9
6.000	1,0
8.000	1,3
10.000	1,6
12.000	1,9
15.000	2,3
20.000	3,0

Vida útil em anos	
1	0,6
2	0,7
3	0,8
4	0,9
5	1,0
6	1,0
7	1,1
8	1,2
9	1,3
10	1,4
15	2,0

Tab. 7.7 (continuação)

Qualidade do operário	
Excelente	0,8
Boa	0,9
Média	1,0
Ruim	1,2
Péssima	2,0

Qualidade do equipamento	
De primeira	0,8
Média	1,0
Ruim	1,5

Condições de trabalho	
Em espera	0,4
Leves	0,8
Médias	1,0
Pesadas	1,4
Severas	2,0

Manutenção	
Excelente	0,6
Boa	0,8
Média	1,0
Ruim	1,5
Inexistente	3,0

Ritmo de trabalho	
Folgado	0,9
Médio	1,0
Com pressa	1,5

Conhecimento do serviço	
Grande	0,8
Médio	0,9
Pouco	1,0

Tipo de serviço	
Mina ou pedreira	0,8
Construção geral	1,0
Aluguel a terceiros	1,4

Fonte: Church (1981).

Exemplo 7.12

Calcular o custo horário de manutenção da escavadeira do Exemplo 7.11, considerando que ela tenha boa manutenção e trabalhe em condições leves, sob temperatura normal, com operadores bons.

Solução:

* Coeficientes:

  Tipo: $k_1 = 1{,}4$

  Qualidade do operador: $k_2 = 0{,}9$

  Qualidade do equipamento: $k_3 = 0{,}9$

  Condições de trabalho: $k_4 = 0{,}8$

  Manutenção: $k_5 = 0{,}9$

  Vida útil: $k_6 = 0{,}9$

  Demais coeficientes: 1,0

$$k = k_1 \cdot k_2 \cdot k_3 \cdot k_4 \cdot k_5 \cdot k_6 = 0{,}73$$

* Valor de aquisição (V_o) = R$ 500.000,00

$$M_h = 0{,}73 \cdot \text{R\$ } 500.000/10.000 = \text{R\$ } 36{,}50/\text{h}$$

7.5 Equipamento alugado

Em uma obra, nem sempre o construtor utiliza apenas equipamento próprio. Se for conveniente, ele pode apelar para equipamento alugado de terceiros.

Alugar um equipamento nem sempre é um mau negócio; em vários casos, é conveniente ao construtor alugar em vez de comprar, como nas seguintes situações:

* O equipamento é extremamente caro e a obra precisa dele por pouco tempo.
* O equipamento é muito específico e a empresa não terá no que utilizá-lo depois.
* O construtor não dispõe de dinheiro para dar entrada em uma máquina nova.
* O volume de serviço é pequeno para justificar a aquisição do equipamento.
* O locador já depreciou o equipamento integralmente e está oferecendo uma tarifa atraente.

O aluguel de um equipamento pode ser feito de três formas:

1. *Tarifa*: o construtor paga um preço fixo por unidade de tempo (hora, dia, semana ou mês), havendo as seguintes variações:
   - ◊ o aluguel inclui equipamento puro, sem operador;
   - ◊ o aluguel inclui equipamento com operador;
   - ◊ o aluguel inclui combustível, lubrificação e reparos, sem operador;
   - ◊ o aluguel inclui equipamento, combustível, lubrificação e reparos, com operador.

Quando o aluguel de uma máquina é feito por hora, cobra-se a hora trabalhada, medida no horímetro do equipamento. No caso de cobranças por semana ou por mês, o preço normalmente independe da quantidade de horas, sendo estabelecida uma média de horas de trabalho – se o construtor for ineficiente, a hora de aluguel tende a ficar muito cara.

2. Leasing (arrendamento mercantil): o construtor paga uma taxa fixa pelo aluguel do equipamento, por prazo determinado, mas com opção de compra pelo arrendatário. A vantagem é que boa parte do aluguel pago é descontada do preço de aquisição do equipamento. Outra vantagem é que a empresa pode considerar contabilmente como despesa os pagamentos feitos, abatendo o imposto de renda devido.
3. *Empreitada*: o construtor paga pelo trabalho realizado pelo locador; nessa modalidade, é interessante ao locador utilizar seus melhores operadores e máquinas para aumentar a produtividade e receber o aluguel mais rápido.

7.6 Equipamentos no TCPO

O TCPO traz um capítulo dedicado ao custo horário de máquinas, veículos e equipamentos (Pini, 2017c). Nesse capítulo, o custo horário vem parametrizado sob a forma de uma composição de custos e com a subdivisão em hora produtiva e hora improdutiva.

Cada composição de custos contém o custo horário de propriedade, operação e manutenção. Algumas explicações são cabíveis:

* *Depreciação*: calculada pelo método linear, exatamente como apresentado neste capítulo. O valor residual adotado é de 10% do valor inicial. A vida útil adotada varia de acordo com o tipo de equipamento – de 3.000 horas para um martelo rompedor até 20.000 horas para um caminhão basculante fora de estrada.
* *Juros*: a taxa utilizada é de 12% ao ano.
* *Operação*: os custos operacionais baseiam-se em informações dos fabricantes e compreendem materiais – combustíveis, lubrificantes, graxa, energia elétrica, filtros, pneus, mangueiras etc. – e operador. Para a maior parte dos equipamentos de terraplenagem, os insumos são pneu, graxa, óleo diesel e operador.
* *Manutenção*: segue a metodologia de um coeficiente único, variando de 0,6 a 0,9.

Exemplo 7.13

Interpretar a composição de custo mostrada na Tab. 7.8, de uma retroescavadeira (22700.9.8) sobre pneus, com uso de diesel, potência de 85 HP (63 kW), capacidade de 0,25 litro, área de 0,88 m³ e vida útil de 10.000 h. Calcular seu custo horário.

Tab. 7.8 Composição de custo da retroescavadeira

Componentes	Unidade	Coeficiente
Operador de terraplenagem	h	1
Pneu 14 x 24 x 10 sem câmara	un	0,0008[a]
Pneu 10,5/65 x 16 x 10 sem câmara	un	0,0008[a]
Graxa	kg	0,02
Óleo diesel	L	12,5
Depreciação de equipamentos de terraplenagem	-	0,00009[b]
Juros do capital de equipamentos de terraplenagem	-	0,0000384[b]
Manutenção de equipamentos de terraplenagem	-	0,006[b]

[a] Esses índices devem ser multiplicados pelo preço do pneu novo.

[b] Esses índices devem ser multiplicados pelo preço de aquisição do equipamento (V_0).

Solução:

- A depreciação foi calculada com valor residual (V_r) igual a 10% do valor de aquisição:

$$D_r = (V_o - V_r)VU = (0{,}90V_o))/10.000 = 9{,}00 \times 10^{-5} \cdot V_o$$

- Os juros do capital foram calculados com taxa anual de 12% ao ano:

$$J_h = \frac{i}{a}[(V_o - V_r)\frac{(n+1)}{2n} + V_r]$$

$$J_h = 0{,}0000012 \times [0{,}90\ V_o \times 0{,}6 + 0{,}10\ V_o] = 3{,}84 \times 10^{-5} \cdot V_o$$

- Para a manutenção, adotou-se $k = 0{,}6 \rightarrow M_h = k \cdot V_o/VU = 0{,}6V_o/10.000 = 6{,}00 \times 10^{-5} \cdot V_o$
- A hora improdutiva só leva em conta o operador, a depreciação e os juros.

Tab. 7.9 Custo horário da retroescavadeira

Componentes	Unidade	Consumo	Custo (R$)	
			Unitário	Total
Operador de terraplenagem	h	1,0000	18,40	18,40
Pneu 14 x 24 x 10 sem câmara	un	0,0008	1.500,00	1,20
Pneu 10,5/65 x 16 x 10 sem câmara	un	0,0008	1.000,00	0,80
Graxa	kg	0,0200	40,00	0,80
Óleo diesel	L	12,5000	3,00	37,50
Depreciação de equipamentos de terraplenagem		9,00 × 10–5	600.000,00 (= V_o)	54,00
Juros do capital de equipamentos de terraplenagem		3,84 × 10–5	600.000,00 (= V_o)	23,04
Manutenção de equipamentos de terraplenagem		6,00 × 10–5	600.000,00 (= V_o)	36,00
			Total	R$ 171,74

A Tab. 7.9 apresenta o custo horário da retroescavadeira para V_o = R$ 600.000,00.

- Custo horário produtivo = R$ 171,74
- Custo horário improdutivo = R$ 95,44

Estudo de caso 7.1

Uma empresa que sempre faz obras de saneamento básico está em dúvida entre comprar uma escavadeira e alugá-la de empresas de locação. Há prós e contras para ambas as opções, mas a decisão gerencial precisa estar respaldada em critérios técnicos.

A maneira de resolver o impasse é verificar o custo horário do equipamento próprio e compará-lo com o custo de locação de mercado.

A decisão deve ser tomada da seguinte maneira: deve-se calcular o número de horas de utilização anual para que o custo horário do equipamento próprio equivalha ao custo horário de locação. Se o equipamento trabalhar, por ano, mais do que essa quantidade, vale a pena comprá-lo; se a tendência for trabalhar menos horas por ano, a locação é mais aconselhável.

Os dados tabulados são:

* Equipamento próprio:
  Preço: R$ 500.000,00
  Valor residual: 10%
  Vida útil: 5 anos
  Taxa de juros: 12% ao ano
* Equipamento alugado:
  Custo de locação: R$ 80,00/h
  Observação: a construtora arca com as despesas de operação e manutenção.

Os custos de operação e de manutenção não precisam ser computados porque são iguais nos dois casos.

Solução:

* Depreciação:

$$D_h = \frac{V_0 - V_r}{n \cdot a} = \frac{0{,}90 \cdot V_0}{5 \cdot a} = 0{,}90 \times 500.000(5 \cdot a) = 90.000/a$$

* Juros:

$$J_h = \frac{i}{a} \cdot [(V_0 - V_r)\frac{(n+1)}{2n} + V_r] = 0{,}12/a \cdot [450.000 \times 0{,}6 + 50.000] = 38.400/a$$

Ao comparar *comprar* e *alugar*, tem-se:

$$128.400/a = 80 \rightarrow a = 1.605 \text{ h}$$

Assim, se a empresa conseguir empregar a escavadeira por mais de 1.605 horas por ano, é preferível comprar o equipamento. Caso contrário, a locação sai mais em conta.

7.7 Exercícios de revisão

1. Calcular o custo horário produtivo e improdutivo de uma motoniveladora, de acordo com os dados abaixo:
   Preço: R$ 800.000,00
   Pneus: R$ 5.000,00 cada (× 6)
   Vida útil: 5 anos de 2.000 h
   Vida útil dos pneus: 3.500 h
   Valor residual: 15%
   Taxa de juros: 15% ao ano
   Operador: R$ 8,00/h (encargos de 125%)
   Motor: 140 HP
   Fator de potência: 0,60
   Capacidade do cárter: 54 L
   Período entre trocas de óleo: 80 h
   Preço do diesel: R$ 3,00/L
   Preço do óleo lubrificante: R$ 20,00 /L
   Manutenção: $k = 0{,}8$

Solução:

- Depreciação (descontados os pneus):

$$V_0 \text{ (sem os pneus)} = \text{R\$ } 780.000{,}00$$

$$D_h = \frac{V_0 - V_r}{n \cdot a} = \frac{0{,}85 \cdot V_0}{10.000} = 0{,}000085 \times 780.000 = \text{R\$ } 66{,}30/\text{h}$$

- Juros:

$$J_h = \frac{i}{a} \cdot [(V_0 - V_r)\frac{(n+1)}{2n} + V_r]$$

$$J_h = 0{,}15/2.000 \times [(660.300 \times 0{,}6 + 117.000)] = \text{R\$ } 38{,}61/\text{h}$$

- Pneus:

$$P_h = \frac{p \cdot C_p}{VU_p} = (6 \cdot 5.000) / 3.500 = \text{R\$ } 8{,}57/\text{h}$$

- Combustível:

$$G_h = 0{,}15 \cdot f \cdot HP \cdot custo = 0{,}15 \times 0{,}60 \times 140 \times 3{,}00 = R\$\ 37{,}80/h$$

- Lubrificantes:

$$L_h = \left(\frac{HP \cdot 0{,}6 \times 0{,}0027}{0{,}893} + \frac{c}{t} \right) custo + 50\%$$

$$L_h = (140 \times 0{,}6 \times 0{,}0027/0{,}893 + 54/80) \times 20{,}00 \times 1{,}50 = R\$\ 27{,}90/h$$

- Operador:

$$MO_h = R\$\ 8{,}00 \times (1 + 1{,}25) = R\$\ 18{,}00/h$$

- Manutenção:

$$M_h = k \cdot \frac{V_o}{n \cdot a} = 0{,}8 \times 780.000/10.000 = R\$\ 62{,}40/h$$

- Custo total:

$$C_{h;prod} = 66{,}30 + 38{,}61 + 5{,}71 + 37{,}80 + 27{,}90 + 18{,}00 + 62{,}40 = R\$\ 256{,}72/h$$

$$C_{h;improd} = 66{,}30 + 38{,}61 + 18{,}00 = R\$\ 122{,}91/h$$

Conclusões:

- A depreciação é a parcela mais representativa (26%), seguida da manutenção (24%), dos juros (15%) e do combustível (15%) – ver Fig. 7.2.
- O custo de *propriedade* (depreciação e juros) corresponde a 41% do custo total.
- O custo de *operação* (pneus, combustível, lubrificantes e operador) corresponde a 35% do custo total.
- O custo de *manutenção* corresponde a 24% do custo total.

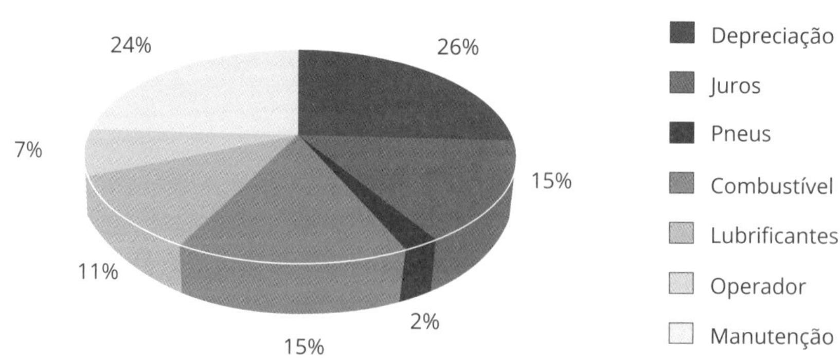

Fig. 7.2 *Peso de cada parcela no custo horário da motoniveladora*

2. Calcular o custo horário de um trator de esteiras, de acordo com os dados abaixo:
Preço: R$ 1.000.000,00
Valor residual: 20%
Motor: 305 HP
Fator de potência: 0,55
Capacidade do cárter: 35 L
Período entre trocas de óleo: 120 h
Preço do diesel: R$ 3,00/L
Preço do óleo lubrificante: R$ 20,00/L
Vida útil: 6 anos de 2.000 h
Taxa de juros: 10% ao ano
Operador: R$ 8,00/h + 130% de encargos
Manutenção: *k* = 1,0

Solução:

* Depreciação:

$$D_h = \frac{V_o - V_r}{n \cdot a} = \frac{0{,}80 \cdot V_o}{12.000} = 0{,}0000667 \times 1.000.000 = \text{R\$ } 66{,}67/\text{h}$$

* Juros:

$$J_h = \frac{i}{a} \cdot \left[\left(V_o - V_r\right) \frac{(n+1)}{2n} + V_r \right]$$

$$J_h = 0{,}10/2000 \times [800.000 \times 7/12 + 200.000] = \text{R\$ } 33{,}33/\text{h}$$

* Combustível:

$$G_h = 0{,}15 \cdot f \cdot HP \cdot custo = 0{,}15 \times 0{,}55 \times 305 \times 3{,}00 = \text{R\$ } 75{,}49/\text{h}$$

* Lubrificantes:

$$L_h = \left(\frac{HP \cdot 0{,}06 \times 0{,}0027}{0{,}893} + \frac{c}{t} \right) \cdot custo + 50\%$$

$$L_h = (305 \times 0{,}6 \times 0{,}0027/0{,}893 + 35/120) \times 20{,}00 \times 1{,}50 = \text{R\$ } 25{,}20/\text{h}$$

* Operador:

$$MO_h = \text{R\$ } 8{,}00 \times 2{,}30 = \text{R\$ } 18{,}40/\text{h}$$

* Manutenção:

$$M_h = k \cdot \frac{V_o}{n \cdot a} = 1{,}0 \times 1.000.000/12.000 = \text{R\$ } 83{,}33/\text{h}$$

* Custo total:

$$C_{h;prod} = 66{,}67 + 33{,}33 + 75{,}49 + 25{,}20 + 18{,}40 + 83{,}33 = \text{R\$ } 302{,}42/\text{h}$$

$$C_{h;improd} = 66{,}67 + 33{,}33 + 18{,}40 = \text{R\$ } 118{,}40/\text{h}$$

Conclusões:

* A manutenção é a parcela mais representativa (28%), seguida do combustível (25%) e da depreciação (22%) – ver Fig. 7.3.
* O custo de *propriedade* (depreciação e juros) corresponde a 33% do custo total – dos R$ 302,42 que custa a hora do trator, R$ 100,00 são requeridos para repor o ativo ao final da vida útil.
* O custo de *operação* (combustível, lubrificantes e operador) corresponde a 39% do custo total.
* O custo de *manutenção* corresponde a 28% do custo total.

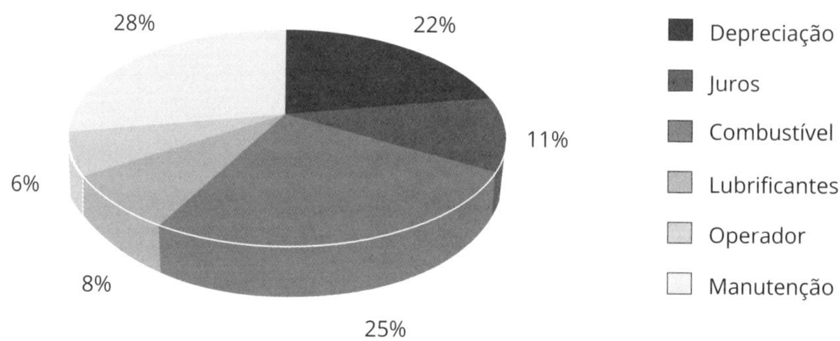

FIG. 7.3 *Peso de cada parcela no custo horário do trator*

3. Calcular o custo horário de uma betoneira, desconsiderando o operador, de acordo com os dados abaixo:
   Preço: R$ 10.000,00
   Valor residual: 10%
   Motor: 2 HP = 1,5 kW
   Preço da energia elétrica: R$ 2,00/kWh
   Vida útil: 5 anos de 1.000 h
   Taxa de juros: 12% ao ano
   Manutenção: $k = 0{,}60$

Solução:

- Depreciação:

$$D_h = \frac{V_o - V_r}{n \cdot a} = \frac{9.000}{5.000} = \text{R\$ } 1{,}80/\text{h}$$

- Juros:

$$J_h = \frac{i}{a} \cdot \left[(V_o - V_r) \frac{(n+1)}{2n} + V_r \right] = \frac{0{,}12}{1.000} \times \left[9.000 \times \frac{6}{10} + 1.000 \right] = \text{R\$ } 0{,}77/\text{h}$$

- Energia:

$$E_h = \text{kW} \cdot custo = 1{,}5 \times 2{,}00 = \text{R\$ } 3{,}00/\text{h}$$

- Manutenção:

$$M_h = k \cdot \frac{V_o}{n \cdot a} = 0{,}60 \times \frac{10.000}{5.000} = \text{R\$ } 1{,}20/\text{h}$$

- Custo total:

$$C_{h;prod} = 1{,}80 + 0{,}77 + 3{,}00 + 1{,}20 = \text{R\$ } 6{,}77/\text{h}$$

$$C_{h;improd} = 1{,}80 + 0{,}77 = \text{R\$ } 2{,}57/\text{h}$$

Conclusões:

- Compondo-se o custo horário da betoneira sem o operador, a parcela mais representativa no custo horário da betoneira é a energia elétrica (44%), seguida da depreciação (27%) – ver Fig. 7.4.
- O custo de *propriedade* (depreciação e juros) corresponde a 38% do custo total.
- O custo de *operação* (energia elétrica) corresponde a 44% do custo total.
- O custo de *manutenção* corresponde a 18% do custo total.

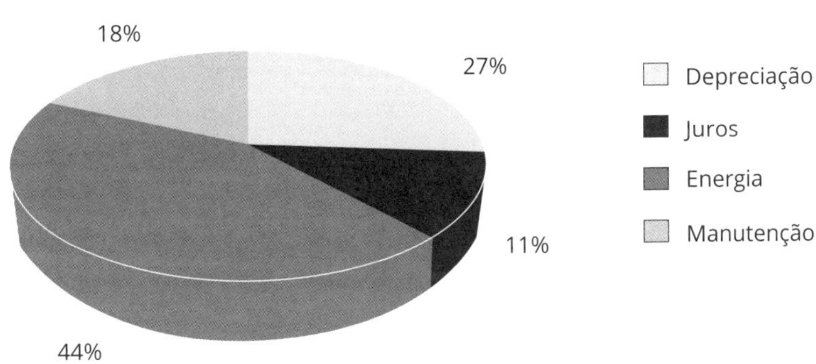

FIG. 7.4 *Peso de cada parcela no custo horário da betoneira*

oito

Elementos de terraplenagem

O mais difícil em uma composição de custos de um serviço de terraplenagem não é a quantificação dos volumes em questão – os quais podem ser cubados com certa precisão –, mas o estabelecimento das produtividades, ou seja, o ritmo com que o serviço será executado. São muitas as variáveis envolvidas, e a definição de algumas delas é um tanto subjetiva.

Imagina-se, a título de exemplo, a escavação de uma longa vala para assentamento de tubulação. Enquanto o cálculo do volume a ser escavado é relativamente simples, a determinação da produtividade depende da profundidade da vala, da dureza do material, do empolamento do solo, da presença de água, da ocorrência de matacões, da capacidade da concha da escavadeira, da quantidade de caminhões disponíveis, da posição relativa entre a escavadeira e o caminhão, da precisão requerida para os limites da escavação, da destreza do operador etc.

Cabe ao construtor, portanto, estudar a operação em detalhes para dimensionar a equipe com base nos ciclos de produção e, enfim, chegar ao custo unitário teórico do serviço. Para se otimizarem custos unitários, deve-se tentar maximizar a produtividade e/ou reduzir o custo horário das equipes (máquinas e homens). Em termos matemáticos,

$$\text{Custo unitário (R\$/unidade)} = \frac{\text{Custo horário (R\$/tempo)}}{\text{Produtividade (unidade/tempo)}}$$

8.1 Empolamento

Sempre que solo (ou rocha) é removido de sua posição original, que é a do terreno natural inalterado, ocorre um rearranjo na posição relativa das partículas (grãos), acarretando um acréscimo no volume de vazios da massa. Escavado, o material fica mais solto e sua densidade, consequentemente, cai. Em outras palavras, uma mesma massa de solo ou rocha passa a ocupar um volume maior após a escavação. A esse fenômeno físico pelo qual o material escavado experimenta uma expansão volumétrica dá-se o nome de *empolamento*, expresso em percentagem do volume original. Por exemplo, se 1 m^3 de solo no corte (1 ${m^3}_C$) "incha" para 1,3 m^3 solto (1,3 ${m^3}_S$) após escavado, o empolamento é de 30%.

O empolamento varia com o tipo de solo ou rocha, o grau de coesão do material original e a umidade do solo. Argila tende a apresentar um empolamento maior do que areia, pelo fato de esta já ter um aspecto meio desagregado no estado natural, não aumentando tanto de volume após a escavação. De modo geral, o empolamento é proporcional à quantidade de finos (argila e silte).

Dessa forma, o empolamento é um fenômeno físico que não pode ser desprezado pelo orçamentista. Ele é muito importante no dimensionamento dos equipamentos, especialmente os de transporte. Se, por exemplo, o volume de corte é de 100.000 m^3, o total a ser transportado em caminhões não é de 100.000 m^3, mas sim de 130.000 m^3, pois os caminhões transportarão o material no estado solto.

Em termos de volume:

$$E = \left(\frac{V_S}{V_C} - 1\right) \text{ ou } V_S = V_C(1 + E)$$

em que:

E = empolamento (%);

V_S = volume solto;

V_C = volume medido no corte.

Se, em vez de volumes, usarem-se massas específicas (o que é bastante comum em ensaios de laboratório):

$$E = \left(\frac{\gamma_C}{\gamma_S} - 1\right) \text{ ou } \gamma_C = \gamma_S(1 + E)$$

em que:

γ_C = massa específica no corte (*in situ*);

γ_S = massa específica do material solto.

Exemplo 8.1

A escavação a ser feita tem 150 m^3 medidos no corte. Sabendo que o solo é argila seca (empolamento de 40%), calcular o volume a ser transportado.

Solução:

Volume escavado = 150 $m^3{}_C$

Empolamento = 40%

Volume a ser transportado = $150 \times (1 + 0{,}40) = 150 \times 1{,}40 = 210$ $m^3{}_S$

Por clareza, é bastante comum em terraplenagem usar os índices subscritos C, S e A após a unidade de volume (m^3), para designar *corte*, *solto* e *aterro*, respectivamente. Assim sendo, no Exemplo 8.1, 150 $m^3{}_C$ correspondem a 210 $m^3{}_S$.

Dica para o orçamentista

Em orçamentos de serviços de terraplenagem, o orçamentista deve sempre usar os subscritos *C, S* e *A* quando anotar algum volume: $m^3{}_C$, $m^3{}_S$, $m^3{}_A$. Muitos erros são cometidos por confusão entre volume de corte, solto e no aterro.

8.2 Fator de conversão

O fator de conversão (φ) é exatamente a noção inversa do empolamento. Ele representa a relação entre o volume no corte e o volume solto (Fig. 8.1).

Matematicamente:

$$\varphi = V_C/V_S$$

Ademais,

$$E = (1/\varphi - 1)$$

$$\varphi = 1/(1 + E)$$

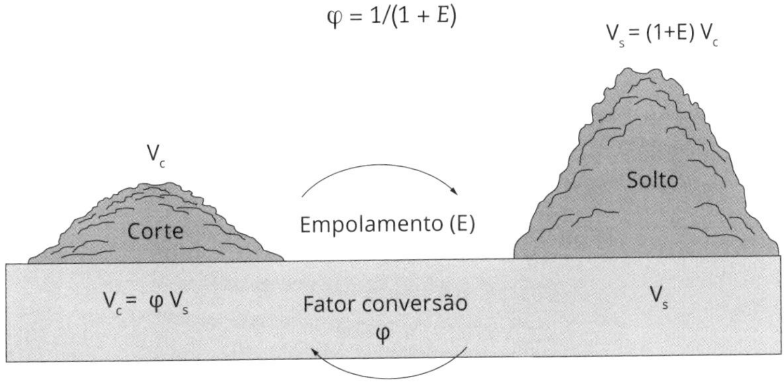

Fig. 8.1 *Empolamento e conversão*

A Tab. 8.1 mostra a relação entre empolamento e fator de conversão.

Tab. 8.1 Empolamento e fator de conversão

Material	Empolamento (E)	Fator de conversão (φ)
Rocha detonada	50%	0,67
Solo argiloso	40%	0,71
Terra comum	25%	0,80
Solo arenoso seco	12%	0,89

Estudo de caso 8.1

Em uma obra de edificação predial, havia um grande volume de escavação de terra para a construção dos pavimentos de garagem no subsolo de um edifício.

O engenheiro responsável precisava ter noção da produtividade da escavação por dia, a fim de verificar se o cronograma proposto seria obedecido. Além disso, o setor de orçamentos da construtora estava cobrando da obra a produtividade real da escavação, para uso no estudo de outras obras.

O material escavado era terra comum seca, com empolamento de 25%. Como ficava impraticável obter topograficamente o volume escavado numa base diária, o engenheiro optou por alocar um apontador para contar a quantidade de viagens de caminhão e as horas de trabalho da escavadeira.

Após alguns dias, o engenheiro obteve do apontador os seguintes dados:

* Quantidade de viagens de caminhão até a data = 160 un
* Volume do caminhão = 8 $m^3{}_S$
* Horas de escavadeira no período = 16 horas

O engenheiro, então, calculou a produtividade real da obra:

* Volume solto transportado = 160 × 8 = 1.280 $m^3{}_S$
* Fator de conversão = 1/1,25 = 0,80 → volume de corte = 1.280 $m^3{}_S$ × 0,80 = 1.024 $m^3{}_C$
* Produtividade da escavadeira = 1.024/16 = 64 $m^3{}_C$/h

8.3 Contração

Quando uma quantidade de terra é lançada em um aterro e compactada mecanicamente, o volume final é geralmente inferior ao que essa massa ocupava no corte. A essa diminuição volumétrica dá-se o nome de *contração*, expressa em percentagem do volume original. Se 1 m^3 de solo (no corte) "contrai-se" para 0,8 m^3 (aterro) após compactado, a contração é de 80%.

O fenômeno varia com o tipo e a umidade do material, o tipo de equipamento de compactação, a espessura das camadas do aterro etc.

Em termos de volume:

$$C = (V_A/V_C) \text{ ou } V_A = V_C \cdot C$$

em que:

C = contração (%);

V_A = volume compactado (no aterro);

V_C = volume medido no corte.

Em termos de massa específica:

$$C = (\gamma_C/\gamma_A)$$

em que:

γ_C = massa específica no corte (*in situ*);

γ_A = massa específica do material compactado.

Exemplo 8.2

Determinar o volume de terra, medido na jazida (corte), necessário para se fazer um aterro compactado de 1 m^3. Sabe-se que o solo tem uma redução volumétrica de 10%. Calcular também o volume transportado (solto), admitindo empolamento de 30%.

Solução:

Se a redução volumétrica é de 10%, a contração é $C = V_A/V_C = 90\%$.

$$V_C = V_A/0{,}90 = 1{,}11 \; m^3{}_C$$

$$V_S = V \cdot 1{,}30 = 1{,}11 \; m^3 \times 1{,}30 = 1{,}43 \; m^3{}_S$$

Conclui-se, portanto, que para a execução de 1 m^3 de aterro será necessário escavar 1,11 m^3 e transportar 1,43 m^3. As Figs. 8.2 e 8.3 mostram a relação volumétrica sob as formas de uma ilustração e de um quadro de relação.

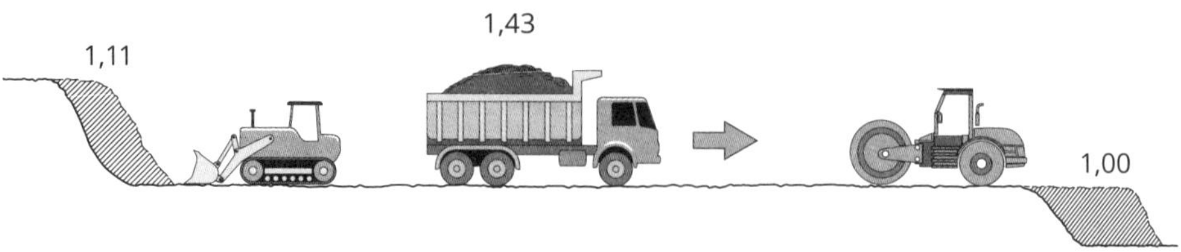

Fig. 8.2 *Material no corte, solto e no aterro com suas respectivas densidades*

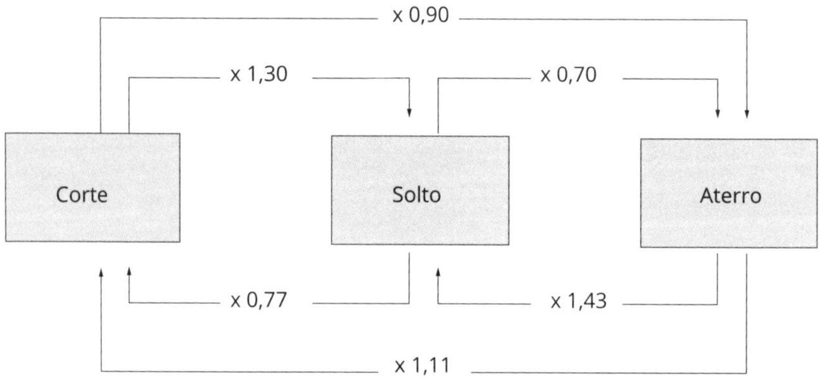

Fig. 8.3 *Quadro de relação de volumes*

Dica para o orçamentista

O quadro de relação de volumes é imprescindível para um bom orçamento de obras de terraplenagem, pois facilmente responde a perguntas do tipo:

- Que volume de terreno é preciso escavar para se fazer *X* m³ de aterro?
- Com *Y* m³ escavados, que volume de aterro pode ser feito?
- Quantas viagens de caminhão são requeridas para *Z* m³ de aterro?

Estudo de caso 8.2

Para controlar os volumes de corte, transporte e aterro, o setor de engenharia de uma construtora, ainda na fase de planejamento da construção de uma barragem de terra com núcleo de argila, solicitou ao laboratório obter a massa específica do terreno natural da jazida de argila, do material solto e do material compactado (por ensaio de Proctor).

As massas específicas no corte, solta e compactada eram, respectivamente:

$$\gamma_C = 2{,}10 \text{ t/m}^3;$$

$$\gamma_S = 1{,}50\ t/m^3;$$
$$\gamma_A = 2{,}36\ t/m^3.$$

Com esses valores, o engenheiro calculou os fatores de empolamento e de contração da argila do núcleo da barragem.

$$E = 2{,}10/1{,}50 - 1 = 40\%$$
$$C = 2{,}10/2{,}36 = 89\%$$

Em seguida, montou o quadro de relação de volumes (Fig. 8.4).

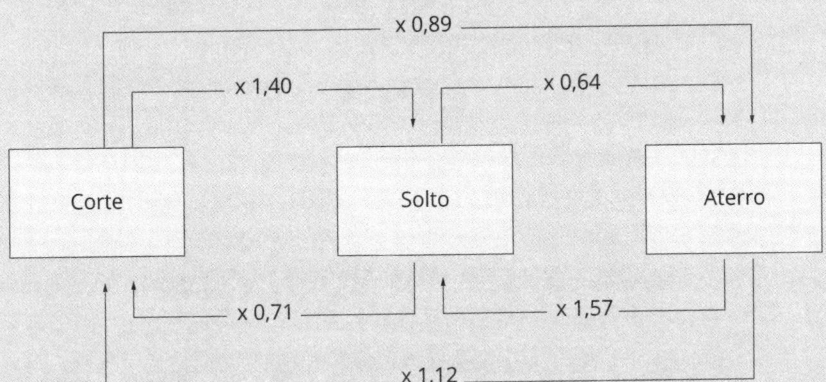

Fig. 8.4 *Quadro de relação de volumes*

A jazida de argila estava situada a 3 km da praça da barragem. A construtora contratou muitos caminhões de 8 m^3 para fazer o transporte, negociando com o proprietário de cada caminhão o pagamento por viagem realizada. Quando foi iniciada a exploração da jazida, a construtora colocou um apontador apropriando a quantidade de viagens de cada caminhão.

Após três semanas de operação, quando a barragem já atingia 5 m de elevação, foi constatado que haviam sido pagas 1.300 viagens de caminhão.

Pela curva cota-volume da barragem, para os primeiros 5 m de elevação, o volume de argila total compactado era de 6.000 m^3.

O engenheiro, então, fez a seguinte checagem dos dados:

- volume de aterro = V_A = 6.000 m^3
- volume transportado teórico = V_S = 6.000 m^3 × 1,57 = 9.420 m^3
- quantidade de viagens requeridas = 9.420 m^3/8 m^3 = 1.177
- quantidade de viagens pagas = 1.300

Preocupado com a diferença e desconfiado de que alguma "armação" poderia estar acontecendo no campo, o pessoal da produção decidiu colocar um segundo apontador na praça da barragem, anotando a chegada dos caminhões (o primeiro apontador anotava a saída da jazida).

Bastou um dia de controle para se verificar que alguns caminhões (sempre os mesmos!) partiam da jazida cheios, mas não chegavam à barragem. O engenheiro foi apurar o mistério e descobriu que alguns motoristas simplesmente basculavam a argila num barranco perto da estrada de acesso e voltavam à jazida para novo carregamento. Esses motoristas corruptos foram afastados e o segundo apontador passou de temporário a definitivo.

8.4 Disponibilidade mecânica

Dá-se o nome de *disponibilidade mecânica* (*DM*) à percentagem de horas em que o equipamento está mecanicamente apto a produzir. É uma grandeza que traduz por quanto tempo uma máquina se mantém em perfeitas condições de uso, em relação ao tempo total utilizável.

Matematicamente:

$$DM = \frac{\text{Horas mecanicamente disponíveis}}{\text{Horas potencialmente utilizáveis}}$$

Exemplo 8.3

No intervalo de 10 dias, numa obra em que trabalha 10 horas por dia, um rolo compressor permaneceu 15 horas parado por problemas mecânicos. Calcular a disponibilidade mecânica.

Solução:

$$DM = \frac{\text{Horas mecanicamente disponíveis}}{\text{Horas potencialmente utilizáveis}} = \frac{100 - 15}{100} = 0{,}85 = 85\%$$

Conclui-se que, do universo potencial de horas trabalhadas, o rolo só esteve mecanicamente disponível por 85% dessas horas.

8.5 Eficiência operacional

Deslocamentos da máquina de uma posição de trabalho para outra, pequenos reparos de campo, remoção de obstáculos, espera por outros equipamentos, más condições meteorológicas, pausa para lubrificação, descanso do operador e interrupções para receber instruções, entre outros aspectos, concorrem para que o equipamento não consiga trabalhar integralmente os 60 minutos de uma hora.

A *eficiência operacional* (EO) é o parâmetro que baliza o quanto, do tempo disponível, o equipamento efetivamente trabalha. Esse parâmetro representa o rendimento efetivo do equipamento. Quanto maior a eficiência operacional, maior a produtividade do equipamento.

Matematicamente:

$$EO = \frac{\text{Horas efetivamente trabalhadas}}{\text{Horas mecanicamente disponíveis}}$$

Logicamente, a eficiência representa uma média, ou seja, o mesmo percentual não ocorre durante todas as horas. Em tese, um equipamento pode atingir quase 100% de eficiência durante algumas horas, mas logo depois pode ficar atolado e ter sua eficiência reduzida a 10% ou até mesmo zero.

Dica para o orçamentista

Embora os conceitos de disponibilidade mecânica e eficiência operacional sejam, às vezes, confundidos, eles se referem a coisas distintas: a *EO* tem a ver com a operação (parcela do tempo disponível efetivamente trabalhada), e a *DM* tem relação com a manutenção mecânica (parcela do tempo mecanicamente disponível).

Exemplo 8.4

Se o rolo compressor do Exemplo 8.3 tivesse trabalhado 80 horas naquele período, calcular a sua eficiência operacional.

$$EO = \frac{\text{Horas efetivamente trabalhadas do equipamento}}{\text{Horas mecanicamente disponíveis do equipamento}} = \frac{80}{85} = 0{,}94 = 94\%$$

Conclui-se que 94% das horas mecanicamente disponíveis foram efetivamente aproveitadas pelo equipamento.

8.6 Fator de eficiência

O *fator de eficiência* (*FE*) ou *fator de utilização* (*FU*) é um índice que reúne a disponibilidade mecânica e a eficiência operacional. Combinando os dois parâmetros anteriores (*DM* e *EO*), o resultado mostra o percentual das horas efetivamente trabalhadas em relação ao total de horas potencialmente trabalháveis. O fator de utilização, assim, é a percentagem do tempo total que a máquina trabalha.

Matematicamente:

$$FE = \frac{\text{Horas efetivamente trabalhadas}}{\text{Horas potencialmente utilizáveis}} = DM \cdot EO$$

Exemplo 8.5

Para o rolo compressor do Exemplo 8.4, calcular o fator de eficiência.

$$FE = \frac{\text{Horas efetivamente trabalhadas}}{\text{Horas potencialmente utilizáveis}} = \frac{80}{100} = 0{,}80 = 80\%$$

ou

$$FE = DM \cdot EO = 0{,}85 \times 0{,}94 = 0{,}80$$

Conclui-se que, do total de horas potencialmente utilizáveis, 80% foram efetivamente aproveitadas pelo equipamento.

Dica para o orçamentista

Para efeito de estimativa de custos, o orçamentista pode admitir uma hora de 45 ou 50 minutos, o que representa, respectivamente, fator de eficiência de 75% ou 83%. O desempenho de 75% pode ser aplicado a equipamentos sobre pneus, e o de 83%, a equipamentos sobre esteiras.

8.7 Fator de carga

O *fator de carga* (*FC*) é a relação entre a capacidade efetiva do equipamento e a sua capacidade nominal, ou seja, a relação entre o volume real escavado e o volume da concha (ou da caçamba) informado pelo fabricante.

Recomendam-se os valores de fator de carga dispostos na Tab. 8.2.

Tab. 8.2 Fator de carga

Material	Fator de carga
1ª categoria	0,90
2ª categoria	0,80
3ª categoria	0,70

Exemplo 8.6

Uma escavadeira tem capacidade nominal de 0,85 m^3. Calcular o volume efetivo, se o fator de carga for de 0,90 para material de 1ª categoria.

$$V = 0{,}85\ m^3 \times 0{,}90 = 0{,}77\ m^3$$

8.8 Tempo de ciclo

Um equipamento de construção pode trabalhar em três regimes de produção diferentes, mostrados no Quadro 8.1.

Quadro 8.1 Regimes de produção de um equipamento

Cíclico	Equipamentos cuja produção se baseia na repetição periódica de ciclos de trabalho. Por exemplo, um caminhão é carregado pela escavadeira, viaja até o local de aterro, manobra, bascula o material, viaja de volta e manobra de novo. O ciclo é a unidade básica de trabalho, sendo a produção calculada pela multiplicação da quantidade de serviço de um ciclo pelo número de ciclos no período de tempo considerado. Qualquer equipamento dotado de concha, caçamba ou lâminas pertence a essa categoria.
Contínuo	Equipamentos para os quais não é possível definir um ciclo. Por exemplo, correia transportadora, gerador, compressor, bomba d'água e outros equipamentos que funcionam de forma contínua.
Intermediário	Equipamentos que funcionam a meio caminho entre o regime cíclico e o contínuo. Por exemplo, perfuratriz (embora tenha funcionamento contínuo, alterna perfuração e mudanças para novos furos) e britador (a produção depende da taxa de aporte de material e da capacidade de britagem).

A operação de um equipamento de terraplenagem que trabalhe em regime de produção cíclico pode ser decomposta em várias etapas básicas que se repetem ao longo do tempo, constituindo um ciclo de trabalho.

O ciclo é, portanto, o conjunto das operações que o equipamento executa num certo período de tempo, retornando, enfim, à posição inicial para executá-las novamente. O tempo que o equipamento leva para perfazer todo o ciclo recebe o nome óbvio de *tempo de ciclo*.

Basicamente, as máquinas de obras de terra executam operações que se enquadram em cinco categorias básicas, podendo estar presentes todas ou algumas:

* escavação (corte);
* carga do equipamento de transporte;
* transporte;

- descarga;
- espalhamento.

Alguns equipamentos executam todas essas operações, outros só executam algumas, conforme Quadro 8.2.

Quadro 8.2 Operações realizadas por diferentes equipamentos

Trator de esteiras	Carregadeira	Escavadeira	Motoescrêiper	Caminhão
Escavação e carga (simultâneas)	Escavação	Escavação	Escavação e carga (simultâneas)	Carga
Transporte (empurramento)	Deslocamento até o caminhão (carregada)	Giro (carregada)	Deslocamento (carregado)	Transporte (carregado)
Descarga	Manobra	Descarga	Descarga	Manobra para descarga
Espalhamento	Descarga	Giro (vazia)	Retorno (vazio)	Descarga
Retorno (vazio)	Retorno (vazia)		Manobra	Volta (vazio)
	Manobra			Posicionamento para carga

A subdivisão do ciclo deve ser feita em etapas que possam ser medidas no campo. Para o caso de um caminhão, por exemplo, torna-se mais prático dividir o ciclo em carga-ida-manobra-descarga-volta-manobra do que trabalhar com um número único.

O tempo de ciclo é composto de parcelas fixas e variáveis. Os tempos fixos independem da distância e são: carga, descarga e manobra. Os tempos variáveis, por sua vez, são aqueles que dependem diretamente da distância percorrida, tais como o transporte de ida carregado e o transporte de volta vazio. Quanto maior a distância, maiores os tempos variáveis.

Exemplo 8.7

Calcular o tempo de ciclo de um caminhão carregado por uma escavadeira de pneus, segundo os dados abaixo:

- Distância de transporte: 500 m;
- Tempo de carga: 2 min;
- Transporte (ida): velocidade carregado = 25 km/h;
- Transporte (volta): velocidade vazio = 40 km/h;

* Manobra para descarga: 0,5 min;
* Descarga: 0,5 min;
* Posicionamento para carga: 1 min.

Solução:

* Carga: 2 min;
* Ida: 0,500 km/(25 km/h) = 0,02 h = 1,2 min;
* Manobra descarga: 0,5 min;
* Descarga: 0,5 min;
* Volta: 0,500 km/(40 km/h) = 0,0125 h = 0,75 min;
* Posicionamento para carga: 1 min.

Tempo de ciclo = 2 + 1,2 + 0,5 + 0,5 + 0,75 + 1 = 5,95 min → 6 min

---

Dica para o orçamentista

Ótimas fontes de informações para o cálculo do tempo de ciclo de um equipamento são os manuais dos equipamentos. Os fabricantes costumam fornecer tabelas, ábacos e curvas de produção, de onde se tiram as parcelas do tempo de ciclo. Mais práticos, contudo, são os dados apropriados pela construtora em obras similares.

8.9 Momento de transporte

Momento de transporte é o produto do volume (ou peso) transportado pela respectiva distância de transporte. Sua unidade é $m^3 \cdot km$ ou $t \cdot km$, sendo comum para o pagamento de serviços de terraplenagem.

Quando uma obra tem transporte de solo de um corte para um aterro, cada viagem de caminhão tem uma distância de transporte diferente. A distância média de transporte (*DMT*), nesse caso, deverá ser igual à distância entre os centros de gravidade dos referidos trechos de corte e aterro (Fig. 8.5).

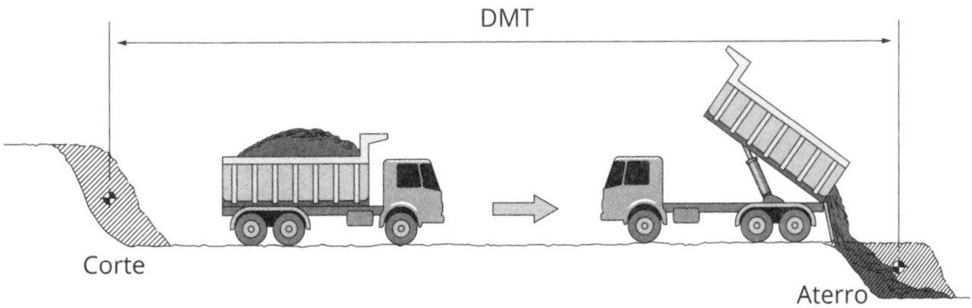

Fig. 8.5 *Distância média de transporte entre o corte e o aterro*

O custo do momento de transporte é calculado por:

$$C_t = C_h/(Q_h \cdot d)$$

em que:

C_t = custo do momento de transporte (R$/(m³$_C$ · km));

C_h = custo horário do equipamento de transporte (R$/h);

Q_h = produtividade do equipamento de transporte (m^3_C/h);

d = distância (km).

O custo total do transporte (CTT) será, então:

$$CTT = C_t \cdot V \cdot DMT$$

em que:

V = volume total transportado (m^3_C).

Exemplo 8.8

Determinar o custo do momento de transporte relativo às seguintes condições:

- C = capacidade do caminhão: 6 m^3_S;
- FC = fator de carga: 1,0;
- FE = fator de eficiência: 1,0;
- f = fator de contração: 0,80 → empolamento: 25%;
- t_1 = tempo de carga: 2,5 min;
- t_2 = tempo de manobra, descarga e posicionamento: 1,5 min;
- v_i = velocidade de ida: 30 km/h;
- v_r = velocidade de retorno: 40 km/h.

Solução:

$$t_C = \text{tempo de ciclo} = t_1 + t_2 + 60 \cdot (d/v_i + d/v_r) = 2{,}5 + 1{,}5 + 60\,(d/30 + d/40) = 4 + 3{,}5d$$

$$Q_h = C \cdot \varphi \cdot FC \cdot FE \cdot 60/t_C = 6 \times 0{,}80 \times 1{,}0 \times 1{,}0 \times 60/(4 + 3{,}5d) = 288/(4 + 3{,}5d)$$

$$C_t = C_h/(Q_h \cdot d) = C_h \cdot (4 + 3{,}5d)/288d = C_h \cdot k$$

em que $k = (4 + 3{,}5d)/288d$.

A relação, então, é (Fig. 8.6):

d (km)	*k*
1	0,0260
2	0,0191
3	0,0168
4	0,0156
5	0,0149

d (km)	*k*
6	0,0145
7	0,0141
8	0,0139
9	0,0137
10	0,0135

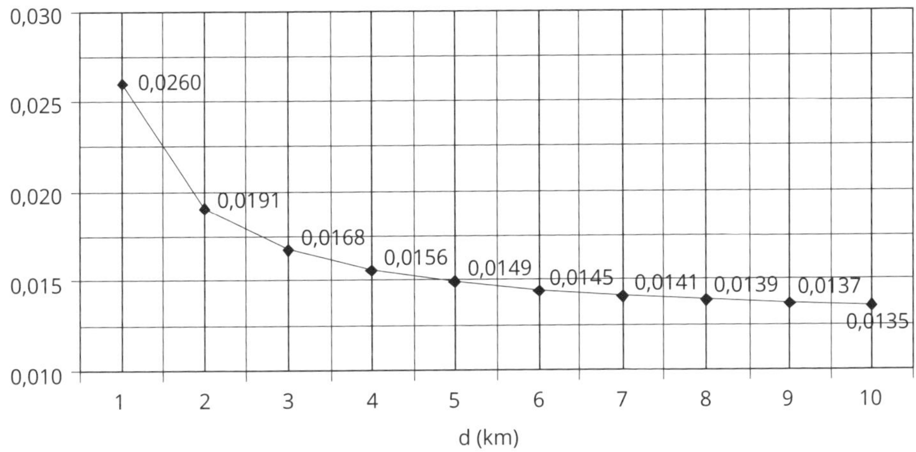

Fig. 8.6 *Coeficiente k em função da distância de transporte*

Para o transporte de 1.000 $m^3{}_C$ em caminhões de custo horário igual a R$ 200,00, o custo em função da distância média de transporte fica sendo:

$$DMT = 1\text{ km} \rightarrow k = 0{,}0260 \rightarrow C_t = \text{R\\$ } 200{,}00 \times 0{,}0260 = \text{R\\$ } 5{,}20/(m^3 \cdot \text{km})$$

$$CTT = \text{R\\$ } 5{,}20 \times 1.000\ m^3{}_C \times 1 = \text{R\\$ } 5.200{,}00$$

$$DMT = 6\text{ km} \rightarrow k = 0{,}0145 \rightarrow C_t = \text{R\\$ } 200{,}00 \times 0{,}0145 = \text{R\\$ } 2{,}90/(m^3 \cdot \text{km})$$

$$CTT = \text{R\\$ } 2{,}90 \times 1.000\ m^3{}_C \times 6 = \text{R\\$ } 17.400{,}00$$

$$DMT = 10\text{ km} \rightarrow k = 0{,}0135 \rightarrow C_t = \text{R\\$ } 200{,}00 \times 0{,}0135 = \text{R\\$ } 2{,}70/(m^3 \cdot \text{km})$$

$$CTT = \text{R\\$ } 2{,}70 \times 1.000\ m^3{}_C \times 10 = \text{R\\$ } 27.000{,}00$$

Importante: pelo gráfico, nota-se que a curva é descendente e assintótica à horizontal, ou seja, o *k* tem um limite inferior. É por isso que alguns órgãos rodoviários simplificam o cálculo ao adotar *k* constante para distâncias acima de 2 km ou 4 km, por exemplo. À medida que a distância de transporte aumenta, o preço vai ficando uniforme.

Estudo de caso 8.3

Numa obra, um empreiteiro de terraplenagem foi direcionado pela fiscalização do órgão contratante a não utilizar certa estrada de serviço que estava apresentando problemas de estabilidade. A fiscalização orientou o empreiteiro a fazer uso de outro acesso, mais longo, porém mais seguro ao tráfego.

O empreiteiro, então, fez uma reivindicação por escrito. Alegou que a distância média de transporte tinha crescido de 5 km para 8 km e pleiteava um acréscimo de 60% no preço que recebia pelo metro cúbico transportado. O serviço é pago por momento de transporte.

Para resolver tal impasse, o órgão teve que comparar os dois cenários:

1. *DMT* = 5 km

$$k = 0{,}0149 \rightarrow C_t = C_h \cdot 0{,}0149$$

Cada 1 m^3 transportado vale, então, $CTT = C_h \cdot 0{,}0149 \times 1\ m^3 \times 5\ km = 0{,}0745C_h$

2. *DMT* = 8 km

$$k = 0{,}0139 \rightarrow C_t = C_h \cdot 0{,}0139$$

Cada 1 m^3 transportado vale, então, $CTT = C_h \cdot 0{,}0139 \times 1\ m^3 \times 8\ km = 0{,}1112C_h$

A diferença percentual entre os dois cenários é de 49%, e não de 60%, conforme a alegação do transportador.

Dicas para o orçamentista
Ao se tratar de momento de transporte, é preciso ter cuidado para não usar proporcionalidade no custo – o custo do momento de transporte para 10 km não é o dobro do custo para 5 km.
Caçambeiros têm o costume de cobrar uma distância mínima de transporte, geralmente de 4 km, mesmo que a *DMT* real seja inferior. Por isso, se na obra houver uma escavação com *DMT* < 4 km e a intenção da empresa for fazer o serviço com caminhões de terceiros, o orçamentista deve usar 4 km como base de cálculo.

8.10 Posição relativa entre equipamentos

Equipamentos de carga, tais como escavadeiras e carregadeiras, conseguem ter seus tempos de ciclo alterados pela simples modificação da posição relativa entre eles e os caminhões. Intuitivamente, vê-se que, quanto menor for o ângulo de giro do equipamento, menor será o tempo de ciclo e, consequentemente, maior a produtividade.

De forma análoga, a profundidade de escavação também tem relação direta com a produtividade. No caso de uma retroescavadeira, por exemplo, se uma vala é muito rasa, o operador não consegue encher a concha toda em um único movimento, o que reduz a produtividade. Se a vala for muito profunda, a concha ficará cheia antes de atingir o topo da vala, o que significa que parte do movimento ascendente será feito sem remoção de material algum. A profundidade ótima é aquela para a qual a concha emerge cheia à superfície do terreno. Ela varia com o tipo de solo e a capacidade da concha.

A Tab. 8.3 mostra a profundidade ótima de escavação e a produtividade do equipamento de escavação em função do tipo de solo e da capacidade da concha. Já a Tab. 8.4 dá uma ideia de como a profundidade de escavação e o ângulo de giro afetam a produtividade de um equipamento.

Tab. 8.3 Profundidade ótima e produtividade teórica de escavação por tipo de material

Tipo de material		Capacidade da concha (m^3)								
		0,3	0,4	0,5	0,75	1	1,2	1,3	1,5	2
Lama ou areia argilosa	Profundidade ótima	1,10	1,40	1,60	1,80	1,90	2,10	2,20	2,30	2,50
	Produtividade teórica	60	85	125	155	190	215	240	270	305
Areia e pedregulho	Profundidade ótima	1,10	1,40	1,60	1,80	1,90	2,10	2,20	2,30	2,50
	Produtividade teórica	60	80	115	150	175	205	225	250	295
Terra comum	Profundidade ótima	1,30	1,70	2,00	2,30	2,50	2,80	2,90	3,10	3,40
	Produtividade teórica	50	70	100	130	160	180	205	225	265
Argila rija	Profundidade ótima	1,80	2,10	2,40	2,70	2,90	3,20	3,50	3,70	4,00
	Produtividade teórica	35	55	80	110	135	160	175	200	235
Argila úmida	Profundidade ótima	1,80	2,10	2,40	2,70	2,90	3,20	3,50	3,70	4,00
	Produtividade teórica	15	30	50	70	90	110	125	140	175
Rocha pouco fragmentada	Produtividade teórica	10	15	35	55	70	85	105	120	145
Rocha muito fragmentada	Produtividade teórica	30	45	70	95	115	135	155	175	210

Fonte: Peurifoy e Oberlender (1989).

Tab. 8.4 Variação da produtividade com o ângulo de giro e a profundidade

Percentagem da profundidade ótima	Ângulo de giro						
	45°	60°	75°	90°	120°	150°	180°
40%	0,93	0,89	0,85	0,80	0,72	0,65	0,59
60%	1,10	1,03	0,96	0,81	0,81	0,73	0,66
80%	1,22	1,12	1,04	0,98	0,86	0,77	0,69
100%	1,26	1,16	1,07	1,00	0,88	0,79	0,71
120%	1,20	1,11	1,03	0,97	0,86	0,77	0,70
140%	1,12	1,04	0,97	0,91	0,81	0,73	0,66
160%	1,03	0,96	0,90	0,85	0,75	0,67	0,62

8.11 Dimensionamento de equipes

Uma composição de custos de terraplenagem invariavelmente envolve o dimensionamento da equipe (ou patrulha), isto é, o tipo e a quantidade de equipamentos do serviço. Uma determinada escavação pode ter, por exemplo, uma escavadeira e três caminhões, e outra pode contar com uma carregadeira e seis caminhões.

Os Exemplos 8.9 a 8.11 ilustram o processo de determinação da patrulha em serviços de terraplenagem.

Exemplo 8.9

Dimensionar a patrulha de equipamentos para escavação de uma vala trapezoidal de 3 m de profundidade, 1 m de largura na base e taludes laterais de 1H:2V. O material escavado será transportado para um bota-fora. Adotar empolamento de 20%. Gerar também a composição de custos unitários, a partir das informações a seguir.

Dados:

* Distância média de transporte (*DMT*): 800 m;
* Escavadeira: concha de 0,5 m³; fator de carga de 0,90; ciclo de 25 segundos; eficiência de 83%; custo horário de R$ 200,00;
* Caminhões: caçamba de 6 m³; velocidade de 25 km/h carregado e 40 km/h vazio; 1 min para descarga e 1 min manobrando no bota-fora; eficiência de 75%; custo horário produtivo de R$ 140,00; custo horário improdutivo de R$ 70,00;
* Empolamento: 20%;
* Mão de obra auxiliar: dois serventes (R$ 5,00/h, encargos de 130%).

Solução:

Produtividade da escavadeira:

Volume real da "conchada": 0,5 m^3_C × 0,90 = 0,45 m^3_C

0,45 m^3_C/25 s = 0,018 m^3_C/s = 64,8 m^3_C/h

Usando o fator de eficiência → 83% × 64,8 = 53,8 m^3_C/h

Tempo de ciclo do caminhão:

Volume do caminhão: 6 m^3_S = 6/(1 + E) = 6/1,20 = 5,0 m^3_C

Tempo de carga: 5,0 m^3_C/53,8 m^3_C/h = 0,093 h

Tempo de ida: 0,800 km/25 km/h = 0,032 h

Tempo de volta: 0,800 km/40 km/h = 0,020 h

} Tempo de ciclo: 0,178 h

Tempo de manobra e descarga (adotado): 2 min = 0,033 h

Produtividade do caminhão:

5,0 m^3_C/0,178 h = 28,1 m^3_C/h

Usando o fator de eficiência → 75% × 28,1 = 21,0 m^3_C/h

Quantidade de caminhões para atender a escavadeira:

Escavadeira: 53,8 m^3_C/h

Caminhão: 21,0 m^3_C/h

n = 53,8/21,0 = 2,56 → 3 caminhões

Como o total de caminhões foi arredondado para cima, haverá hora improdutiva: para cada hora trabalhada de escavadeira, haverá 2,55 horas produtivas de caminhão (85%) e 0,45 hora improdutiva (15%).

Produção da patrulha = 53,8 m^3_C/h

Índices para a composição de custos unitários (unidade = m³ de escavação):

Lembrando que o índice é o inverso da produtividade:

Escavadeira → 1/53,8 = 0,0186 h/m^3_C

Caminhão → produtivo = 0,0186 h/m^3_C × 2,55 = 0,047 h_{prod}/m^3_C

improdutivo = 0,0186 h/m^3_C × 0,45 = 0,008 h_{improd}/m^3_C

Servente → 2 × 0,0186 h/m^3_C = 0,0372 h/m^3_C

Composição de custos unitários (unidade = m³ de escavação no corte):

Insumo	Unidade	Índice	Custo unitário (R$)	Custo total (R$)
Escavadeira	h	0,0186	200,00	3,72
Caminhão	h_{prod}	0,0470	140,00	6,66
	h_{improd}	0,0080	70,00	0,58
Servente	h	0,0372	11,50	0,43
			Total	**11,38**

Custo unitário = R$ 11,38/$m^3{}_C$.

Exemplo 8.10

Fazer os mesmos cálculos do Exemplo 8.9, porém com o serviço pago por metro linear de vala.

Solução:

Geometria da vala:

Fundo = 1 m

Boca = 1 + 2 × (3 × 1/2) = 4 m

Altura = 3 m

Seção = (1 + 4)/2 × 3 = 7,5 m²

Volume = 7,5 $m^3{}_C$ por metro (linear) de vala (Fig. 8.7)

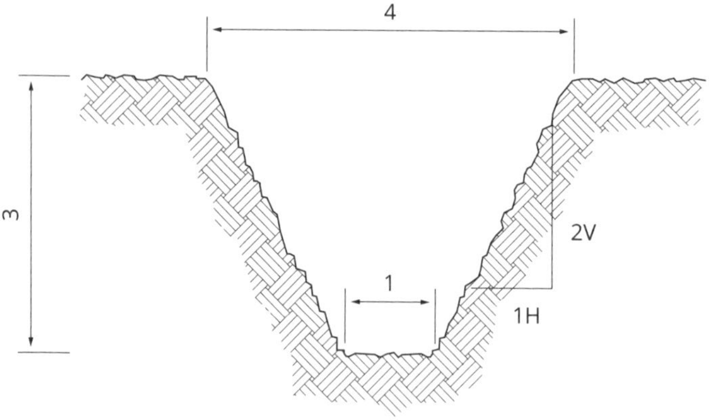

FIG. 8.7 *Escavação de vala trapezoidal*

Composição de custos unitários (unidade = metro de vala):

Os índices são os da composição anterior multiplicados por 7,5:

Insumo	Unidade	Índice	Custo unitário (R$)	Custo total (R$)
Escavadeira	h	0,1394	200,00	27,89
Caminhão	h_{prod}	0,3566	140,00	49,92
	h_{improd}	0,0617	70,00	4,32
Servente	h	0,2789	11,50	3,21
			Total	**85,34**

Custo unitário = R$ 85,34/m.

Exemplo 8.11

Dimensionar a patrulha de equipamentos e a composição de custos unitários para a compactação de aterro com rolo compactador pé de carneiro, dados os valores expostos a seguir e na Tab. 8.5.

- Espessura compactada da camada: 20 cm;
- Caminhão-tanque: 6.000 L; 30 km/h; 20 min de carga; 24 min de espalhamento; custo horário produtivo de R$ 230,00 e improdutivo de R$ 60,00;
- Trator de pneus: custo horário produtivo de R$ 85,00 e improdutivo de R$ 35,00.

Tab. 8.5 Dados operacionais dos equipamentos

Parâmetro	Rolo	Motoniveladora	Grade de discos
Largura (m)	2,44	3,66	2,20
Superposição das passadas (m)	0,20	0,20	0,20
Número de passadas	12	12	3
Velocidade (km/h)	5	8	5
Fator de eficiência	75%	75%	60%
Custo horário produtivo	R$ 140,00	R$ 250,00	R$ 3,00
Custo horário improdutivo	R$ 60,00	R$ 120,00	R$ 2,00

Solução:

Produtividade do rolo:

Largura útil da passada: 2,44 – 0,20 = 2,24 m

Produtividade: 2,24 m × 0,20 m × 5.000 m/h × 0,75/12 passadas = 140 $m^3{}_A$/h

Produtividade da motoniveladora:

Largura útil da passada: 3,66 – 0,20 = 3,46 m

Produtividade: 3,46 m × 0,20 m × 8.000 m/h × 0,75/12 passadas = 346 $m^3{}_A$/h

Produtividade do caminhão-tanque:

Capacidade: 6.000 L

Consumo de água: 40 L/m^3

Tempo de enchimento: 20 min

Tempo de descarga: 24 min

Produtividade: 6.000 L × 0,75/(40 L/m^3 × 44/60 h) = 153 $m^3{}_A$/h

Produtividade da grade de discos (puxada por trator agrícola):

Largura útil da passada: 2,20 – 0,20 = 2,00 m

Produtividade: 2,00 m × 0,20 m × 5.000 m/h × 0,60/3 passadas = 400 $m^3{}_A$/h

Patrulha:

Rolo compactador (carro-chefe) → adotar 2 un = 280 $m^3{}_A$/h
Índice = 1/280 = 0,0071 h/$m^3{}_A$

Motoniveladora = 280/346 = 0,81 → 1 un (81% produtivo, 19% improdutivo)
Índice produtivo = 1/280 × 0,81 = 0,0029 h/$m^3{}_A$
Índice improdutivo = 1/280 × 0,19 = 0,0007 h/$m^3{}_A$

Caminhão-tanque = 280/153 = 1,83 → 2 un (91% produtivo, 9% improdutivo)
Índice produtivo = 2/280 × 0,91 = 0,0065 h/$m^3{}_A$
Índice improdutivo = 2/280 × 0,09 = 0,0006 h/$m^3{}_A$

Trator agrícola e grade de discos = 280/400 = 0,70 → 1 un (70% produtivo, 30% improdutivo)
Índice produtivo = 1/280 × 0,70 = 0,0055 h/$m^3{}_A$
Índice improdutivo = 1/280 × 0,30 = 0,0011 h/$m^3{}_A$

Servente → 1 un (índice igual ao do rolo = 0,0071 h/$m^3{}_A$)

Produção da patrulha = 280 $m^3{}_A$/h

Composição de custos unitários (unidade = $m^3{}_A$):

Insumo	Unidade	Índice	Custo unitário (R$)	Custo total (R$)
Rolo pé de carneiro	h_{prod}	0,0071	140,00	0,99
Motoniveladora	h_{prod}	0,0029	250,00	0,73
	h_{improd}	0,0007	120,00	0,08
Caminhão-tanque	h_{prod}	0,0065	230,00	1,50
	h_{improd}	0,0006	60,00	0,04
Grade de discos	h_{prod}	0,0025	3,00	0,01
	h_{improd}	0,0011	2,00	0,00
Trator de pneus	h_{prod}	0,0025	85,00	0,21
	h_{improd}	0,0011	35,00	0,04
Servente	h	0,0071	11,50	0,08
			Total	**3,68**

8.11.1 Produção das equipes mecânicas – modelo DNIT

O Departamento Nacional de Infraestrutura de Transportes (DNIT) possui modelos próprios para o cálculo da produção das equipes mecânicas e a composição de custo unitário de serviços.

Produção das equipes mecânicas (PEM)

A tabela de produção das equipes mecânicas (PEM) é uma planilha genérica que contém uma série de variáveis, cujos valores devem ser fornecidos para cada equipamento que compõe a patrulha do serviço em questão (Fig. 8.8). Essas variáveis são:

* *Afastamento*: distância entre furos no sentido transversal à face da bancada (em desmonte de rocha).
* *Capacidade*: volume nominal da concha ou caçamba.
* *Consumo*: quantidade por unidade de serviço (por exemplo, L/m^3 para espalhamento de água e m^3/min de ar comprimido).
* *Distância*: espaço médio percorrido pelo equipamento.
* *Espaçamento*: distância entre furos no sentido paralelo à face da bancada (em desmonte de rocha).
* *Espessura*: espessura da camada compactada.

* *Fator de carga*: relação entre a capacidade efetiva (real) e a capacidade nominal da concha ou caçamba.
* *Fator de conversão*: relação entre o volume do material no corte e o volume solto ($f = 1/(1 + E)$), sendo E o empolamento.
* *Fator de eficiência*: relação entre a produção efetiva e a produção nominal.
* *Largura de operação*: largura da lâmina do equipamento.
* *Largura de superposição*: dimensão da superposição entre passadas adjacentes.
* *Largura útil*: diferença entre a largura de operação e a largura de superposição.
* *Número de passadas*: número de vezes que o equipamento passa no mesmo lugar (compactação, espalhamento etc.).
* *Profundidade*: penetração atingida por equipamento de perfuração.
* *Tempo fixo*: intervalo de tempo de carga, descarga e manobras.
* *Tempo de percurso*: intervalo de tempo que o equipamento carregado leva do local de carga até o local de descarga. É a razão entre a distância e a velocidade de ida.
* *Tempo de retorno*: intervalo de tempo que o equipamento vazio leva do local de descarga até o local de carga. É a razão entre a distância e a velocidade de retorno.
* *Tempo total de ciclo*: soma dos tempos fixo, de percurso e de retorno.
* *Velocidade média*: velocidade com que o equipamento carregado vai desde o local de carga até o local de descarga.
* *Velocidade de retorno*: velocidade com que o equipamento vazio volta do local de carga para o local de descarga.

É importante apontar que nem todas as variáveis são requeridas para todos os casos.

Composição de custos unitários

A tabela de composição de custos unitários (Fig. 8.9) nada mais é que a composição de custos feita a partir da patrulha (equipe) calculada na PEM.

Para o custo unitário do serviço, deve-se dividir o custo horário de cada equipamento pela produção horária calculada.

Os campos *material* e *transporte* referem-se respectivamente aos materiais requeridos pelo serviço (por exemplo, hastes de perfuração) e o transporte de materiais até a praça do serviço (por exemplo, transporte de brita da usina de britagem até o local da base da rodovia).

Por fim, observa-se que a metodologia do DNIT, embora louvável pela transparência, apresenta um pequeno demérito: ela não identifica os índices de produção de cada equipamento (h/m^3, por exemplo).

CÓDIGO:	SERVIÇO:	UNIDADE:

VARIÁVEIS INTERVENIENTES		UNIDADE	EQUIPAMENTOS				
a	AFASTAMENTO	m					
b	CAPACIDADE	m^3					
c	CONSUMO (QUANTIDADE)	l/m^3					
d	DISTÂNCIA	m					
e	ESPAÇAMENTO	m					
f	ESPESSURA	m					
g	FATOR DE CARGA						
h	FATOR DE CONVERSÃO						
i	FATOR DE EFICIÊNCIA						
j	LARGURA DE OPERAÇÃO	m					
l	LARGURA DE SUPERPOSIÇÃO	m					
m	LARGURA ÚTIL	m					
n	NÚMERO DE PASSADAS	und					
o	PROFUNDIDADE	m					
p	TEMPO FIXO (CARGA, DESCARGA E MANOBRA)	min					
q	TEMPO PERCURSO (IDA)	min					
r	TEMPO DE RETORNO	min					
s	TEMPO TOTAL DE CICLO	min					
t	VELOCIDADE DE IDA	m/h					
u	VELOCIDADE DE RETORNO	m/h					

OBSERVAÇÕES		FÓRMULAS				
PRODUÇÃO HORÁRIA						
NÚMERO DE UNIDADES						
UTILIZAÇÃO	PRODUTIVA					
	IMPRODUTIVA					
PRODUÇÃO DA EQUIPE						

OBRA:	PRODUÇÃO DAS EQUIPES MECÂNICAS	
LOCAL:		

FIG. 8.8 *Tabela de produção das equipes mecânicas (PEM)*

CÓDIGO:	SERVIÇO:						UNIDADE:
Código	EQUIPAMENTO	Qtde	Índice		Custo		Custo Horário
			Produtivo	Improdutivo	Produtivo	Improdutivo	
						(A) TOTAL:	
Código	MÃO DE OBRA SUPLEMENTAR				Qtde	Custo	Custo Horário
						(B) TOTAL:	
(C) PRODUÇÃO DA EQUIPE		Und	Produção	CUSTO HORÁRIO TOTAL (A+B)			
				(D) CUSTO UNITÁRIO (A+B)/C			
Código	MATERIAL			Und	Qtde	Custo	Custo Unitário
						(E) TOTAL:	
Código	TRANSPORTE				DMT	Custo	Custo Unitário
						(F) TOTAL:	
				(G) CUSTO UNITÁRIO DIRETO (D+E+F)			
						(H) BDI (%)	
				(I) PREÇO DE VENDA (G x (1+H))			

Fig. 8.9 *Tabela de composição de custos unitários*

Os Exemplos 8.12 a 8.14 ilustram o preenchimento da tabela PEM e da tabela de composição de custos unitários.

Exemplo 8.12

Gerar a tabela PEM e a tabela de composição de custos para o Exemplo 8.9. Ver os dados na p. 180.

Solução:

Produção da equipe mecânica:

CÓDIGO:	SERVIÇO: **Escavação em vala, carga e transporte de material 1ª categoria, DMT = 800 m**						UNIDADE: m^3C
VARIÁVEIS INTERVENIENTES		UNIDADE	EQUIPAMENTOS				
			Escavadeira 0,5 m^3	Caminhão basculante 14 m^3, 235 kW			
a	Afastamento	m					
b	Capacidade	m^3	0,5	6,0			
c	Consumo (quantidade)	L/m^3					
d	Distância	m		800			
e	Espaçamento	m					
f	Espessura	m					
g	Fator de carga		0,90	1,00			
h	Fator de conversão		1,00	0,83			
i	Fator de eficiência		0,83	0,75			
j	Largura de operação	m					
l	Largura de superposição	m					
m	Largura útil	m					
n	Número de passadas	un					
o	Profundidade	m					
p	Tempo fixo (carga, descarga e manobra)	min		7,56			
q	Tempo de percurso (ida)	min		1,92			
r	Tempo de retorno	min		1,20			
s	Tempo total de ciclo	min	0,42	10,68			
t	Velocidade média (ida)	m/min		417			
u	Velocidade de retorno	m/min		667			
OBSERVAÇÕES			FÓRMULAS				
			$P = 60 \cdot b \cdot g \cdot h \cdot i/s$	$P = 60 \cdot b \cdot g \cdot h \cdot i/s$			
PRODUÇÃO HORÁRIA			53,8	21,0			
NÚMERO DE UNIDADES			**1**	**3**			
UTILIZAÇÃO	PRODUTIVA			0,85			
	IMPRODUTIVA			0,15			
PRODUÇÃO DA EQUIPE			**53,8**	**53,8**			
OBRA				PRODUÇÃO DAS EQUIPES MECÂNICAS			
LOCAL							

Composição de custos unitários:

CÓDIGO:	SERVIÇO:						UNIDADE:
Código	Equipamento	Quantidade	Índice		Custo		Custo horário
			Produtivo	Improdutivo	Produtivo	Improdutivo	
	Escavadeira 0,5 m³	1	1,00		200,00		200,00
	Caminhão 6 m³	3	0,85	0,15	140,00	70,00	388,50
(A) Total							**588,50**
Código	Mão de obra suplementar				Quantidade	Custo	Custo horário
	Servente				2	11,50	23,00
(B) Total							**23,00**
(C) Produção da equipe		Unidade	Produção	**Custo horário total (A + B)**			**611,50**
		m³/h	**53,78**				
(D) Custo unitário (A + B)/C							**11,37**
Código	Material			Unidade	Quantidade	Custo	Custo horário
(E) Total							
Código	Transporte				DMT	Custo	Custo horário
(F) Total							
(G) Custo unitário direto (D + E + F)							**11,37**
(H) BDI (%)							
(I) Preço de venda (G · (1 + H))							

Observação: a diferença deve-se aos arredondamentos.

Exemplo 8.13

Gerar a tabela PEM e a composição de custos para o Exemplo 8.11.

Dados:

- Espessura solta da camada = 20 cm;
- Caminhão-tanque = 6.000 L; 30 km/h; 20 min de carga; 44 min de espalhamento.

Os demais dados necessários a esse exemplo encontram-se na Tab. 8.5 (p. 183).

Solução:

Produção da equipe mecânica:

CÓDIGO:	SERVIÇO: COMPACTAÇÃO DE ATERROS (GRAU DE COMPACTAÇÃO = 95%)						UNIDADE: m^3_A
Variáveis intervenientes		Unidade	Equipamentos				
			Rolo pé de carneiro	Motoniveladora	Caminhão-tanque 6.000 L	Grade de discos	Trator de pneus
a	Afastamento	m					
b	Capacidade	m^3			6		
c	Consumo (quantidade)	L/m^3			40		
d	Distância	m					
e	Espaçamento	m					
f	Espessura	m	0,20	0,20		0,20	
g	Fator de carga						
h	Fator de conversão						
i	Fator de eficiência		0,75	0,75	0,75	0,60	
j	Largura de operação	m	2,44	3,66		2,20	
l	Largura de superposição	m	0,20	0,20		0,20	
m	Largura útil	m	2,24	3,46		2,00	
n	Número de passadas	un	12	12		3	
o	Profundidade	m					
p	Tempo fixo (carga, descarga e manobra)	min			20,00		
q	Tempo de percurso (ida)	min			12,00		

CÓDIGO:	SERVIÇO: COMPACTAÇÃO DE ATERROS (GRAU DE COMPACTAÇÃO = 95%)						UNIDADE: m^3_A
Variáveis intervenientes		Unidade	Equipamentos				
			Rolo pé de carneiro	Motoniveladora	Caminhão-tanque 6.000 L	Grade de discos	Trator de pneus
r	Tempo de retorno	min			12,00		
s	Tempo total de ciclo	min			44,00		
t	Velocidade média (ida)	m/h	5.000	8.000		5.000	
u	Velocidade de retorno	m/h					
OBSERVAÇÕES			Fórmulas				
			P = m · f · t · i/n	P = m · f · t · i/n	P = 1.000 · b · i/ (c · s/60)	P = m · f · t · i/n	
PRODUÇÃO HORÁRIA			140	346	153	400	
NÚMERO DE UNIDADES			2	1	2	1	1
UTILIZAÇÃO	Produtiva		-	0,81	0,91	0,70	0,70
	Improdutiva		1,00	0,19	0,09	0,30	0,30
PRODUÇÃO DA EQUIPE			280,0	280,0	280,0	280,0	280,0
OBRA:				PRODUÇÃO DAS EQUIPES MECÂNICAS			
LOCAL:							

Composição de custos unitários:

CÓDIGO:	SERVIÇO:						UNIDADE:
Código	Equipamento	Quantidade	Índice		Custo		Custo horário
			Produtivo	Improdutivo	Produtivo	Improdutivo	
	Rolo pé de carneiro	2	1,00		140,00		280,00
	Motoniveladora	1	0,81	0,19	250,00	120,00	225,30
	Caminhão-tanque	2	0,91	0,09	230,00	60,00	429,40
	Grade de discos	1	0,70	0,30	3,00	2,00	2,70
	Trator de pneus	1	0,70	0,30	85,00	35,00	70,00
(A) Total							**1.007,40**

Código:	Serviço:						Unidade:
Código	Mão de obra suplementar				Quantidade	Custo	Custo horário
	Servente				2	11,50	23,00
(B) Total							**23,00**
(C) Produção da equipe		Unidade	Produção	**Custo horário total (A + B)**			**1.030,40**
		m³/h	**280,00**				
(D) Custo unitário (A + B)/C							**3,68**
Código	Material			Unidade	Quantidade	Custo	Custo horário
(E) Total							
Código	Transporte				DMT	Custo	Custo horário
(F) Total							
(G) Custo unitário direto (D + E + F)							3,68
(H) BDI (%)							
(I) Preço de venda (G · (1 + H))							

Exemplo 8.14

Para o serviço de aplicação de concreto betuminoso usinado a quente (CBUQ) para capa de rolamento (unidade = tonelada), a tabela PEM e a tabela de composição de custos unitários são mostradas a seguir. A composição é mais complexa, com composições auxiliares. Recomenda-se ao orçamentista consultar em mais detalhes o manual de custos do DNIT, uma excelente fonte teórica.

Solução:

Produção da equipe mecânica:

CÓDIGO: 2 S 02 540 01	SERVIÇO: Concreto betuminoso usinado a quente (CBUQ) – capa de rolamento							UNIDADE: t
VARIÁVEIS INTERVENIENTES		UNIDADE	EQUIPAMENTOS					
			Vibroacabadora de asfalto	Rolo tandem vibratório	Rolo de pneus	Trator de pneus com vassoura rebocável	Caminhão basculante 10 m³ (areia)	Caminhão basculante 10 m³ (mistura)
a	Afastamento							
b	Capacidade	t	5,2				15,00	15,00
c	Consumo (quantidade)	t/t					0,242	1,00
d	Distância	m	29,00					
e	Espaçamento							
f	Espessura	m	0,05	0,05	0,05	0,05		
g	Fator de carga							
h	Fator de conversão		2,40	2,40	2,40	2,40		
i	Fator de eficiência		0,83	0,83	0,83	0,83	0,83	0,83
j	Largura de operação							
l	Largura de superposição							
m	Largura útil	m	3,60	1,67	1,94	2,60		
n	Número de passadas	un		6	6	4		
o	Profundidade							
p	Tempo fixo (carga, descarga e manobra)	min					3,60	14,30
q	Tempo de percurso (ida)							
r	Tempo de retorno							
s	Tempo total de ciclo	min	6,70				3,60	14,30
t	Velocidade média (ida)	m/min		80	67	80		
u	Velocidade de retorno	m/min						

Observações: Fator determinante = usina de asfalto (CBUQ) = 75 m³/h			FÓRMULAS					
			P = 60 · d · f · m · h · i/s	P = 60 · f · m · h · i · t/n	P = 60 · f · m · h · i · t/n	P = 60 · f · m · h · i · t/n	P = 60 · b · i/(c – s)	P = 60 · b · i/(c – s)
PRODUÇÃO HORÁRIA			93	133	129	311	857	52
NÚMERO DE UNIDADES			1	1	1	1	0,09	1,44
UTILIZAÇÃO	Produtiva		0,81	0,56	0,58	0,24	1,00	1,00
	Improdutiva		0,19	0,44	0,42	0,76	-	-
PRODUÇÃO DA EQUIPE			75	75	75	75	75	75
OBRA:				PRODUÇÃO DAS EQUIPES MECÂNICAS				
LOCAL:								

Composição de custos unitários:

CÓDIGO:	SERVIÇO: Concreto betuminoso usinado a quente (CBUQ) – capa de rolamento						UNIDADE: t
Código	Equipamento	Quantidade	Índice		Custo		Custo horário
			Produtivo	Improdutivo	Produtivo	Improdutivo	
	Vibroacabadora de asfalto 100 HP	1	0,81	0,19	200,00	100,00	162,00
	Rolo tandem vibratório 10,9 t	1	0,81	0,19	65,00	45,00	61,20
	Rolo de pneus 130 HP	1	0,91	0,09	70,00	50,00	68,20
	Trator agrícola 100 HP	1	0,70	0,30	85,00	35,00	70,00
	Vassoura rebocável	1	0,70	0,30	5,00	3,00	4,40
	Caminhão basculante 10 m³	1,53	1	-			
(A) Total							**365,80**

Código	Mão de obra suplementar	Quantidade	Custo	Custo horário
	Servente	8	11,50	92,00
(B) Total				**92,00**

CÓDIGO:	SERVIÇO: Concreto betuminoso usinado a quente (CBUQ) – capa de rolamento						UNIDADE: t
(C) Produção da equipe		Unidade	Produção	**Custo-horário total (A + B)**			**457,80**
	t/h	**75,00**					
(D) Custo unitário (A + B)/C							**6,10**
Código	Material			Unidade	Quantidade	Custo	Custo horário
	Cimento asfáltico CAP-20			t	0,060	250,00	15,00
	Fíler			t	0,028	25,00	0,70
(E) Total							15,70
Código	Transporte			Unidade	DMT	Custo	Custo horário
	Transporte de areia extraída			t/t	0,24	80,00	19,20
	Transporte de brita da central de britagem			t/t	0,67	50,00	33,50
(F) Total							52,70
(G) Custo unitário direto (D + E + F)							74,50
(H) BDI (%)							
(I) Preço de venda (G · (1 + H))							

nove

Curva ABC

Quando se está orçando uma obra, é fácil constatar que um mesmo *insumo* aparece em várias composições de custos diferentes. É o caso do cimento, que entra como insumo na composição do reboco, da alvenaria de pedra e do concreto. Na categoria mão de obra, é intuitivo perceber que servente é um recurso quase universal, aparecendo na maioria dos serviços.

Para o orçamentista e para quem vai gerir a obra, é de suma importância saber quais são os principais insumos, o total de cada insumo na obra e qual a sua representatividade. Isso serve para priorizar as cotações de preços, definir as negociações mais criteriosas, canalizar a energia dos responsáveis por compras etc.

Analogamente, é importante identificar quais são os *serviços* mais representativos no custo total de uma obra, já que nem todos têm o mesmo peso no orçamento. A identificação dos serviços mais impactantes no custo total prioriza o trabalho de checagem do orçamento, norteia um estudo mais minucioso das produtividades utilizadas nele e, não menos importante, serve de referência para a avaliação de desempenho das equipes de campo durante a execução da obra.

A curva ABC é uma poderosa ferramenta de análise do orçamento. É um relatório na forma de lista em ordem decrescente de custo, admitindo duas versões: *curva ABC de insumos* e *curva ABC de serviços*.

9.1 Curva ABC de insumos

A curva ABC de insumos é exatamente uma relação de insumos, em ordem decrescente de custos. No topo estão os principais insumos da obra em termos de custo; à medida que a tabulação desce, surgem os insumos menos significativos.

O processo de obtenção da curva ABC ilustra-se a seguir. A título de exemplo, imagina-se uma obra simples, com os quantitativos dispostos na Tab. 9.1.

Tab. 9.1 Obra: planilha de serviços

Serviço	Unidade	Quantidade
Alvenaria	m^2	100,00
Chapisco	m^2	200,00
Emboço	m^2	160,00
Reboco	m^2	40,00
Azulejo	m^2	160,00
Pintura	m^2	40,00

Para totalizar o custo da obra, atribui-se a cada serviço uma composição de custos unitários, conforme mostrado na Tab. 9.2.

Tab. 9.2 Composição de custos unitários

Alvenaria (m^2)				
Insumo	**Unidade**	**Índice**	**Custo unitário (R$)**	**Custo total (R$)**
Pedreiro	h	1,00	13,50	13,50
Servente	h	1,12	8,00	8,96
Areia	m^3	0,0146	40,00	0,58
Cal	kg	2,18	0,40	0,87
Cimento	kg	2,18	0,45	0,98
Tijolo cerâmico	un	25,00	1,00	25,00
			Total	**49,90**
Chapisco (m^2)				
Insumo	**Unidade**	**Índice**	**Custo unitário (R$)**	**Custo total (R$)**
Pedreiro	h	0,10	13,50	1,35
Servente	h	0,15	8,00	1,20
Areia	m^3	0,0061	40,00	0,24
Cimento	kg	2,43	0,45	1,09
			Total	**3,89**

Tab. 9.2 (continuação)

Emboço (m²)				
Insumo	**Unidade**	**Índice**	**Custo unitário (R$)**	**Custo total (R$)**
Pedreiro	h	0,60	13,50	8,10
Servente	h	0,80	8,00	6,40
Areia	m^3	0,0243	40,00	0,97
Cal	kg	3,64	0,40	1,46
Cimento	kg	3,64	0,45	1,64
			Total	**18,57**

Reboco (m²)				
Insumo	**Unidade**	**Índice**	**Custo unitário (R$)**	**Custo total (R$)**
Pedreiro	h	0,50	13,50	6,75
Servente	h	0,65	8,00	5,20
Areia	m^3	0,0061	40,00	0,24
Cal	kg	1,83	0,40	0,73
			Total	**12,93**

Azulejo (m²)				
Insumo	**Unidade**	**Índice**	**Custo unitário (R$)**	**Custo total (R$)**
Azulejista	h	0,36	13,50	4,86
Servente	h	0,20	8,00	1,60
Argamassa pronta	kg	4,40	3,00	13,20
Azulejo	m^2	1,10	40,00	44,00
			Total	**63,66**

Pintura (m²)				
Insumo	**Unidade**	**Índice**	**Custo unitário (R$)**	**Custo total (R$)**
Pintor	h	0,70	13,50	9,45
Servente	h	0,55	8,00	4,40
Lixa	un	0,50	2,00	1,00
Selador	L	0,12	8,00	0,96
Massa corrida	kg	0,58	10,00	5,80
Tinta látex PVA	L	0,17	20,00	3,40
			Total	**25,01**

O orçamento da obra é mostrado na Tab. 9.3.

Tab. 9.3 Obra: quantitativos e custos

Insumo	Unidade	Índice	Custo unitário (R$)	Custo total (R$)
Alvenaria	m^2	100,00	49,90	4.989,70
Chapisco	m^2	200,00	3,89	777,50
Emboço	m^2	160,00	18,57	2.970,56
Reboco	m^2	40,00	12,93	517,04
Azulejo	m^2	160,00	63,66	10.185,60
Pintura	m^2	40,00	25,01	1.000,40
			Total	**20.440,80**

Para se calcular a quantidade total de cada insumo na obra, é preciso multiplicar sua quantidade unitária em cada serviço pelo quantitativo do serviço e totalizar. De forma análoga, para se calcular o custo total de cada insumo, é preciso multiplicar seu custo unitário em cada serviço pelo quantitativo do serviço e totalizar.

Uma análise rápida revela que pedreiro, servente, cimento, cal e areia são insumos que aparecem em mais de uma composição.

Para o *cimento*, por exemplo, a conta é:

- **Na alvenaria:**
  Quantidade: 2,18 kg/m² × 100,00 m² = 218,00 kg
  Custo: 218,00 kg × R$ 0,45/kg = R$ 98,10
- **No chapisco:**
  Quantidade: 2,43 kg/m² × 200,00 m² = 486,00 kg
  Custo: 486,00 kg × R$ 0,45/kg = R$ 218,70
- **No emboço:**
  Quantidade: 3,64 kg/m² × 160,00 m² = 582,40 kg
  Custo: 582,40 kg × R$ 0,45/kg = R$ 262,08

Quantidade total de cimento: 218,00 + 486,00 + 582,40 = 1.286,40 kg
Custo total de cimento: 98,10 + 218,70 + 262,08 = R$ 578,88

Após obter os quantitativos totais e os respectivos custos para todos os insumos, estes devem ser dispostos em ordem decrescente de custo total.

Para essa obra, a curva ABC de insumos é aquela mostrada na Tab. 9.4. É importante que o leitor tente chegar a esses valores, a título de exercício.

Tab. 9.4 Curva ABC de insumos

Insumo	Unidade	Custo unitário (R$)	Quantidade total	Custo total (R$)	Percentual	Percentual acumulado	Faixa
Azulejo	m²	40,00	176,00	7.040,00	34,44%	34,44%	A
Pedreiro	h	13,50	236,00	3.186,00	15,59%	50,03%	
Servente	h	8,00	350,00	2.800,00	13,70%	63,73%	B
Tijolo cerâmico	un	1,00	2.500,00	2.500,00	12,23%	75,96%	
Argamassa pronta	kg	3,00	704,00	2.112,00	10,33%	86,29%	
Azulejista	h	13,50	57,60	777,60	3,80%	90,09%	C
Cimento	kg	0,45	1.286,40	578,88	2,83%	92,92%	
Pintor	h	13,50	28,00	378,00	1,85%	94,77%	
Cal	kg	0,40	873,60	349,44	1,71%	96,48%	
Areia	m³	40,00	6,81	272,48	1,33%	97,82%	
Massa corrida	kg	10,00	23,20	232,00	1,13%	98,95%	
Tinta látex PVA	L	20,00	6,80	136,00	0,67%	99,62%	
Lixa	un	2,00	20,00	40,00	0,20%	99,81%	
Selador	L	8,00	4,80	38,40	0,19%	100,00%	
			Total	**20.440,80**	**100,00%**		

Essa é a curva ABC de insumos da obra. Ela nada mais é que a tabulação dos insumos em ordem decrescente de custo total, indo do mais representativo em termos de custo – no caso, o azulejo, que responde por 34,44% do custo da obra – até o menos representativo – o selador (0,19%).

Graficamente, a curva é mostrada na Fig. 9.1.

9.1.1 Tabela da curva ABC de insumos

A tabela da curva ABC possui oito colunas:

* *Insumo*: descrição dos insumos que entraram nas composições de custos unitários do orçamento. Deverão estar listados todos os insumos, para que o total da curva ABC coincida com o custo orçado.
* *Unidade*.
* *Custo unitário*: custo da unidade do insumo.
* *Quantidade total*: quantidade do insumo, somando-se todos os serviços em que ele aparece.

* *Custo total*: produto da quantidade total pelo custo unitário do insumo.
* *Percentual*: percentual que o custo total do insumo representa em relação ao custo total da obra. Em outras palavras, é o "peso" daquele insumo no total da obra. Os percentuais estão sempre dispostos em ordem decrescente.
* *Percentual acumulado*: percentual acumulado obtido pela soma do percentual do insumo com o total acumulado dos insumos anteriores. Essa coluna tem a propriedade de mostrar como o custo da obra se concentra em alguns poucos insumos.
* *Faixa*: os insumos podem ser agrupados em três faixas – A, B e C (Fig. 9.2):
  - ◊ *Faixa A*: engloba os insumos que perfazem 50% do custo total, isto é, todos aqueles que se encontram acima do percentual acumulado de 50% – no caso, azulejo e pedreiro.
  - ◊ *Faixa B*: engloba os insumos entre os percentuais acumulados de 50% e 80% do custo total.
  - ◊ *Faixa C*: todos os insumos restantes.

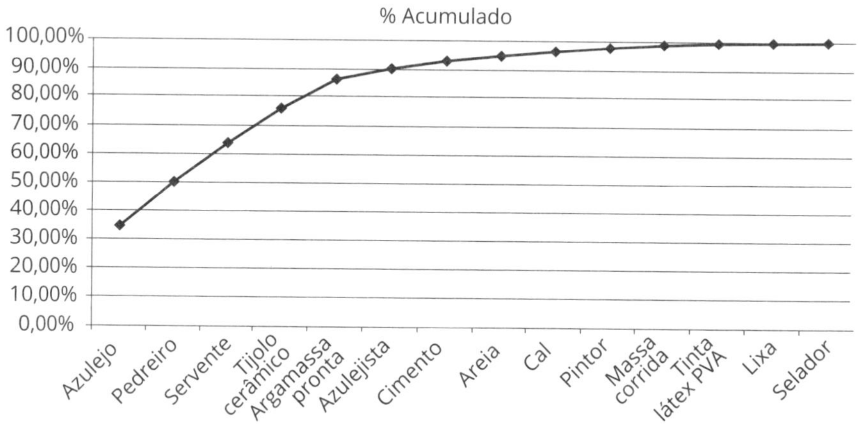

Fig. 9.1 *Relação entre insumos e custo acumulado*

Na realidade, o nome "curva" vem do gráfico que pode ser traçado mostrando a percentagem acumulada de cada insumo no valor acumulado total da obra. O mais comum, entretanto, é que a curva ABC seja apresentada na forma tabular, com descrição, unidade, quantidade, custo unitário, custo total e percentagens unitária e acumulada de cada insumo. Ela traz os insumos classificados em ordem decrescente de valor, o que auxilia o engenheiro a identificar os principais materiais, operários e equipamentos necessários à obra.

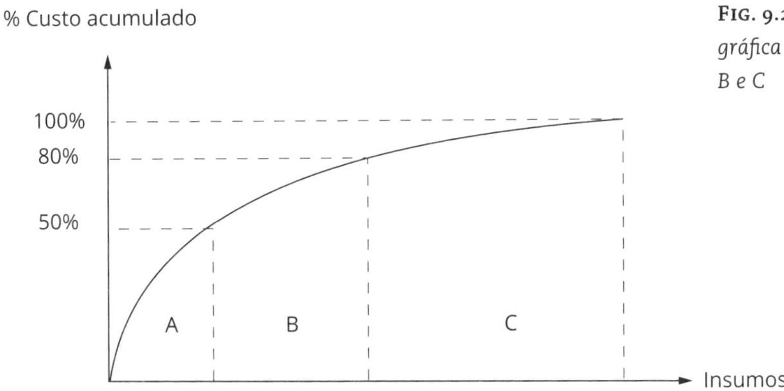

Fig. 9.2 *Representação gráfica das faixas A, B e C*

O nome *ABC* provém da denominação dessas faixas. Evita-se, neste livro, chamar as faixas de classes, como preferem alguns autores. Se alguém se referir a um insumo como sendo de "classe A", um incauto pode interpretar erroneamente que tal insumo é de qualidade superior, quando não é esse o sentido. O que define a faixa da curva ABC na qual se encontra um item não é o custo unitário ou a qualidade do produto, mas sim quanto ele representa no custo total da obra.

9.1.2 Características da curva ABC de insumos

A curva ABC tem algumas características importantes:

- A coluna *percentual* é sempre decrescente e tem por soma 100%.
- A coluna *percentual acumulado* é sempre crescente e termina com 100%.
- A faixa A geralmente tem menos insumos do que a faixa B, e esta, menos do que a faixa C.
- As faixas A e B juntas respondem por 80% do custo da obra e geralmente compreendem apenas cerca de 20% dos insumos. Essa classificação ilustra bem o princípio 80/20, atribuído ao economista italiano Vilfredo Pareto, que em 1897 constatou que 80% da renda estava concentrada em 20% da população. O princípio 80/20 é identificado na indústria (80% dos defeitos ocorrem em 20% das peças), na segurança do trabalho (80% dos acidentes decorrem de 20% das causas), nas vendas (80% do lucro é garantido por 20% dos clientes) e no trabalho diário (80% do que uma pessoa realiza no trabalho vem de 20% do tempo gasto nessa realização).
- A faixa C geralmente compreende em torno de 80% dos insumos, embora represente apenas 20% do custo da obra.

Dicas para o orçamentista
Do ponto de vista econômico, é muito mais eficaz buscar um desconto num insumo da faixa A do que num insumo das faixas B ou C.
Em obras de edificação, são utilizados cerca de 500 insumos; nota-se historicamente que, com 40-50 deles, perfaz-se 80% do custo total da obra. Por isso, de nada adianta um dispêndio enorme de energia para conseguir um abatimento de 20% no preço do arame ou do saco de estopa, se 1% de redução no preço do elevador ou do aço já basta para alcançar igual melhoria.
Os principais programas de orçamento de obras geram a curva ABC automaticamente.

9.1.3 Utilidade da curva ABC de insumos

A curva ABC de insumos é uma ferramenta que o orçamentista não pode deixar de gerar ao final do processo de orçamentação. Ela traz benefícios para o próprio orçamentista e também para o engenheiro que vai gerenciar a obra (Quadro 9.1). A curva indica os insumos que mais pesam no custo da obra, justamente os itens nos quais o gerente deve se concentrar para melhorar o resultado da obra.

Quadro 9.1 Utilidades da curva ABC de insumos

Hierarquia dos insumos	Basta ler o topo da tabela para saber quais são os insumos economicamente mais importantes
Priorização para negociação	Os insumos da faixa A, isto é, aqueles do topo da tabela, são os que devem ser objeto de processo de cotação e negociação mais cuidadoso. Uma melhoria de 2% em um insumo da faixa A pode representar muito mais ganho do que um desconto de 30% em um da faixa C
Atribuição de responsabilidades	O processo de aquisição dos principais insumos deve ter participação ativa do gerente da obra, pois nele reside um grande potencial de melhoria do resultado da obra. Os insumos menos impactantes no custo da obra podem ser delegados aos compradores ordinários porque não vão fazer a balança econômica pender
Avaliação de impactos	É por meio da curva ABC que o construtor pode avaliar o impacto que um aumento (ou diminuição) do preço de um insumo terá no resultado da obra. Quanto mais para cima o insumo estiver na tabela, mais significativo será o impacto positivo ou negativo. Isso se torna mais importante no andamento da obra, quando o construtor quer demonstrar a seu cliente que a obra ficou mais cara por causa do aumento de custo em um item que tem grande peso no orçamento

Exemplo 9.1

No exemplo da seção 9.1, verificar se é mais vantajoso para o construtor perseguir um desconto de 5% na compra da argamassa ou de 10% na compra da areia, a partir da Tab. 9.4 (p. 201).

Solução:

Um ganho de 5% na argamassa geraria um ganho de 5% × R$ 2.112,00 = R$ 105,60 para a obra.

Um ganho de 10% na areia geraria um ganho de 10% × R$ 272,48 = R$ 27,25 para a obra.

Assim, é mais vantajoso perseguir o desconto de 5% na aquisição da argamassa pronta.

9.2 Curva ABC de serviços

Além da curva ABC de insumos, é comum trabalhar-se com outra modalidade: a curva ABC de serviços.

Essa curva é simplesmente a ordenação dos serviços da planilha orçamentária em ordem decrescente, com as colunas de percentual simples e acumulado. A curva ABC de serviços não desce ao nível de insumos, ficando apenas nos itens da planilha de custo classificados por custo total.

Exemplo 9.2

Obter a curva ABC de serviços do exemplo da Tab. 9.1.

Solução:

Curva ABC de serviços

Insumo	Unidade	Quantidade	Custo unitário (R$)	Custo total (R$)	Percentual	Percentual acumulado
Azulejo	m^2	160,00	63,66	10.185,60	49,83%	49,83%
Alvenaria	m^2	100,00	49,90	4.989,70	24,41%	74,24%
Emboço	m^2	160,00	18,57	2.970,56	14,53%	88,77%
Pintura	m^2	40,00	25,01	1.000,40	4,89%	93,67%
Chapisco	m^2	200,00	3,89	777,50	3,80%	97,47%
Reboco	m^2	40,00	12,93	517,04	2,53%	100,00%
			Total	**20.440,80**	**100,00%**	

O serviço mais representativo da obra é o assentamento de azulejo (49,83%), seguido da alvenaria (24,41%). Juntos, esses dois serviços perfazem 74,24% do custo total da obra.

9.2.1 Utilidade da curva ABC de serviços

A curva ABC de serviços traz benefícios para o orçamentista e para o engenheiro que vai gerenciar a obra (Quadro 9.2).

Quadro 9.2 Utilidades da curva ABC de insumos

Hierarquia dos serviços	Basta ler o topo da tabela para saber quais são os serviços que mais pesam no custo da obra
Validação do orçamento	O diretor técnico de uma construtora não consegue conferir todo o trabalho do orçamentista (e nem se espera isso dele). Entretanto, a fim de fazer uma validação do orçamento por amostragem, o diretor pode apreciar as composições de custos utilizadas para os serviços das faixas A e B, por exemplo. Estando elas adequadas, o diretor já terá avaliado 80% do total do orçamento
Subcontratação	No caso de subcontratação, é importante saber em que posição da curva o serviço a ser subcontratado está. Se ele estiver na faixa A, a construtora precisa ter cuidado redobrado, pois uma porção significativa do custo da obra estará sendo gerida por uma empresa externa
Metas de produção	Durante a execução da obra, o gerente deve controlar prioritariamente o desempenho dos serviços que estão na faixa A. Uma boa estratégia pode ser criar um programa de incentivo para as equipes atingirem a produtividade desses serviços. Um ganho de produtividade num serviço da faixa A tem um impacto positivo maior do que num serviço da faixa C. O mesmo se aplica para impactos negativos

Estudo de caso 9.1

Seja a obra hipotética vista na seção 9.1. Durante a execução do contrato, o azulejo sofreu um inesperado aumento de preço de 80%.

A construtora detentora do contrato logo apresentou a seu cliente um pleito de reajuste contratual. Conceitualmente, o cliente concordou com a solicitação, por se tratar de um caso fortuito ao qual o construtor não tinha dado causa.

Em seu pleito, a construtora alegava que o aumento do referido insumo onerava o seu custo em 25% e, por esse motivo, reivindicava um realinhamento de preços dessa ordem.

A princípio, o cliente não soube bem como estimar a veracidade da afirmativa da construtora. O diretor técnico, então, chamou um assessor e encomendou-lhe um parecer. O assessor recorreu ao setor de orçamento, que prontamente delineou os passos para a solução do impasse:

1. Obter a curva ABC de insumos

Para avaliar o impacto do aumento de um insumo no custo da obra, o caminho é analisar a curva ABC:

Insumo	Unidade	Custo unitário (R$)	Quantidade total	Custo total (R$)	Percentual	Percentual acumulado	Faixa
Azulejo	m²	40,00	176,00	7.040,00	34,44%	34,44%	A
Pedreiro	h	13,50	236,00	3.186,00	15,59%	50,03%	
Servente	h	8,00	350,00	2.800,00	13,70%	63,73%	B
Tijolo cerâmico	un	1,00	2.500,00	2.500,00	12,23%	75,96%	
Argamassa pronta	kg	3,00	704,00	2.112,00	10,33%	86,29%	
Azulejista	h	13,50	57,60	777,60	3,80%	90,09%	C
Cimento	kg	0,45	1.286,40	578,88	2,83%	92,92%	
Pintor	h	13,50	28,00	378,00	1,85%	94,77%	
Cal	kg	0,40	873,60	349,44	1,71%	96,48%	
Areia	m³	40,00	6,81	272,48	1,33%	97,82%	
Massa corrida	kg	10,00	23,20	232,00	1,13%	98,95%	
Tinta látex PVA	L	20,00	6,80	136,00	0,67%	99,62%	
Lixa	un	2,00	20,00	40,00	0,20%	99,81%	
Selador	L	8,00	4,80	38,40	0,19%	100,00%	
			Total	**20.440,80**	**100,00%**		

Vale relembrar que a curva ABC é de *custos*, e não de preços.

Pela curva ABC, o azulejo representa 34,44% do custo direto da obra. Contudo, quando o aumento de preço ocorreu, a empresa já havia executado assentamento de azulejo em parte da obra.

2. Calcular a quantidade remanescente do serviço

Recorrendo à planilha de medição dos serviços executados até a data da escalada do preço, o engenheiro calculou a quantidade remanescente, ou seja, a quantidade ainda a ser feita:

Medido até a data			
Insumo	**Unidade**	**Quantidade medida**	**Quantidade restante**
Alvenaria	m^2	90,00	10,00
Chapisco	m^2	135,00	65,00
Emboço	m^2	90,00	70,00
Reboco	m^2	10,00	30,00
Azulejo	m^2	70,00	90,00
Pintura	m^2	-	40,00

Diante do exposto, a construtora só faz jus ao reajuste pelos 90 m^2 de azulejo que faltam.

3. Calcular o impacto do aumento no custo da obra

A quantidade remanescente representa 90/160 = 56,25% do serviço de assentamento de azulejo. O reajuste devido é, pois:

$$\underbrace{0{,}5625}_{\text{Percentual do serviço que falta ser feito}} \times \underbrace{34{,}44\%}_{\text{Peso do insumo azulejo no custo total da obra}} \times \underbrace{0{,}80}_{\text{80\% de aumento de preço}} = 15{,}50\%$$

O percentual pleiteado pela construtora está, portanto, fora de propósito.

Exemplo 9.3

1. Planilha orçamentária

		Obra: Casa popular						
Planilha orçamentária sintética								
Item	**Código**	**Banco**	**Descrição**	**Unidade**	**Quantidade**	**Valor unitário**	**Total**	**Peso (%)**
1			Serviços iniciais e movimento de terra				900,65	3,29
1.1	73822/001	Sinapi	Capina e limpeza manual de terreno com pequenos arbustos	m^2	160	2,97	593,60	2,17
1.2	74077/002	Sinapi	Locação convencional de obra, por meio de gabarito de tábuas corridas pontaletadas, com reaproveitamento de dez vezes	m^2	25	2,89	90,25	0,33
1.3	55835	Sinapi	Aterro interno (edificações) compactado manualmente	m^3	5	34,69	216,80	0,79
2			Fundações				2.706,10	9,89
2.1	79517/001	Sinapi	Escavação manual em solo – profundidade: até 1,50 m	m^3	1	19,82	24,78	0,09
2.2	5970	Sinapi	Fôrma tábua para concreto em fundação, com reaproveitamento em 2x	m^2	41,1	39,74	2.041,85	7,46
2.3	74254/002	Sinapi	Armação aço CA-50, diâmetro 6,3 mm (1/4) a 12,5 mm (1/2) – fornecimento, corte (perda de 10%), dobra e colocação	kg	36,6	8,09	370,03	1,35
2.4	74157/003	Sinapi	Lançamento/aplicação manual de concreto em estruturas	m^3	3,2	67,36	269,44	0,98
3			Paredes				4.679,01	17,10

Item	Código	Banco	Descrição	Unidade	Quantidade	Valor unitário	Total	Peso (%)
3.1	89168	Sinapi	(Composição representativa) Serviço de alvenaria de vedação de blocos vazados de cerâmica de 9 x 19 x 19 cm (espessura 9 cm), para edificação habitacional unifamiliar (casa) e edificação pública padrão. AF_11/2014	m^2	68,1	52,52	4.470,77	16,34
3.2	74200/001	Sinapi	Verga 10 x 10 cm em concreto pré-moldado, fck = 20 MPa (preparo com betoneira), aço CA-60, bitola fina, inclusive fôrmas de tábua 3A	m	11,64	14,31	208,24	0,76
4			Cobertura				4.667,05	17,06
4.1	72076	Sinapi	Estrutura de madeira, segunda qualidade, serrada, não aparelhada, para telhas cerâmicas	m^2	37,2	51,20	2.380,80	8,70
4.2	84033	Sinapi	Cobertura com telha colonial, excluindo madeiramento	m^2	37,2	45,37	2.109,61	7,71
4.3	6058	Sinapi	Cumeeira com telha cerâmica embocada com argamassa, traço 1:2:8 (cimento, cal e areia)	m	6	23,55	176,64	0,65
5			Estrutura				4.821,49	17,62
5.1	84217	Sinapi	Fôrma para estruturas de concreto (pilar, viga e laje) em chapa de madeira compensada plastificada, de 1,10 x 2,20, espessura = 12 mm, duas utilizações (fabricação, montagem e desmontagem – exclusivo escoramento)	m^2	36,1	44,86	2.024,49	7,40
5.2	74254/002	Sinapi	Armação aço CA-50, diâmetro 6,3 mm (1/4) a 12,5 mm (1/2) – fornecimento, corte (perda de 10%), dobra e colocação	kg	260	8,09	2.628,60	9,61
5.3	74157/003	Sinapi	Lançamento/aplicação manual de concreto em estruturas	m^3	2	67,36	168,40	0,62
6			Esquadrias				775,18	2,83
6.3	84848	Sinapi	Janela de madeira tipo veneziana/guilhotina, de abrir, inclusas guarnições sem ferragens	m^2	2	236,21	590,52	2,16

Item	Código	Banco	Descrição	Unidade	Quantidade	Valor unitário	Total	Peso (%)
6.6	74068/005	Sinapi	Fechadura de sobrepor em ferro pintado com maçaneta para portas externas	un	2	73,86	184,66	0,67
7			Piso				949,50	3,47
7.1	83733	Sinapi	Impermeabilização de superfície com argamassa de cimento e areia (grossa), traço 1:4, com aditivo impermeabilizante, *e* = 2 cm	m²	2	26,61	66,52	0,24
7.2	89172	Sinapi	(Composição representativa) Serviço de contrapiso em argamassa traço 1:4 (cimento e areia), em betoneira 400 L, espessura 4 cm áreas secas e 3 cm áreas molhadas, para edificação habitacional unifamiliar (casa) e edificação pública padrão. AF_11/2014	m²	22,337	31,62	882,98	3,23
8			Revestimento				2.936,17	10,73
8.1	87908	Sinapi	Chapisco aplicado tanto em pilares e vigas de concreto como em alvenaria de fachada com presença de vãos, com equipamento de projeção. Argamassa traço 1:3 com preparo em betoneira 400 L. AF_06/2014	m²	50,87	4,48	284,87	1,04
8.2	87879	Sinapi	Chapisco aplicado tanto em pilares e vigas de concreto como em alvenarias de paredes internas, com colher de pedreiro. Argamassa traço 1:3 com preparo em betoneira 400 L. AF_06/2014	m²	17,25	2,49	53,65	0,20
8.3	87775	Sinapi	Emboço ou massa única em argamassa traço 1:2:8, preparo mecânico com betoneira 400 L, aplicada manualmente em panos de fachada com presença de vãos, espessura de 25 mm. AF_06/2014	m²	50,87	32,80	2.085,67	7,62

Item	Código	Banco	Descrição	Unidade	Quantidade	Valor unitário	Total	Peso (%)
8.4	89173	Sinapi	(Composição representativa) Serviço de emboço/massa única, aplicado manualmente, traço 1:2:8, em betoneira de 400 L, paredes internas, com execução de taliscas, edificação habitacional unifamiliar (casas) e edificação pública padrão. AF_12/2014	m²	17,25	23,74	511,98	1,87
9			Soleiras e peitoris				96,00	0,35
9.1	84194	Sinapi	Soleira de cimentado liso largura 15 cm executada com argamassa traço 1:3 (cimento e areia)	m	3	8,96	33,60	0,12
9.2	84118	Sinapi	Peitoril cimentado liso 20 x 3 cm, traço 1:4 (cimento e areia)	m	3	16,64	62,40	0,23
10			Pintura				1.864,40	6,81
10.1	88415	Sinapi	Aplicação manual de fundo selador acrílico em paredes externas de casas. AF_06/2014	m²	50,87	1,88	119,54	0,44
10.2	88485	Sinapi	Aplicação de fundo selador acrílico em paredes, uma demão. AF_06/2014	m²	17,25	1,68	36,23	0,13
10.3	74133/002	Sinapi	Emassamento com massa a óleo, duas demãos	m²	68,1	13,75	1.170,64	4,28
10.4	88487	Sinapi	Aplicação manual de pintura com tinta látex PVA em paredes, duas demãos. AF_06/2014	m²	68,1	6,32	537,99	1,97
11			Instalações hidráulicas				1.848,11	6,75
11.1	74051/002	Sinapi	Caixa de gordura simples em concreto pré-moldado DN 40 mm com tampa – fornecimento e instalação	un	1	101,89	127,36	0,47
11.2	74197/001	Sinapi	Fossa séptica em alvenaria de tijolo cerâmico maciço, dimensões externas 1,90 x 1,10 x 1,40 m, 1.500 L, revestida internamente com barra lisa, com tampa em concreto armado com espessura 8 cm	un	1	1.208,79	1.510,99	5,52

Item	Código	Banco	Descrição	Uni-dade	Quan-tidade	Valor unitário	Total	Peso (%)
11.3	90694	Sinapi	Tubo de PVC para rede coletora de esgoto de parede maciça, DN 100 mm, junta elástica, instalado em local com nível baixo de interferências – fornecimento e assentamento. AF_06/2015	m	6	16,27	122,04	0,45
11.4	89645	Sinapi	Joelho de transição, 90 graus, CPVC, soldável, DN 22 mm x 3/4", instalado em ramal ou sub-ramal de água – fornecimento e instalação. AF_12/2014	un	4	17,54	87,72	0,32
12			Instalações elétricas				803,46	2,94
12.1	84402	Sinapi	Quadro de distribuição de energia para seis disjuntores termomagnéticos monopolares sem barramento, de embutir, em chapa metálica – fornecimento e instalação	un	1	51,46	64,33	0,24
12.1	72933	Sinapi	Eletroduto de PVC flexível corrugado DN 16 mm (1/2") – fornecimento e instalação	m	50,6	4,18	264,64	0,97
12.2	83485	Sinapi	Haste Coperweld 3/8" x 3,00 m com conector	un	3	37,13	139,23	0,51
12.3	73781/002	Sinapi	Isolador de pino TP HI-POT cilíndrico classe 15 kV – fornecimento e instalação	un	1	13,76	17,20	0,06
12.4	83388	Sinapi	Caixa de passagem PVC 3" octogonal	un	4	10,15	50,76	0,19
12.5	74130/001	Sinapi	Disjuntor termomagnético monopolar padrão NEMA (americano), 10 A a 30 A, 240 V – fornecimento e instalação	un	1	10,23	12,79	0,05
12.6	74130/002	Sinapi	Disjuntor termomagnético monopolar padrão NEMA (americano), 35 A a 50 A, 240 V – fornecimento e instalação	un	1	15,85	19,81	0,07
12.7	83387	Sinapi	Caixa de passagem PVC 4 X 2" – fornecimento e instalação	un	9	6,47	72,81	0,27
12.8	83540	Sinapi	Tomada de embutir 2P + T 10 A/250 V com placa – fornecimento e instalação	un	5	13,27	82,95	0,30

Item	Código	Banco	Descrição	Unidade	Quantidade	Valor unitário	Total	Peso (%)
12.9	72331	Sinapi	Interruptor simples de embutir 10 A/250 V, uma tecla, sem placa – fornecimento e instalação	un	2	10,69	26,72	0,10
12.10	72332	Sinapi	Interruptor simples de embutir 10 A/250 V, duas teclas, com placa – fornecimento e instalação	un	2	20,89	52,22	0,19
13			Diversos				313,60	1,15
13.1	9537	Sinapi	Limpeza final da obra	m²	160	1,57	313,60	1,15

Total sem BDI	**21.889,08**
Total do BDI	**5.471,64**
Total geral	**27.360,72**

2. Curva ABC de serviços

Obra: Casa popular									
Curva ABC de insumos									
Código	Banco	Descrição	Tipo	Unidade	Quantidade	Valor unitário	Total	Peso (%)	Peso acumulado (%)
89168	Sinapi	(Composição representativa) Serviço de alvenaria de vedação de blocos vazados de cerâmica de 9 x 19 x 19 cm (espessura 9 cm), para edificação habitacional unifamiliar (casa) e edificação pública padrão. AF_11/2014	PARE – paredes/painéis	m²	68,1	65,65	4.470,77	16,34	16,34
74254/002	Sinapi	Armação aço CA-50, diâmetro 6,3 mm (1/4) a 12,5 mm (1/2) – fornecimento, corte (perda de 10%), dobra e colocação	FUES – fundações e estruturas	kg	296,6	10,11	2.998,63	10,96	27,30
72076	Sinapi	Estrutura de madeira, segunda qualidade, serrada, não aparelhada, para telhas cerâmicas	COBE – cobertura	m²	37,2	64,00	2.380,80	8,70	36,00
84033	Sinapi	Cobertura com telha colonial, excluindo madeiramento	COBE – cobertura	m²	37,2	56,71	2.109,61	7,71	43,71

Código	Banco	Descrição	Tipo	Unidade	Quantidade	Valor unitário	Total	Peso (%)	Peso acumulado (%)
87775	Sinapi	Emboço ou massa única em argamassa traço 1:2:8, preparo mecânico com betoneira 400 L, aplicada manualmente em panos de fachada com presença de vãos, espessura de 25 mm. AF_06/2014	REVE – revestimento e tratamento de superfícies	m²	50,87	41,00	2.085,67	7,62	51,33
5970	Sinapi	Fôrma tábua para concreto em fundação, com reaproveitamento em 2x	FUES – fundações e estruturas	m²	41,1	49,68	2.041,85	7,46	58,80
84217	Sinapi	Fôrma para estruturas de concreto (pilar, viga e laje) em chapa de madeira compensada plastificada, de 1,10 x 2,20, espessura = 12 mm, duas utilizações (fabricação, montagem e desmontagem – exclusivo escoramento)	FUES – fundações e estruturas	m²	36,1	56,08	2.024,49	7,40	66,20
74197/001	Sinapi	Fossa séptica em alvenaria de tijolo cerâmico maciço, dimensões externas 1,90 x 1,10 x 1,40 m, 1.500 L, revestida internamente com barra lisa, com tampa em concreto armado com espessura 8 cm	INHI – instalações hidrossanitárias	un	1,0	1.510,99	1.510,99	5,52	71,72

Código	Banco	Descrição	Tipo	Unidade	Quantidade	Valor unitário	Total	Peso (%)	Peso acumulado (%)
74133/002	Sinapi	Emassamento com massa a óleo, duas demãos	PINT – pinturas	m²	68,1	17,19	1.170,64	4,28	76,00
89172	Sinapi	(Composição representativa) Serviço de contrapiso em argamassa traço 1:4 (cimento e areia), em betoneira 400 L, espessura 4 cm áreas secas e 3 cm áreas molhadas, para edificação habitacional unifamiliar (casa) e edificação pública padrão. AF_11/2014	PISO – pisos	m²	22,337	39,53	882,98	3,23	79,22
73822/001	Sinapi	Capina e limpeza manual de terreno com pequenos arbustos	SERP – serviços preliminares	m²	160,0	3,71	593,60	2,17	81,39
84848	Sinapi	Janela de madeira tipo veneziana/guilhotina, de abrir, inclusas guarnições sem ferragens	ESQV – esquadrias/ferragens/vidros	m²	2,0	295,26	590,52	2,16	83,55
88487	Sinapi	Aplicação manual de pintura com tinta látex PVA em paredes, duas demãos. AF_06/2014	PINT – pinturas	m²	68,1	7,90	537,99	1,97	85,52

Código	Banco	Descrição	Tipo	Unidade	Quantidade	Valor unitário	Total	Peso (%)	Peso acumulado (%)
89173	Sinapi	(Composição representativa) Serviço de emboço/massa única, aplicado manualmente, traço 1:2:8, em betoneira de 400 L, paredes internas, com execução de taliscas, edificação habitacional unifamiliar (casas) e edificação pública padrão. AF_12/2014	REVE – revestimento e tratamento de superfícies	m²	17,25	29,68	511,98	1,87	87,39
74157/003	Sinapi	Lançamento/aplicação manual de concreto em estruturas	FUES – fundações e estruturas	m³	5,2	84,20	437,84	1,60	88,99
9537	Sinapi	Limpeza final da obra	SEDI – serviços diversos	m²	160,0	1,96	313,60	1,15	90,14
87908	Sinapi	Chapisco aplicado tanto em pilares e vigas de concreto como em alvenaria de fachada com presença de vãos, com equipamento de projeção. Argamassa traço 1:3 com preparo em betoneira 400 L. AF_06/2014	REVE – revestimento e tratamento de superfícies	m²	50,87	5,60	284,87	1,04	91,18

Código	Banco	Descrição	Tipo	Unidade	Quantidade	Valor unitário	Total	Peso (%)	Peso acumulado (%)
72933	Sinapi	Eletroduto de PVC flexível corrugado DN 15 mm (1/2") – fornecimento e instalação	INEL – instalação elétrica/ eletrificação e iluminação externa	m	50,6	5,23	264,64	0,97	92,14
55835	Sinapi	Aterro interno (edificações) compactado manualmente	MOVT – movimento de terra	m^3	5,0	43,36	216,80	0,79	92,94
74200/001	Sinapi	Verga 10 x 10 cm em concreto pré-moldado, fck = 20 MPa (preparo com betoneira), aço CA-60, bitola fina, inclusive fôrmas de tábua 3A	FUES – fundações e estruturas	m	11,64	17,89	208,24	0,76	93,70
74068/005	Sinapi	Fechadura de sobrepor em ferro pintado com maçaneta para portas externas	ESQV – esquadrias/ ferragens/ vidros	un	2,0	92,33	184,66	0,67	94,37
6058	Sinapi	Cumeeira com telha cerâmica embocada com argamassa, traço 1:2:8 (cimento, cal e areia)	COBE – cobertura	m	6,0	29,44	176,64	0,65	95,02
83485	Sinapi	Haste Coperweld 3/8" x 3,00 m com conector	INEL – instalação elétrica/ eletrificação e iluminação externa	un	3,0	46,41	139,23	0,51	95,53

Código	Banco	Descrição	Tipo	Unidade	Quantidade	Valor unitário	Total	Peso (%)	Peso acumulado (%)
74051/002	Sinapi	Caixa de gordura simples em concreto pré-moldado DN 40 mm com tampa - fornecimento e instalação	INHI - instalações hidrossanitárias	un	1,0	127,36	127,36	0,47	95,99
90694	Sinapi	Tubo de PVC para rede coletora de esgoto de parede maciça, DN 100 mm, junta elástica, instalado em local com nível baixo de interferências - fornecimento e assentamento. AF_06/2015	ASTU - assentamento de tubos e peças	m	6,0	20,34	122,04	0,45	96,44
88415	Sinapi	Aplicação manual de fundo selador acrílico em paredes externas de casas. AF_06/2014	PINT - pinturas	m²	50,87	2,35	119,54	0,44	96,88
74077/002	Sinapi	Locação convencional de obra, por meio de gabarito de tábuas corridas pontaletadas, com reaproveitamento de dez vezes	SERT - serviços técnicos	m²	25,0	3,61	90,25	0,33	97,21
89645	Sinapi	Joelho de transição, 90 graus, CPVC, soldável, DN 22 mm x 3/4", instalado em ramal ou sub-ramal de água - fornecimento e instalação. AF_12/2014	INHI - instalações hidrossanitárias	un	4,0	21,93	87,72	0,32	97,53

Código	Banco	Descrição	Tipo	Unidade	Quantidade	Valor unitário	Total	Peso (%)	Peso acumulado (%)
83540	Sinapi	Tomada de embutir 2P + T 10 A/250 V com placa – fornecimento e instalação	INEL – instalação elétrica/eletrificação e iluminação externa	un	5,0	16,59	82,95	0,30	97,83
83387	Sinapi	Caixa de passagem PVC 4 X 2" – fornecimento e instalação	INEL – instalação elétrica/eletrificação e iluminação externa	un	9,0	8,09	72,81	0,27	98,10
83733	Sinapi	Impermeabilização de superfície com argamassa de cimento e areia (grossa), traço 1:4, com aditivo impermeabilizante, *e* = 2 cm	IMPE – impermeabilizações e proteções diversas	m²	2,0	33,26	66,52	0,24	98,34
84402	Sinapi	Quadro de distribuição de energia para seis disjuntores termomagnéticos monopolares sem barramento, de embutir, em chapa metálica – fornecimento e instalação	INEL – instalação elétrica/eletrificação e iluminação externa	un	1,0	64,33	64,33	0,24	98,57
84118	Sinapi	Peitoril cimentado liso 20 x 3 cm, traço 1:4 (cimento e areia)	REVE – revestimento e tratamento de superfícies	m	3,0	20,80	62,40	0,23	98,80

Código	Banco	Descrição	Tipo	Unidade	Quantidade	Valor unitário	Total	Peso (%)	Peso acumulado (%)
87879	Sinapi	Chapisco aplicado tanto em pilares e vigas de concreto como em alvenarias de paredes internas, com colher de pedreiro. Argamassa traço 1:3 com preparo em betoneira 400 L. AF_06/2014	REVE – revestimento e tratamento de superfícies	m²	17,25	3,11	53,65	0,20	99,00
72332	Sinapi	Interruptor simples de embutir 10 A/250 V, duas teclas, com placa – fornecimento e instalação	INEL – instalação elétrica/ eletrificação e iluminação externa	un	2,0	26,11	52,22	0,19	99,19
83388	Sinapi	Caixa de passagem PVC 3" octogonal	INEL – instalação elétrica/ eletrificação e iluminação externa	un	4,0	12,69	50,76	0,19	99,37
88485	Sinapi	Aplicação de fundo selador acrílico em paredes, uma demão. AF_06/2014	PINT – pinturas	m²	17,25	2,10	36,23	0,13	99,51
84194	Sinapi	Soleira de cimentado liso largura 15 cm executada com argamassa traço 1:3 (cimento e areia)	PISO – pisos	m	3,0	11,20	33,60	0,12	99,63

Código	Banco	Descrição	Tipo	Unidade	Quantidade	Valor unitário	Total	Peso (%)	Peso acumulado (%)
72331	Sinapi	Interruptor simples de embutir 10 A/250 V, uma tecla, sem placa – fornecimento e instalação	INEL – instalação elétrica/ eletrificação e iluminação externa	un	2,0	13,36	26,72	0,10	99,73
79517/001	Sinapi	Escavação manual em solo – profundidade: até 1,50 m	MOVT – movimento de terra	m³	1,0	24,78	24,78	0,09	99,82
74130/002	Sinapi	Disjuntor termomagnético monopolar padrão NEMA (americano), 35 A a 50 A, 240 V – fornecimento e instalação	INEL – instalação elétrica/ eletrificação e iluminação externa	un	1,0	19,81	19,81	0,07	99,89
73781/002	Sinapi	Isolador de pino TP HI-POT cilíndrico classe 15 kV – fornecimento e instalação	INEL – instalação elétrica/ eletrificação e iluminação externa	un	1,0	17,20	17,20	0,06	99,95
74130/001	Sinapi	Disjuntor termomagnético monopolar padrão NEMA (americano), 10 A a 30 A, 240 V – fornecimento e instalação	INEL – instalação elétrica/ eletrificação e iluminação externa	un	1,0	12,79	12,79	0,05	100,00

Total sem BDI	**21.889,08**
Total do BDI	**5.471,64**
Total geral	**27.360,72**

3. Curva ABC de insumos

Obra: Casa popular Tenoné											
Curva ABC de insumos											
Código	Banco	Descrição	Tipo	Unidade	Quantidade	Custo unitário	Total		Peso	Custo acumulado	Peso acumulado
00004750	Sinapi	Pedreiro	Mão de obra	h	207,6748357	14,70	3.052,82	3.052,82	11,16%	3.052,82	11,16%
00006111	Sinapi	Servente	Mão de obra	h	287,9432392	10,25	2.951,42	2.951,42	10,79%	6.004,24	21,94%
00000034	Sinapi	Aço CA-50, 10 mm, vergalhão	Material	kg	326,2600000	6,18	2.016,29	2.016,29	7,37%	8.020,53	29,31%
00001213	Sinapi	Carpinteiro de fôrmas	Mão de obra	h	130,9990000	14,70	1.925,69	1.925,69	7,04%	9.946,21	36,35%
00007176	Sinapi	Telha cerâmica tipo colonial, comprimento de *44* cm, rendimento de *26* telhas/m²	Material	un	1.041,6000000	1,75	1.822,80	1.822,80	6,66%	11.769,01	43,01%
00007266	Sinapi	Bloco cerâmico (alvenaria de vedação), de 9 x 19 x 19 cm	Material	mil	1,9166230	752,24	1.441,76	1.441,76	5,27%	13.210,77	48,28%
00006117	Sinapi	Ajudante de carpinteiro	Mão de obra	h	101,5395200	11,05	1.122,01	1.122,01	4,10%	14.332,78	52,38%
00001379	Sinapi	Cimento Portland composto CP II-32	Material	kg	1.383,2774166	0,74	1.023,63	1.023,63	3,74%	15.356,41	56,13%

Código	Banco	Descrição	Tipo	Unidade	Quantidade	Custo unitário	Total		Peso	Custo acumulado	Peso acumulado
00004492	Sinapi	!EM PROCESSO DE DESATIVAÇÃO! Peça de madeira nativa/regional 8 x 8 cm não aparelhada (pontalete p/ escoramento)	Material	m	122,0625000	7,86	959,41	959,41	3,51%	16.315,82	59,63%
00006189	Sinapi	Tábua madeira 2A qualidade 2,5 x 30,0 cm (1 x 12") não aparelhada	Material	m	83,6850160	9,11	762,37	762,37	2,79%	17.078,19	62,42%
00001106	Sinapi	Cal hidratada CH-I para argamassas	Material	kg	597,0473856	1,15	686,60	686,60	2,51%	17.764,79	64,93%
00012893	Sinapi	Bota de segurança com biqueira de aço e colarinho acolchoado	Material	par	10,8929354	60,00	653,58	653,58	2,39%	18.418,37	67,32%
00001347	Sinapi	Chapa de madeira compensada plastificada para fôrma de concreto, de *1,10 x 2,20* m, *e* = 12 mm	Material	m²	21,9040000	29,24	640,47	640,47	2,34%	19.058,84	69,66%
00004053	Sinapi	Massa a óleo para madeira	Material	GL	10,8960000	49,43	538,59	538,59	1,97%	19.597,43	71,63%
00007258	Sinapi	Tijolo cerâmico maciço *5 x 10 x 20* cm	Material	un	1.111,0400000	0,48	533,30	533,30	1,95%	20.130,73	73,58%
00004783	Sinapi	Pintor	Mão de obra	h	36,1077300	14,70	530,78	530,78	1,94%	20.661,52	75,52%

Código	Banco	Descrição	Tipo	Unidade	Quantidade	Custo unitário	Total		Peso	Custo acumulado	Peso acumulado
00000370	Sinapi	Areia média – posto jazida/fornecedor (sem frete)	Material	m³	5,9254163	84,38	499,99	499,99	1,83%	21.161,50	77,34%
00000378	Sinapi	Armador	Mão de obra	h	33,0117260	14,70	485,27	485,27	1,77%	21.646,77	79,12%
00004491	Sinapi	Peça de madeira nativa/regional 7,5 x 7,5 cm (3 x 3) não aparelhada (para fôrma)	Material	m	78,1724000	5,21	407,28	407,28	1,49%	22.054,05	80,60%
00003421	Sinapi	Janela madeira regional 2A dupla com guilhotina, e abrir veneziana 1,20 x 1,20 m/guarnição	Material	m²	2,0000000	191,65	383,30	383,30	1,40%	22.437,35	82,01%
00007345	Sinapi	Tinta látex PVA Premium, cor branca	Material	L	22,4730000	15,50	348,33	348,33	1,27%	22.785,68	83,28%
00006114	Sinapi	Ajudante de armador	Mão de obra	h	29,6600000	11,05	327,74	327,74	1,20%	23.113,43	84,48%
00037371	Sinapi	Transporte (encargos complementares) *coletada caixa*	Serviços	h	887,7119196	0,34	301,82	301,82	1,10%	23.415,25	85,58%
00002711	Sinapi	Carro de mão, caçamba metálica e pneu maciço	Equipamento	un	2,5109805	110,08	276,41	276,41	1,01%	23.691,66	86,59%

Código	Banco	Descrição	Tipo	Unidade	Quantidade	Custo unitário	Total		Peso	Custo acumulado	Peso acumulado
00037623	Sinapi	Operador de betoneira estacionária/ misturador *coletada caixa*	Mão de obra	h	21,6431576	11,28	244,13	244,13	0,89%	23.935,79	87,48%
00002436	Sinapi	Eletricista	Mão de obra	h	11,8600000	17,11	202,92	202,92	0,74%	24.138,72	88,22%
00000033	Sinapi	Aço CA-50, 8 mm, vergalhão	Material	kg	26,3340000	7,26	191,18	191,18	0,70%	24.329,90	88,92%
00012894	Sinapi	Capa para chuva em PVC com forro de poliéster e capuz (amarela ou azul)	Material	un	10,8929354	16,25	177,01	177,01	0,65%	24.506,91	89,57%
00000247	Sinapi	Auxiliar de eletricista	Mão de obra	h	11,0100000	14,70	161,85	161,85	0,59%	24.668,76	90,16%
00003082	Sinapi	Fechadura sobrepor ferro pintado com maçaneta, chave grande TP HAGA 1137 ou equivalente	Material	CJ	2,0000000	77,41	154,82	154,82	0,57%	24.823,58	90,73%
00005061	Sinapi	Prego polido com cabeça 18 x 27 mm	Material	kg	15,3430000	9,06	139,01	139,01	0,51%	24.962,59	91,24%
00012895	Sinapi	Capacete de segurança aba frontal com suspensão de polietileno, sem jugular (classe B)	Material	un	10,8929354	12,50	136,16	136,16	0,50%	25.098,75	91,73%

Código	Banco	Descrição	Tipo	Uni-dade	Quantidade	Custo unitário	Total		Peso	Custo acumulado	Peso acumulado
00004506	Sinapi	!EM PROCESSO DE DESATIVAÇÃO! Peça de madeira nativa/regional 2,5 x 10 cm (1 x 4") não aparelhada (Sarrafo-P/fôrma)	Material	m	39,3316000	3,23	127,04	127,04	0,46%	25.225,79	92,20%
00012892	Sinapi	Luva raspa de couro, cano curto (punho *7* cm)	Equipa-mento	par	10,8929354	11,25	122,55	122,55	0,45%	25.348,34	92,64%
00012869	Sinapi	Telhadista	Mão de obra	h	9,0172800	12,71	114,61	114,61	0,42%	25.462,94	93,06%
00009817	Sinapi	Tubo PVC EB-644 para rede coletora de esgoto JE DN 100 mm	Material	m	6,3000000	16,54	104,20	104,20	0,38%	25.567,15	93,44%
00000337	Sinapi	Arame recozido 18 BWG, 1,25 mm (0,01 kg/m)	Material	kg	9,5656160	10,31	98,62	98,62	0,36%	25.665,77	93,81%
00037372	Sinapi	Exames (encargos complementares) *coletada caixa*	Material	h	887,7119196	0,11	97,65	97,65	0,36%	25.763,42	94,16%
00021145	Sinapi	!EM PROCESSO DE DESATIVAÇÃO! Haste de terra em aço revestido de cobre DN 3/8'' x 3.000 mm	Material	un	3,0000000	31,98	95,94	95,94	0,35%	25.859,36	94,51%
00005068	Sinapi	Prego polido com cabeça 17 x 21 mm	Material	kg	10,7372000	8,90	95,56	95,56	0,35%	25.954,92	94,86%

Código	Banco	Descrição	Tipo	Unidade	Quantidade	Custo unitário	Total		Peso	Custo acumulado	Peso acumulado
00006085	Sinapi	Selador acrílico	Material	L	10,8992000	7,93	86,43	86,43	0,32%	26.041,35	95,18%
00007181	Sinapi	Cumeeira para telha cerâmica, comprimento de *41* cm, rendimento de *3* telhas/m	Material	un	18,0000000	4,53	81,54	81,54	0,30%	26.122,89	95,48%
00002687	Sinapi	Eletroduto PVC flexível corrugado 16 mm tipo Tigreflex ou equivalente	Material	m	50,6000000	1,61	81,47	81,47	0,30%	26.204,35	95,77%
00037411	Sinapi	Tela de aço soldada galvanizada/zincada para alvenaria, fio D = *1,24 mm, malha 25 x 25 mm	Material	m²	7,0607560	10,59	74,77	74,77	0,27%	26.279,13	96,05%
00038681	Sinapi	Joelho de transição, CPVC, soldável, 90 graus, 22 mm x 3/4", para água quente *coletada caixa*	Material	un	4,0000000	17,90	71,60	71,60	0,26%	26.350,73	96,31%
00007334	Sinapi	Adesivo para argamassas e chapiscos	Material	L	7,5323044	9,35	70,43	70,43	0,26%	26.421,15	96,57%
00011881	Sinapi	Caixa gordura, simples, concreto pré-moldado, circular, com tampa, D = 40 cm	Material	un	1,0000000	68,33	68,33	68,33	0,25%	26.489,48	96,82%
00000042	Sinapi	Aço CA-60, 7 mm, vergalhão	Material	kg	9,2188800	6,35	58,54	58,54	0,21%	26.548,02	97,03%

Código	Banco	Descrição	Tipo	Uni-dade	Quantidade	Custo unitário	Total		Peso	Custo acumulado	Peso acumulado
00001214	Sinapi	Carpinteiro de esquadria	Mão de obra	h	3,8000000	14,49	55,06	55,06	0,20%	26.603,09	97,23%
00034557	Sinapi	Tela de aço soldada galvanizada para alvenaria, fio 1,20 a 1,70 de diâmetro, malha 15 x 15 mm, largura 7,5 cm e comprimento 50,0 cm	Material	m	40,5430626	1,33	53,92	53,92	0,20%	26.657,01	97,43%
00000367	Sinapi	Areia grossa – posto jazida/ fornecedor (sem frete)	Material	m³	0,6563630	78,13	51,28	51,28	0,19%	26.708,29	97,62%
00002709	Sinapi	!EM PROCESSO DE DESATIVAÇÃO! Enxada estreita de *240 x 230* mm, sem cabo	Material	un	2,5109805	18,75	47,08	47,08	0,17%	26.755,37	97,79%
00007528	Sinapi	Tomada de embutir, 2 P + T, universal, de 10 A/250 V, com placa	Material	un	5,0000000	9,38	46,90	46,90	0,17%	26.802,27	97,96%
00037373	Sinapi	Seguro (encargos complementares) *coletada caixa*	Taxas	h	887,7119196	0,05	44,39	44,39	0,16%	26.846,66	98,12%
00004718	Sinapi	Pedra britada n. 2 (19 mm A 38 mm) – posto pedreira/ fornecedor, sem frete	Material	m³	0,2306357	162,50	37,48	37,48	0,14%	26.884,14	98,26%

Código	Banco	Descrição	Tipo	Unidade	Quantidade	Custo unitário	Total		Peso	Custo acumulado	Peso acumulado
00002696	Sinapi	Encanador ou bombeiro hidráulico	Mão de obra	h	2,4360000	14,70	35,81	35,81	0,13%	26.919,94	98,39%
00000003	Sinapi	Ácido muriático (solução ácida)	Material	L	8,0000000	4,45	35,60	35,60	0,13%	26.955,54	98,52%
00007559	Sinapi	!EM PROCESSO DE DESATIVAÇÃO! Conjunto embutir dois interruptores simples 10 A/250 V com placa, TP Silentoque Pial ou equivalente	Material	un	2,0000000	15,16	30,32	30,32	0,11%	26.985,86	98,63%
00001871	Sinapi	Caixa PVC octogonal 3" x 3"	Material	un	4,0000000	7,28	29,12	29,12	0,11%	27.014,98	98,74%
00004721	Sinapi	Pedra britada n. 1 (9,5 mm a 19 mm) – posto pedreira/fornecedor, sem frete	Material	m³	0,1741890	162,51	28,31	28,31	0,10%	27.043,29	98,84%
00013803	Sinapi	Compressor de ar rebocável, vazão *89* pcm, pressão efetiva de trabalho *102* psi, motor diesel, potência *20* cv	Equipamento	un	0,0005805	48.750,00	28,30	28,30	0,10%	27.071,59	98,94%

Código	Banco	Descrição	Tipo	Unidade	Quantidade	Custo unitário	Total		Peso	Custo acumulado	Peso acumulado
00013400	Sinapi	Quadro de distribuição de embutir sem barramento para seis disjuntores unipolares, sem porta, em chapa de aço galvanizado	Material	un	1,0000000	28,24	28,24	28,24	0,10%	27.099,83	99,05%
00037395	Sinapi	Pino de aço com furo, haste = 27 mm (ação direta)	Material	cento	0,4844471	56,84	27,54	27,54	0,10%	27.127,37	99,15%
00001872	Sinapi	Caixa PVC 4" x 2" para eletroduto	Material	un	9,0000000	2,68	24,12	24,12	0,09%	27.151,49	99,24%
00020017	Sinapi	Guarnição/alizar/vista maciça, e = *1* cm, L = *4,5* cm, em cedrinho/angelim comercial/eucalipto/curupixa/peroba/cumaru ou equivalente da região	Material	m	6,6600000	3,03	20,18	20,18	0,07%	27.171,67	99,31%
00003767	Sinapi	Lixa em folha para parede ou madeira, número 120 (cor vermelha)	Material	un	34,0500000	0,56	19,07	19,07	0,07%	27.190,74	99,38%
00000010	Sinapi	Balde plástico – capacidade 10 L	Material	un	2,5109805	7,39	18,56	18,56	0,07%	27.209,29	99,45%
00002386	Sinapi	Disjuntor tipo NEMA, monopolar 35 A até 50 A	Material	un	1,0000000	17,40	17,40	17,40	0,06%	27.226,69	99,51%

Código	Banco	Descrição	Tipo	Unidade	Quantidade	Custo unitário	Total		Peso	Custo acumulado	Peso acumulado
00000123	Sinapi	Aditivo impermeabilizante de pega normal para argamassas e concretos sem armação	Material	L	2,9427200	4,59	13,51	13,51	0,05%	27.240,20	99,56%
00007564	Sinapi	!EM PROCESSO DE DESATIVAÇÃO! Interruptor simples embutir 10 A/250 V sem placa, tipo Silentoque Pial ou equivalente	Material	un	2,0000000	6,03	12,06	12,06	0,04%	27.252,26	99,60%
00003406	Sinapi	Isolador de porcelana, tipo monocorpo, para tensão de *15* KV	Material	un	1,0000000	10,88	10,88	10,88	0,04%	27.263,14	99,64%
00002370	Sinapi	Disjuntor tipo NEMA, monopolar 10 A até 30 A	Material	un	1,0000000	10,38	10,38	10,38	0,04%	27.273,52	99,68%
00004419	Sinapi	!EM PROCESSO DE DESATIVAÇÃO! Peça de madeira não aparelhada *10 x 10 x 3* cm, maçaranduba, angelim ou equivalente da região	Material	un	12,0000000	0,86	10,32	10,32	0,04%	27.283,84	99,72%

Código	Banco	Descrição	Tipo	Unidade	Quantidade	Custo unitário	Total		Peso	Custo acumulado	Peso acumulado
00004378	Sinapi	!EM PROCESSO DE DESATIVAÇÃO! Parafuso rosca soberba, aço e zinco, cabeça chata, fenda simples 7 mm x 65 mm	Material	un	12,0000000	0,83	9,96	9,96	0,04%	27.293,80	99,76%
00040331	Sinapi	Assentador de tubos	Mão de obra	h	0,3600000	25,69	9,25	9,25	0,03%	27.303,05	99,79%
00037370	Sinapi	Alimentação (encargos complementares) *coletada caixa*	Material	h	887,7119196	0,01	8,88	8,88	0,03%	27.311,92	99,82%
00010535	Sinapi	Betoneira capacidade nominal 400 L, capacidade de mistura 280 L, motor elétrico trifásico 220/380 V, potência 2 cv, sem carregador	Equipamento	un	0,0020768	4.000,00	8,31	8,31	0,03%	27.320,23	99,85%
00004221	Sinapi	Óleo diesel, combustível comum	Material	L	1,5909593	3,70	5,89	5,89	0,02%	27.326,12	99,87%
00010567	Sinapi	Tábua de madeira 3A, qualidade 2,5 cm x 23,0 cm (1 x 9") não aparelhada	Material	m	0,8000000	6,18	4,94	4,94	0,02%	27.331,06	99,89%

Código	Banco	Descrição	Tipo	Unidade	Quantidade	Custo unitário	Total		Peso	Custo acumulado	Peso acumulado
00000246	Sinapi	Auxiliar de encanador ou bombeiro hidráulico	Mão de obra	h	0,4360000	11,05	4,82	4,82	0,02%	27.335,88	99,91%
00007325	Sinapi	Aditivo impermeabilizante de pega normal para argamassas e concretos sem armação	Material	kg	0,8000000	4,78	3,82	3,82	0,01%	27.339,70	99,92%
00005067	Sinapi	Prego polido com cabeça 16 x 24	Material	kg	0,4000000	9,31	3,72	3,72	0,01%	27.343,43	99,94%
00010485	Sinapi	Vibrador de imersão com motor elétrico 2 HP, monofásico, qualquer diâmetro, com mangote	Equipamento	h	1,5600000	2,23	3,48	3,48	0,01%	27.346,91	99,95%
00021114	Sinapi	Adesivo para tubos CPVC, *75* g	Material	un	0,2120000	14,25	3,02	3,02	0,01%	27.349,93	99,96%
00004230	Sinapi	Operador de máquinas e equipamentos	Mão de obra	h	0,2134310	12,33	2,63	2,63	0,01%	27.352,56	99,97%
00002705	Sinapi	Energia elétrica até 2.000 kWh industrial, sem demanda	Material	kW/h	7,1070693	0,33	2,35	2,35	0,01%	27.354,90	99,98%
00000303	Sinapi	Anel de borracha, para tubo PVC, rede coletora de esgoto, DN 100 mm (NBR 7362)	Material	un	1,0020000	2,21	2,21	2,21	0,01%	27.357,12	99,99%

Código	Banco	Descrição	Tipo	Uni-dade	Quantidade	Custo unitário	Total		Peso	Custo acumulado	Peso acumulado
00002692	Sinapi	Desmoldante protetor para fôrmas de madeira, de base oleosa emulsio-nada em água	Material	L	0,2311200	5,70	1,32	1,32	0,00%	27.358,44	99,99%
00020078	Sinapi	Pasta lubrificante para uso em tubos de PVC com anel de borracha (pote de 400* g)	Material	un	0,0624000	18,60	1,16	1,16	0,00%	27.359,60	100,00%
00005069	Sinapi	Prego polido com cabeça 17 x 27	Material	kg	0,1164000	8,38	0,98	0,98	0,00%	27.360,57	100,00%
00037544	Sinapi	Misturador de argamassa, eixo horizontal, capa-cidade de mistura 300 kg, motor elétrico trifásico 220/380 V, potên-cia 5 cv	Equipa-mento	un	0,0000800	10.601,94	0,85	0,85	0,00%	27.361,42	100,00%
00039938	Sinapi	Projetor pneumá-tico de argamassa para chapisco e reboco com reci-piente acoplado, tipo canequinha, sem compressor *coletada caixa*	Equipa-mento	un	0,0005805	873,93	0,51	0,51	0,00%	27.361,93	100,00%

Código	Banco	Descrição	Tipo	Unidade	Quantidade	Custo unitário	Total		Peso	Custo acumulado	Peso acumulado
00036398	Sinapi	Betoneira, capacidade nominal 600 L, capacidade de mistura 440 L, motor a diesel potência 10 HP, com carregador	Equipamento	un	0,0000181	19.776,26	0,36	0,36	0,00%	27.362,28	100,01%
											Totais por tipo
										Equipamento	R$ 440,75
										Equipamento para aquisição permanente	R$ 0,00
										Mão de obra	R$ 11.226,82
										Material	R$ 15.348,51
										Serviços	R$ 301,82
										Taxas	R$ 44,39
										Administração	R$ 0,00
										Aluguel	R$ 0,00
										Verba	R$ 0,00
										Outros	R$ 0,00
										Total sem BDI	**21.889,08**
										Total do BDI	**5.471,64**
										Total geral	**27.360,72**

dez

Custo indireto

Não é difícil perceber que em qualquer obra há um sem-número de despesas que não pertencem a um serviço ou a uma frente de serviço específica. São custos que ocorrem independentemente das quantidades produzidas pela obra e que não foram incluídos nas composições de custos unitários dos serviços. Eles são de ocorrência inevitável, e por isso precisam ser computados no orçamento. Esse novo tipo de custo denomina-se *indireto*, já que o fato gerador do custo não está diretamente associado às atividades de produção do campo, como é o caso do custo direto.

É fácil notar, por exemplo, que o salário do engenheiro e a conta de telefone da obra não integram as composições de custos dos serviços, mas devem ser levados em conta no orçamento. A lista das despesas indiretas é extensa, variando com o porte da obra, sua duração, localização e particularidades.

De posse do custo direto, proveniente das composições de custos unitários dos serviços, e do custo indireto, o orçamentista chega ao custo total da obra.

10.1 Definição de custo indireto

A melhor definição de custo indireto talvez seja uma definição por exclusão: custo indireto é todo custo que não apareceu como mão de obra, material ou equipamento nas composições de custos unitários do orçamento. Em outras palavras, do ponto de vista da classificação, é todo custo que não entrou no custo direto da obra, não integrando os serviços de campo orçados (escavação, aterro, concreto, revestimento etc.). Assim é que a betoneira, se não tiver sido incluída como insumo no serviço de reboco – o que seria um custo *direto* –, terá que ser tratada como custo *indireto*.

É comum o termo *despesas indiretas* (DI) como sinônimo de custo indireto da obra. As despesas indiretas normalmente se associam com manutenção do canteiro de obras, salários, despesas administrativas, taxas, emolumentos, seguros, viagens, consultoria, fatores imprevistos e todos os demais aspectos não orçados nos itens de produção. Enquanto o custo direto é função direta da quantidade produzida, o mesmo não se pode dizer do custo indireto. O salário do mestre, a alimentação da equipe e o custo de vigilância do canteiro serão os mesmos, quer a obra produza 200 m^3 de concreto em um mês, quer produza 30 m^3.

10.2 Fatores de influência no custo indireto

O custo indireto geralmente fica na faixa de 5% a 30% do custo total da construção. O percentual oscila em função dos aspectos expostos no Quadro 10.1.

Do ponto de vista temporal, por envolver despesas provenientes de várias origens (administrativas, legais, comerciais e técnicas), o custo indireto de uma obra pode ter ocorrência anterior, simultânea ou posterior à obra, como é possível observar no Quadro 10.2.

Quadro 10.1 Fatores de influência no custo indireto

Aspecto	Influência
Localização geográfica	Uma obra em local remoto requer despesas como mobilização de pessoal e de equipamentos, custos de viagem da equipe, aluguel de casas etc.
Política da empresa	Diretrizes empresariais têm influência na quantidade de engenheiros e supervisores (mestres e encarregados), faixa salarial adotada, quantidade de veículos à disposição da obra, quantidade de computadores no canteiro, padrão dos barracões de campo etc.
Prazo	As despesas administrativas são proporcionais à duração da obra
Complexidade	Obras com elevado grau de dificuldade tendem a exigir mais supervisão de campo e suporte externo (consultoria)

Dica para o orçamentista

Não é raro encontrar construtores que estimam o custo indireto como um percentual do custo direto. Embora esse método expedito possa ser aplicado para produzir números aproximados, é sempre aconselhável analisar em detalhe os diversos aspectos que compõem o custo indireto para que grandes omissões ou excessos sejam evitados.

Quadro 10.2 Época de ocorrência do custo indireto

Época de ocorrência	Exemplo
Anterior à obra	Visitas de campo, estudos técnicos, ensaios, elaboração de planejamento, taxas e emolumentos (alvará) etc.
Simultânea à obra	Salários e despesas correntes do canteiro
Posterior à obra	Desmobilização do canteiro, taxas e emolumentos (Habite-se), confecção de memoriais e *as-built* etc.

10.3 Itens do custo indireto

O Quadro 10.3, longe de ser completo, apresenta vários custos encontrados na construção civil. O peso de cada um deles é variável de obra para obra e nem todos os itens se aplicam obrigatoriamente a todos os empreendimentos.

Quadro 10.3 Itens do custo indireto

Item	O que inclui
Pessoal	
Equipe técnica	
Engenheiro: gerente do contrato, de produção, de segurança do trabalho	Custo acrescido dos encargos sociais e trabalhistas (mensalistas)
Mestre	
Encarregado: de carpintaria, de pedreiros, de armação, de instalações	
Técnico: de edificações, de segurança	
Estagiário	
Equipe de suporte	
Almoxarife	Custo acrescido dos encargos sociais e trabalhistas (mensalistas)
Ferramenteiro	
Apontador	
Comprador	
Laboratorista	
Equipe de serviços gerais: eletricista, encanador, servente	
Assistente social	
Topógrafo (se não for um serviço terceirizado)	
Auxiliar de topografia	

Quadro 10.3 (continuação)

Item	O que inclui
Pessoal	
Operadores de equipamentos gerais: guincho, grua, caminhão-guindaste, elevador de carga, betoneira etc.	Custo acrescido dos encargos sociais e trabalhistas (mensalistas)
Médico	
Enfermeiro	
Cozinheiro	
Auxiliar de cozinha	
Equipe administrativa	
Chefe de escritório (encarregado administrativo-financeiro)	Custo acrescido dos encargos sociais e trabalhistas (mensalistas)
Auxiliar administrativo	
Secretária	
Telefonista	
Contínuo	
Copeira	
Motorista	
Porteiro	
Vigia	
Mobilização e desmobilização da obra	
Mobilização e desmobilização do canteiro	Montagem e desmontagem de escritórios, barracões, galpões, telheiros, centrais (de carpintaria, de armação, de pré-moldados), alojamentos, refeitório, depósitos, oficinas e demais construções provisórias
Mobilização e desmobilização de pessoal	Custo do deslocamento (passagens, transporte) e alojamento provisório
Mobilização e desmobilização de equipamentos	Transporte em carretas, montagem de grua
Aluguel de imóveis para escritório, depósito, canteiro etc.	Custo de locação
Estradas de acesso à obra e caminhos de serviço dentro da obra	Abertura dos caminhos (desmatamento, terraplenagem, sinalização) e manutenção (aspersão de água para contenção de poeira, terraplenagem de regularização)
Tapumes e cercas	Construção e remoção ao final da obra

Quadro 10.3 (continuação)

Item	O que inclui
Mobilização e desmobilização da obra	
Iluminação de campo (torres, postes, gambiarras)	Montagem e remoção das estruturas
Ligações provisórias de água, luz, esgoto, telefone	Custo de material, instalação de equipamentos (transformador etc.) e taxas de ligação
Instalação de linhas de água e ar comprimido	
Estações de tratamento de água e esgoto (no caso de grandes obras em locais não servidos por concessionária de serviço público)	Construção e operação
Placas da obra	Confecção e instalação
Equipamentos do canteiro	
Equipamentos de produção (se não tiverem sido incluídos nas composições de custos unitários dos serviços)	
Andaime	Custo de propriedade e operação (se equipamento próprio) ou custo por mês de locação
Balancim	
Betoneira	
Bomba de ar para pneus	
Bomba hidráulica	
Caminhão	
Caminhão-guindaste (do tipo Munck)	
Desbobinador para ferro	
Elevador de carga (monta-cargas)	
Furadeira	
Grua	
Guincho	
Jaú	
Lixadeira	
Maçarico	
Máquina de cortar ferro	
Máquina de solda	
Passarela	
Picape	
Porta-palete	

Quadro 10.3 (continuação)

Item	O que inclui
Equipamentos do canteiro	
Equipamentos de produção (se não tiverem sido incluídos nas composições de custos unitários dos serviços)	
Retroescavadeira (de uso geral)	Custo de propriedade e operação (se equipamento próprio) ou custo por mês de locação
Rompedor pneumático (de uso geral)	
Serra circular	
Talha com corrente	
Teodolito, nível, mira, baliza	
Transformador	
Veículo utilitário (inclusive para o fiscal da obra, se contratual)	
Vibrador de imersão (motor e mangote)	
Equipamentos administrativos	
Ar-condicionado, ventilador	Custo de propriedade ou locação
Bebedouro	
Cafeteira	
Calculadora	
Câmera	
Central telefônica, telefones	
Cofre	
Computador e impressora	
Copiadora	
Fax	
Fogão, forno de micro-ondas	
Máquina de escrever	
Mobiliário: mesa, cadeira, escrivaninha, estante, armário, mesa de refeitório etc.	
Rádio	
Refrigerador	
Relógio de ponto	
Sanitários portáteis	
Sirene	
Televisão, videocassete, DVD	

Quadro 10.3 (continuação)

Item	O que inclui
Equipamentos de proteção coletiva (se não estiverem incluídos nos encargos sociais – ver Cap. 5)	
Bandeja de proteção (com perfis)	
Extintor de incêndio	
Sinalização: placas, faixas, cones, cavaletes	
Tela de proteção	
Equipamentos de proteção individual (EPI) (se não estiverem incluídos nos encargos sociais – ver Cap. 5)	
Avental	
Bota	
Cabo de sustentação	
Capa de chuva	
Capacete	
Cinto	Custo de aquisição ou verba[a]
Fardamento	
Luva	
Óculos	
Protetor auricular	
Protetor facial	
Ferramentas (se não estiverem incluídas nos encargos sociais – ver Cap. 5)	
Arco de serra	
Balde	
Broca	
Carrinho de mão	
Cavadeira	
Chave de dobrar ferro	
Colher de pedreiro	Custo de aquisição ou verba[b]
Corda	
Desempenadeira	
Enxada com cabo	
Escantilhão	
Escova de aço	
Fita isolante	
Garfo para brita	

Quadro 10.3 (continuação)

Item	O que inclui
Ferramentas (se não estiverem incluídas nos encargos sociais - ver Cap. 5)	
Girica	Custo de aquisição ou verba[b]
Lâmina de serra	
Lâmpada para gambiarra	
Lata	
Lixa	
Maçarico	
Mangueira	
Marreta	
Martelo	
Masseira	
Metro de madeira	
Pá com cabo	
Peneira	
Picareta com cabo	
Ponteiro de aço	
Prumo	
Régua de alumínio	
Roldana (moitão)	
Rolo para pintura	
Serra rápida	
Serrote	
Talhadeira	
Tirfor	
Torno manual	
Torquês	
Trena metálica	
Trincha	
Despesas correntes	
Consumo de energia	Custo médio mensal
Consumo de água	
Consumo de gás	
Consumo de telefone	
Despesa com internet	

Quadro 10.3 (continuação)

Item	O que inclui
Despesas correntes	
Despesas postais	Custo médio mensal
Material de escritório	
Material de limpeza e de copa	
Cópias heliográficas, xerográficas, fotográficas	
Material de enfermaria	
Combustível (dos veículos utilitários e de apoio)	
Despesas com pessoal	
Aluguel de casas para alojamento	Custo de locação
Alimentação: comida, vale-refeição, cesta básica (se não estiver incluída nos encargos sociais – ver Cap. 5)	Custo médio mensal
Transporte: aluguel de veículos, vale-transporte (se não estiver incluído nos encargos sociais – ver Cap. 5), entre outros	
Relocação de pessoal (mudanças)	Verba
Exames admissionais e demissionais	
Cursos e treinamento de pessoal	
Despesas de viagens	
Lazer (churrasco, recreação)	
Serviços de terceiros	
Controle tecnológico (concreto, solos)	
Topografia (se terceirizada)	
Vigilância (se terceirizada)	
Consultoria: fundações, tecnologia de concreto, planejamento, detalhamento de projetos, segurança do trabalho etc.	
Vistoria, laudo pericial	
Instrumentação	
Taxas e emolumentos	
Alvará	
ART (Crea)	
Habite-se	
Averbação (cartório)	
Licenças	

Quadro 10.3 (continuação)

Item	O que inclui
Diversos	
Seguro contra acidentes coletivo	Prêmio e franquia
Seguro contra incêndio	
Seguro de responsabilidade civil	
Seguro de riscos de engenharia	
Seguro de vida coletivo	
Seguro contra roubo	
Seguro de equipamentos	
Frete	
Proteção de estruturas existentes (tubulações, trilhos, edificações vizinhas, monumentos, pavimentos)	
Limpeza final da obra	

[a] Os índices de consumo de EPI utilizados no Cap. 5 podem ser aplicados como referência.
[b] Os índices de consumo de ferramentas utilizados no Cap. 5 podem ser aplicados como referência.

10.4 Custo direto ou indireto?

Uma pergunta que sempre surge nos orçamentos é se um determinado custo é direto ou indireto. Considera-se essa dúvida supérflua, porque o que realmente importa é que o custo seja computado no orçamento, seja sob a rubrica de custo direto, seja sob a de custo indireto.

Se *placa da obra*, por exemplo, for um item da planilha de serviços, ela figurará como custo direto da obra. Se a planilha de serviços não contiver a placa da obra, logicamente ela deverá integrar o custo indireto.

Assim também se dá com os equipamentos de proteção individual (EPI). Se o orçamentista optar por trabalhar com os encargos sociais e trabalhistas em sentido amplo, conforme abordado no Cap. 5, o EPI já estará considerado na hora do trabalhador e, portanto, entrará nas composições de custos unitários, integrando o custo direto. Por outro lado, se o orçamento for feito com os encargos sociais e trabalhistas em sentido restrito, caberá ao orçamentista contabilizar o EPI no custo indireto. O custo da obra é o mesmo, o que muda é apenas a rubrica orçamentária em que o item é computado.

Uma planilha de serviços completa, com a maior quantidade possível de itens, termina por reduzir muito a quantidade de itens do custo indireto. Como será visto adiante, isso não altera o custo total da obra, mas tem impacto direto sobre o BDI.

Dica para o orçamentista

Quanto mais itens entrarem na planilha de serviços da obra, menor será a quantidade de itens no custo indireto e, consequentemente, o BDI.

10.5 Consumo de energia

Uma obra utiliza eletricidade nos escritórios, nas instalações de apoio (laboratório, refeitório etc.) e nos equipamentos elétricos de produção, como centrais industriais e elevadores de carga. Para o correto dimensionamento da demanda de energia da obra, é preciso listar esses equipamentos, com o respectivo período de permanência na obra e a quantidade média de horas de utilização por dia.

Antes, porém, vale a pena relembrar um pouco de física do ensino fundamental: *potência* não se confunde com *energia* (Quadro 10.4). Quando se diz que uma usina hidrelétrica tem 200 MW, essa é capacidade de geração, ou seja, sua potência. A energia será a geração realizada durante um certo intervalo de tempo: *energia = potência · tempo*. O mesmo conceito vale para um motor, uma lâmpada, entre outros.

Quadro 10.4 Diferença entre potência e energia

Grandeza	Definição	Unidade
Potência (*P*)	Quantidade de energia concedida por uma fonte a cada unidade de tempo. É um potencial.	Watt (W) e seus múltiplos (kW, MW etc.)
Energia (*E*)	Quantidade despendida pelo equipamento em dado período de tempo. É algo consumido.	Potência · tempo (Joule, kWh etc.)

A Tab. 10.1 mostra uma obra hipotética. Para os equipamentos que consomem energia, deve-se multiplicar a potência de cada um por seu tempo de utilização. Para os escritórios, a estimativa é idêntica, por aparelho elétrico. Por fim, considera-se um custo da iluminação noturna da praça de trabalho. Isso é comum em obras que têm turno da noite. Computada a energia total consumida, basta multiplicá-la pela tarifa de energia da concessionária local.

Dica para o orçamentista

A tarifa da energia é variável. As concessionárias aplicam preços diferenciados de demanda e consumo de acordo com a utilização em determinados horários do dia (horários de ponta e fora de ponta) e períodos do ano (seco e chuvoso). Convém ao orçamentista comparar o planejamento da obra com essas épocas para usar uma média ponderada das tarifas com pesos mais realistas.

Tab. 10.1 Cálculo da energia consumida na obra

Item	Quantidade (un)	Potência (kW)	Tempo de utilização			Energia (kWh)
			Diário (h)	Mensal (dias)	Prazo (meses)	
Industrial						
Grua fixa 50 m/2 t	1	110,0	6	25	17	280.500
Central de concreto 60 m³/h	1	200,0	6	20	12	288.000
Máquina de solda	3	10,0	3	25	15	33.750
Cremalheira	1	30,0	4	25	16	48.000
Geral: central carpintaria/armação	1	20,0	5	25	15	37.500
Bombas, betoneiras, balança etc.	1	20,0	6	25	23	69.000
Escritório						
Computador	30	0,3	10	25	23	51.750
Ar-condicionado	10	1,0	10	25	23	57.500
Plotter/impressoras	4	0,6	4	14	23	3.091
Lâmpada fluorescente	80	0,009	10	25	23	4.140
Diversos: geladeira, telefone etc.	1	5,0	24	30	23	82.800
Apoio						
Laboratório	1	2,0	8	25	23	9.200
Treinamento	1	1,0	4	22	23	2.024
Ambulatório	1	1,5	8	25	23	6.900
Guarita	1	0,5	24	30	23	8.280
Refeitório	1	2,0	4	25	23	4.600
Iluminação noturna						
Lâmpada HQI 2kW	40	2,0	10	30	23	552.000
Diversos						
Diversos	1	40,0	8	23	20	147.200
					Total	**1.686.235**
					Custo da energia (R$/kWh)	0,2442
					Custo total (R$)	**411.778,64**

10.6 Consumo de água

O cálculo da quantidade de água a ser usada pela obra requer a identificação das instalações que consomem água. Central de concreto, por exemplo, é um equipamento que exige grandes volumes de água. Basta perceber que 1 m³ de concreto consome em média 200 litros de água. Também há consumo na oficina mecânica para a lavagem de equipamentos e para a cura de elementos de concreto recém-lançados.

A Tab. 10.2 ilustra o processo de cálculo de consumo. Não é difícil adaptá-la para outros tipos de obra.

É importante pontuar que serviços de terraplenagem requerem muita água. Considera-se, nessa tabela, um consumo de 230 L/m³ de água para aterros e filtros de aterro (que, por terem granulometria baixa, "puxam" muita água) e 80 L/m³ para enrocamentos e camadas de brita graduada.

Tab. 10.2 Cálculo da água consumida na obra

Equipamento	Quantidade (un)	Consumo (L/h)	Tempo de utilização			Água (m³)
			Diário (h)	Mensal (dias)	Prazo (meses)	
Industrial						
Central de concreto 60 m³/h	1	12.000	6	20	12	17.280
Água industrial e cura de concreto	1	10.000	8	26	23	47.840

Serviço	Quantidade (m³)	Consumo (L/m³)		Água (m³)
Terraplanagem				
Aterro	600.000	230		138.000
Revestimento primário	20.000	230		4.600
Brita graduada	1.000	80		80
Bica corrida	20.000	80		1.600
Enrocamento compactado	300.000	80		24.000
Enrocamento de proteção	25.000	80		2.000

Tab. 10.2 (continuação)

Serviço	Quantidade (m^3)	Consumo (L/m^3)		Água (m^3)
Terraplanagem				
Transição compactada	15.000	80		1.200
Sub-base estabilizada	6.000	230		1.380
Enrocamento/ transição	1.000	80		80
Filtro de areia	30.000	230		6.900

Local	Quantidade (un)	Consumo (m^3/dia)		Tempo de utilização		Água (m^3)
				Mensal (dias)	Prazo (meses)	
Escritório						
Pessoas	60	0,05		26	23	1.794
Apoio						
Laboratório	1	2,0		26	23	1.196
Refeitório	1	5,0		30	23	3.450
Demais áreas	1	5,000		26	23	2.990
					Total	**254.390**

Custo da água (R$/$m^3$)	10,00
Custo total (R$)	**2.543.900,00**

Para o dimensionamento diário do consumo em edificações e outras áreas, recomenda-se usar a Tab. 10.3.

Tab. 10.3 Estimativa de consumo predial diário

Tipo de construção	Consumo médio (litros/dia)
Alojamentos provisórios	80 por pessoa
Casas populares ou rurais	120 por pessoa
Residências	150 por pessoa
Apartamentos	200 por pessoa

Tab. 10.3 (continuação)

Tipo de construção	Consumo médio (litros/dia)
Hotéis (sem cozinha e sem lavanderia)	120 por hóspede
Escolas - internatos	150 por pessoa
Escolas - semi-internatos	100 por pessoa
Escolas - externatos	50 por pessoa
Quartéis	150 por pessoa
Edifícios públicos ou comerciais	50 por pessoa
Escritórios	50 por pessoa
Cinemas e teatros	2 por lugar
Templos	2 por lugar
Restaurantes e similares	25 por refeição
Garagens	50 por automóvel
Lavanderias	30 por kg de roupa seca
Mercados	5 por m^2 de área
Matadouros - animais de grande porte	300 por cabeça abatida
Matadouros - animais de pequeno porte	150 por cabeça abatida
Posto de serviço para automóveis	150 por veículo
Cavalariças	100 por cavalo
Jardins	1,5 por m^2
Orfanato, asilo, berçário	150 por pessoa
Ambulatório	25 por pessoa
Creche	50 por pessoa
Oficina de costura	50 por pessoa

Fonte: Tigre (s.d.) e ABNT (1998).

Dicas para o orçamentista

O dimensionamento da água a ser consumida é fundamental para quem deseja obter água de poços. É preciso consultar a legislação local para conseguir autorização.

Atente para a correta utilização da expressão *poço artesiano*. Só é artesiano o poço em que as águas fluem naturalmente do solo, num aquífero confinado, sem a necessidade de bombeamento. Se precisar de bomba, o poço já não é artesiano (essa palavra deriva da cidade francesa de Artois, onde foi furado o primeiro poço com tal característica).

onze

Custos acessórios

Junto aos custos indiretos, há outras fontes de despesa que geralmente são incluídas nos orçamentos. Tais custos são chamados de *acessórios* porque complementam o orçamento da obra, aparecendo perifericamente. São eles:

- rateio da administração central;
- imprevistos e contingências;
- custo financeiro.

Cada um desses custos será analisado a seguir.

11.1 Rateio da administração central

As construtoras geralmente dispõem de uma matriz (escritório central ou sede) onde se baseia a administração central da empresa. A administração central é a estrutura necessária para a execução das atividades de direção geral da empresa, incluindo as áreas administrativa, financeira, contábil, técnica, de suprimento etc.

O escritório central é, então, apenas um gerador de despesas, sem ser propriamente um gerador de receitas, pois são as obras que internam dinheiro na empresa. Então, quem arca com as despesas da matriz? Logicamente são as obras – e, para isso, a construtora precisa embutir no orçamento de suas obras uma provisão de recursos para o custeio do escritório central. As obras rateiam os custos da matriz e remetem mensalmente uma cota proporcional ao porte de cada contrato. O percentual do custo que as obras rateiam entre si recebe o nome de *taxa da administração central*.

As despesas da administração central que devem ser cobertas pela taxa estão dispostas no Quadro 11.1.

Quadro 11.1 Despesas da administração central

Item	Descrição
Pessoal	Custo das equipes do escritório-sede e filiais, incluindo pró-labore dos sócios e salário de diretores, gerentes, secretárias, técnicos, estagiários, motoristas, contínuos etc. Um escritório central típico conta com os seguintes setores: diretoria, recursos humanos, contabilidade, financeiro, orçamento, compras, assessoria de imprensa, assessoria jurídica, TI, entre outros. Logicamente, para cada cargo deve ser considerado o salário (majorado dos respectivos encargos sociais e trabalhistas)
Instalações físicas	Aluguel e manutenção dos imóveis, tais como escritório central, terrenos, depósitos de material, pátios de equipamento etc., incluindo o custo de locação e os impostos cabíveis (IPTU)
Despesas correntes	Água, luz, telefone, internet, despesas postais, assinaturas de jornais e revistas, material de escritório e de limpeza etc.
Veículos e equipamentos	Veículos utilitários, fotocopiadoras, *plotters*, impressoras, computadores, aparelhos de ar condicionado etc. (custo de locação ou de propriedade)
Serviços de terceiros	Consultoria para estudos de obras, assessoria contábil e jurídica, publicidade, serviços gráficos, manutenção de computadores, auditoria, treinamento de pessoal
Outras despesas	Anuidades (Crea, sindicatos), aquisição de editais, seguros, viagens, brindes etc.

Os custos da administração central são rateados entre as várias obras da empresa, proporcionalmente ao porte de cada uma. Os valores mais comuns ficam entre 4% e 8% do custo da obra. Sendo fixado um percentual, cada obra participa do rateio de forma proporcional a seu montante. É importante ressaltar que o percentual varia de acordo com o momento econômico do setor da construção civil.

Dicas para o orçamentista
Geralmente a taxa de administração central fica entre 4% e 8% do custo. Se o valor precisa ser maior do que esse, é sinal de que o escritório central está "inchado" para a carteira de contratos da empresa.
É fácil notar que, quanto maior a taxa de administração central, menos competitiva a construtora.

Para avaliar a taxa de administração central a ser praticada, o orçamentista deve elaborar o orçamento anual da administração central e estimar percentualmente a representatividade desse custo em relação ao custo total das obras durante o ano. O percentual obtido será aquele utilizado pelo orçamentista para majorar o custo da obra, a fim de incluir a taxa de administração central.

Exemplo 11.1

A Tab. 11.1 mostra o custo anual estimado da administração central (escritório e terreno alugado para depósito) de uma construtora de médio porte, assim como o custo total projetado dos contratos que ela terá ao longo do referido ano. Qual deve ser a taxa de administração central a ser praticada pela empresa?

Tab. 11.1 Administração central (previsão para 2020)

Item	Unidade	Índice	Custo unitário (R$)	Custo total (R$)
Pessoal				
Diretor	mês	12	12.600,00	151.200,00
Gerente administrativo-financeiro	mês	12	7.200,00	86.400,00
Técnicos	mês	24	16.200,00	388.800,00
Estagiários	mês	24	450,00	10.800,00
Secretárias	mês	24	1.800,00	43.200,00
Motorista	mês	12	630,00	7.560,00
Copeira	mês	12	630,00	7.560,00
Contínuo	mês	12	630,00	7.560,00
Despesas administrativas				
Telefone e internet	mês	12	1.000,00	12.000,00
Energia e água	mês	12	400,00	4.800,00
Despesas postais	mês	12	250,00	3.000,00
Material de escritório	mês	12	400,00	4.800,00
Cópias	mês	12	200,00	2.400,00
Material de limpeza e de copa	mês	12	200,00	2.400,00
Alimentação	mês	12	1.000,00	12.000,00
Vale-transporte	mês	12	1.000,00	12.000,00
Compra de editais	mês	12	150,00	1.800,00
Anuidades (Crea, sindicatos etc.)	vb	1	400,00	400,00
Assinatura de revistas, jornais, livros	mês	12	80,00	960,00

Tab. 11.1 (continuação)

Item	Unidade	Índice	Custo unitário (R$)	Custo total (R$)
Equipamentos				
Automóvel (propriedade, operação, manutenção)	mês	12	2.200,00	26.400,00
Fotocopiadora (locação)	mês	12	400,00	4.800,00
Computador (depreciação e juros)	mês	12	100,00	1.200,00
Fax (depreciação e juros)	mês	12	30,00	360,00
Serviços de terceiros				
Contabilidade	mês	12	500,00	6.000,00
Assessoria jurídica	mês	12	500,00	6.000,00
Cursos e treinamento profissional	mês	12	200,00	2.400,00
Imóveis				
Escritório (depreciação, condomínio, IPTU)	mês	12	2.000,00	24.000,00
Depósito (locação)	mês	12	600,00	7.200,00
Mobiliário (depreciação)	mês	12	200,00	2.400,00
Diversos				
Viagens	mês	12	500,00	6.000,00
Consultoria	vb	1	3.000,00	3.000,00
Outros	vb	1	1.000,00	1.000,00
			Total	**850.400,00**

Solução:

- Custo das obras em 2019:

  Contratos em andamento (parcela referente a 2019): R$ 12.000.000,00

  Contratos a serem conquistados (parcela referente a 2019): R$ 9.000.000,00

  Total do custo em 2019: R$ 21.000.000,00

- Taxa de administração central = 850.400/21.000.000 = 4,0%

Dessa forma, em todo o orçamento o custo total (= direto + indireto) deverá ser acrescido de 4%, a fim de que a obra possa enviar recursos para a manutenção da matriz. Todas as obras remeterão o mesmo percentual de 4% sobre os custos.

11.2 Imprevistos e contingências

Um orçamento, por mais detalhado e criterioso que seja, é sempre aproximado, pois é impossível prever todas as casualidades da obra. Na construção civil, em que os cenários, os objetos de trabalho e as particularidades de metodologia variam de obra para obra, os *fatores imprevistos* ganham uma importância ainda maior. Eles acarretam atrasos de cronograma, acréscimo de custos diretos e indiretos, além de poderem colocar em risco a sanidade financeira da construção.

Didaticamente, podem-se distinguir três tipos de imprevistos:

* *De força maior*: são decorrentes de eventos de grande impacto. Muitas vezes, em virtude de sua natureza de grande imprevisibilidade, são cobertos pelo contratante (cliente), mas isso varia de contrato para contrato. Podem ser desdobrados em:
  * *naturais* (ou "atos de Deus"): terremotos, dilúvios, raios etc.;
  * *econômicos*: criação de novos impostos, adoção de jornadas de trabalho diferentes, confiscos governamentais, congelamentos de preços etc.;
  * *sócio-políticos*: guerras, greves, saques.
* *De previsibilidade relativa*: são eventos que têm a probabilidade de ocorrer periodicamente, não significando necessariamente que devam ocorrer durante o período da obra. Podem ser desdobrados em:
  * *naturais*: cheias, chuvas de estação etc.;
  * *econômicos*: atraso no pagamento das medições, aumento da inflação, aumento da taxa de juros, atrasos de terceiros etc.;
  * *humanos*: oscilações de produtividade, interrupções de trabalho, acordos judiciais de questões trabalhistas etc.
* *Aleatórios*: são casualidades de difícil previsão (ou até impossíveis de se prever). A experiência mostra que não há obra sem esses imprevistos. Podem ser de magnitude alta (desmoronamento de um muro de arrimo, capotamento de um caminhão) ou baixa (colisão contra um muro do vizinho, vidraças da obra quebradas por vândalos).

Uma medida recomendável é prever um seguro para cobrir os imprevistos. São muitas as apólices, e elas nem sempre cobrem todas as ocorrências.

Os imprevistos e contingências são geralmente incluídos no orçamento como um percentual aplicado sobre os custos (diretos + indiretos). O percentual será tanto maior quanto menos precisa e criteriosa for a orçamentação.

O percentual de imprevistos e contingências sofre grande influência do tipo de contrato de obra (Tab. 11.2). Quando se trata de um regime de contratação por *preço global*, há uma concentração de risco na figura do construtor, já que ele oferta um preço fechado para realizar todo o escopo da obra, incluindo todas as despesas, contingências e imprevistos. Dessa maneira, o construtor tende a embutir no preço global um percentual alto de imprevistos e contingências. Já quando se trata de um regime de contratação por *preço unitário*, há uma concentração de risco no contratante (proprietário), pois o preço ofertado pelo construtor se refere a cada um dos serviços constantes da planilha, ou seja, o construtor não precisa embutir um grande percentual de imprevistos e contingências.

Além disso, quando a construtora opta por fazer seguro, muitos dos imprevistos passam a ser cobertos, o que permite baixar o patamar de incerteza.

Tab. 11.2 Valores sugeridos para imprevistos e contingências

Características da obra	Contrato por preço unitário	Contrato por preço global
Obra simples e construtor experiente	0,5%	1%
Obra normal e construtor experiente	1,5%	2,5%
Obra complexa e construtor inexperiente	3%	5%

Fonte: Silva (2003).

Dicas para o orçamentista
Em obras por preço global, os imprevistos e contingências devem ser mais elevados do que em obras por preço unitário.
Se a construtora utilizar seguro de obra (responsabilidade civil, risco de engenharia), o patamar de imprevistos é menor.
Normalmente, o percentual a ser incluído no orçamento fica na faixa de 1% a 3% dos custos (diretos + indiretos).

11.3 Custo financeiro

Na maior parte dos contratos de construção, o construtor realiza os serviços com seus próprios recursos, fecha a medição ao final do mês e só depois de alguns dias é que recebe o pagamento. A empresa que faz a obra gasta do seu bolso com material, mão de obra e equipamento, e só recebe pelo serviço algum tempo depois (que pode variar de dias até meses). Em última análise, é como se a empresa contratada funcionasse como um banco, financiando a construção. No caso de obras públicas, essa é a regra.

Pelo fato de haver uma defasagem entre o momento do desembolso e o momento do recebimento da medição, existe inevitavelmente uma perda monetária. É o que se chama de *custo financeiro*.

Se o dinheiro empregado pelo construtor no financiamento da obra tivesse sido aplicado no mercado financeiro (poupança, fundos de aplicação, ações etc.), ele estaria rendendo e representaria um ganho real. Essa *perda*, ou melhor, esse ganho que o construtor deixa de auferir precisa, então, ser contabilizado no custo indireto.

Dicas para o orçamentista

Contrariamente ao que muita gente pensa, ao incluir no orçamento o custo financeiro, não se está dando um benefício, regalia ou lucro ao construtor, mas apenas recompondo o poder de compra do dinheiro com o qual ele financia a execução da obra.

A única situação em que não há a alocação de recursos próprios do construtor na obra é aquela em que a contratante paga um sinal ou adiantamento. Nesse caso, o construtor tem capital de giro para tocar a obra e o custo financeiro é nulo. No setor privado, existem casos de adiantamento de recursos pelo contratante. No setor público, essa prática é vedada.

A maneira de calcular o percentual a ser aplicado no orçamento a título de custo financeiro é estabelecer a defasagem entre o momento do desembolso e o momento do recebimento e avaliar quanto isso representaria de remuneração numa aplicação bancária típica (CDB, por exemplo).

A Fig. 11.1 ilustra o processo de determinação do custo financeiro de uma obra, que depende de três pontos notáveis:

* centro de gravidade das despesas do mês;
* data de fechamento da medição;
* data do pagamento da medição.

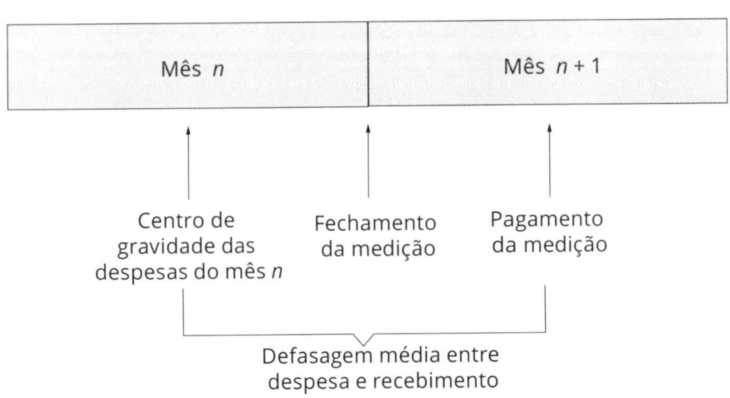

Fig. 11.1 *Defasagem entre a despesa e o pagamento da medição*

Os dois parâmetros que regem o cálculo do custo financeiro são:

* *Defasagem média entre despesa e recebimento*: é calculada pela diferença (em dias) entre o centro de gravidade das despesas do mês e a data de pagamento da medição pelo órgão contratante.
* *Taxa de juros*: reflete a rentabilidade no período da defasagem. É costumeiro adotar-se a rentabilidade do Certificado de Depósito Bancário (CDB) como referência. O CDB é tido como aplicação bancária de baixo risco.

Para o caso geral, a taxa do custo financeiro é dada por:

$$CF\% = \left[(1+i)^{\frac{n}{30}} - 1 \right]$$

em que:

i = taxa de juros mensal da aplicação financeira;

n = defasagem (em dias) entre o centro de gravidade dos desembolsos e a data de recebimento da medição.

O custo financeiro para algumas combinações de taxa de juros e defasagem é dado na Tab. 11.3.

Tab. 11.3 Custo financeiro

i	t (dias)					
	5	10	15	30	45	60
1,00%	0,17%	0,33%	0,50%	1,00%	1,50%	2,01%
1,50%	0,25%	0,50%	0,75%	1,50%	2,26%	3,02%
2,00%	0,33%	0,66%	1,00%	2,00%	3,01%	4,04%
2,50%	0,41%	0,83%	1,24%	2,50%	3,77%	5,06%
3,00%	0,49%	0,99%	1,49%	3,00%	4,53%	6,09%
3,50%	0,58%	1,15%	1,73%	3,50%	5,30%	7,12%
4,00%	0,66%	1,32%	1,98%	4,00%	6,06%	8,16%

Exemplo 11.2

Calcular a taxa do custo financeiro de uma obra com os momentos notáveis a seguir (ver Fig. 11.2) e com rendimento de 1,5% ao mês:

* Dia 15 do mês *n*: centro de gravidade das despesas (premissa de que o custo é distribuído uniformemente ao longo do mês).

- Dia 30 do mês *n*: fechamento da medição.
- Dia 15 do mês *n* + 1: pagamento da medição.

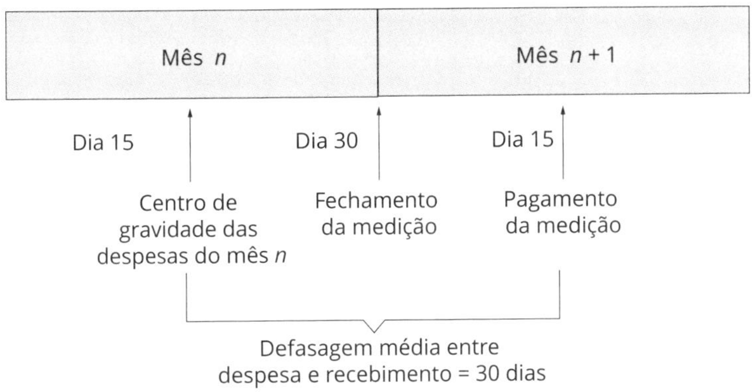

Fig. 11.2 *Defasagem entre a despesa e o pagamento da medição com 15 dias*

Solução:

- Defasagem = 30 dias
- Taxa de juros = 1,5% ao mês

$$CF\% = \left[(1+i)^{\frac{n}{30}} - 1\right] = \left[(1+0{,}015)^{\frac{30}{30}} - 1\right] = 1{,}50\% \text{ (mesmo valor da Tab. 11.3)}$$

Exemplo 11.3

Calcular o custo financeiro a ser embutido no orçamento de uma obra pública, cujos custos direto mais indireto totalizam R$ 200.000,00. Nessa obra, o órgão contratante leva 30 dias para pagar a medição (ver Fig. 11.3) e a taxa de juros é de 1,5% ao mês.

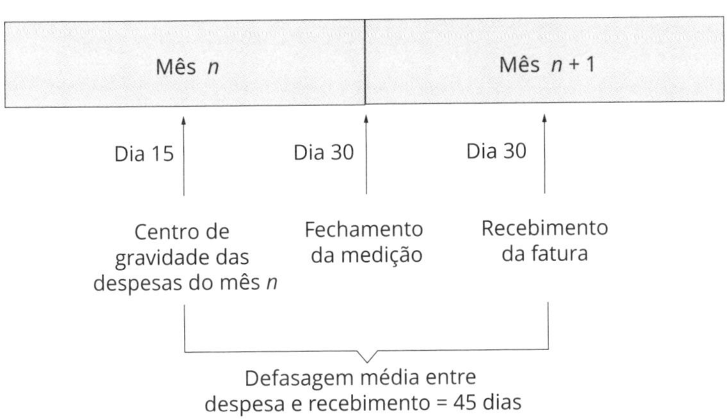

Fig. 11.3 *Defasagem entre a despesa e o pagamento da medição com 30 dias*

Solução:

* Defasagem = 45 dias (1 mês é entre a medição e o pagamento!)

  Taxa de juros = 1,5% ao mês

$$CF = \left[(1+i)^{\frac{n}{30}} - 1\right] = \left[(1+0{,}015)^{\frac{45}{30}} - 1\right] = 2{,}26\% \text{ (ver Tab. 11.3)}$$

Em valores absolutos, o custo financeiro corresponde a:

2,26% × R$ 200.000,00 = R$ 4.520,00

11.4 Posicionamento dos órgãos públicos

Alguns órgãos públicos repudiam a prática da introdução do custo financeiro nos orçamentos. Eles alegam que o custo financeiro faz parte do risco da atividade econômica e adotam a premissa de que as empresas contratadas dispõem de um capital de giro condizente com o porte da obra.

Alegam ainda que, se houver necessidade de a construtora recorrer a empréstimos bancários, é por contingência de um momento financeiro próprio da empresa, ou por conveniência sua, não cabendo à Administração Pública remunerar tal deficiência.

O autor deste livro particularmente discorda dessa opinião. Custo financeiro é custo como qualquer outro da teoria econômica e como tal deve ser computado.

doze

Impostos e lucro

Tudo o que foi visto até aqui situa-se na esfera do *custo*, isto é, de quanto o construtor precisa dispor para a obra. Contudo, se o construtor executar a obra para terceiros, ele emitirá uma nota fiscal para efetuar o faturamento dos serviços, e inevitavelmente haverá a incidência de impostos sobre a nota fiscal emitida.

Além disso, presume-se que o construtor busca ter algum ganho com a atividade econômica da construção. Em outras palavras, é compreensível que ele precise fazer uma provisão de lucro no orçamento da obra.

Dessa forma, tanto o lucro quanto os impostos devem ser computados para se passar de *custo* para *preço*. Neste capítulo, serão tratados os impostos e o lucro.

12.1 Impostos

Como toda atividade produtiva, a construção é onerada por impostos, que são vários. As diversas esferas de poder – federal, estadual e municipal – têm seus impostos, que incidem sobre o faturamento da obra.

No processo de orçamentação, a inclusão dos impostos vem ao final, pois, como incidem sobre o preço de venda da obra, é necessário que os custos diretos e indiretos já tenham sido determinados.

É importante que o orçamentista tenha em mente que os impostos a serem incluídos como despesas tributárias são aqueles que incidem sobre o faturamento, ou seja, sobre o preço de venda (receita bruta do contrato).

Dica para o orçamentista

Aqueles impostos cuja incidência não se dá sobre o faturamento já foram levados em conta no custo do material (ISS, ICMS, alíquota de importação etc.) ou da mão de obra (INSS, FGTS).

Sendo assim, os impostos que faltam ser computados são:

* Cofins;
* PIS;
* ISSQN;
* CPRB;
* IRPJ;
* CSLL.

12.1.1 Cofins

A Contribuição para Financiamento da Seguridade Social (Cofins) possui as seguintes características:

* Competência: federal;
* Base de cálculo: faturamento;
* Alíquota: 3%;
* Forma de cálculo: 3% faturamento (ou preço de venda do contrato).

A Cofins destina-se a financiar a seguridade social, atividade implementada pelo Sistema 5S (Sesc, Sesi, Senac, Senai, Senar e Sebrae). Constitui-se como o segundo maior tributo em termos arrecadatórios no Brasil, atrás somente do Imposto de Renda.

12.1.2 PIS

O Programa de Integração Social (PIS) tem as seguintes características:

* Competência: federal;
* Base de cálculo: faturamento;
* Alíquota: 0,65%;
* Forma de cálculo: 0,65% × faturamento (ou preço de venda do contrato).

O PIS foi instituído com o objetivo de financiar o pagamento do seguro-desemprego e do abono para os trabalhadores que ganham até dois salários mínimos (14º salário). Outra parte dos valores arrecadados é utilizada pelo Governo Federal para financiar programas de desenvolvimento econômico.

12.1.3 ISSQN

O Imposto sobre Serviços de Qualquer Natureza (ISSQN, ou simplesmente ISS) possui as seguintes características:

- Competência: municipal;
- Base de cálculo: preço do serviço prestado (com deduções);
- Alíquota: varia de município para município;
- Forma de cálculo: alíquota × preço do serviço (com deduções).

O ISS serve como instrumento de atração de empresas e negócios para municípios que estabelecem alíquotas baixas. Como o ISS varia de município para município, o orçamentista deve sempre se certificar da alíquota vigente no local da obra.

É comum que os municípios definam algumas regras específicas para a aplicação do imposto. Em geral, são admitidas deduções de materiais e subempreitadas, como é o caso do município de Salvador, exposto a seguir. A maneira mais prática de tratar o ISS, muito utilizada pelos orçamentistas, é estimar que percentual do contrato não sofrerá incidência do ISS e aplicar a alíquota à parcela restante.

A base de cálculo para a apuração do ISS no município de Salvador é o preço do serviço, deduzidas as parcelas referentes aos materiais fornecidos pelo prestador de serviços e o valor das subempreitadas já tributadas pelo imposto, sendo que estas devem ser comprovadas pela retenção do tributo na fonte.

A legislação municipal – Lei nº 7.186 (Salvador, 2006) – prevê a dedução do valor de materiais, desde que se incorporem à obra, tais como:

- cimento, areia, concreto pré-misturado, blocos;
- material de pintura;
- material de revestimento;
- esquadrias;
- vidros;
- metais;
- materiais para sanitários e cozinhas;
- material elétrico, hidráulico, entre outros.

Porém, não é permitido o abatimento dos materiais que possam ser removidos da obra, tais como:

- barracões, alojamentos de empregados e respectivos utensílios;
- madeira e ferragens utilizadas na confecção de tapumes, andaimes, escoras, torres e similares;

* fôrmas de concretos, máquinas, motores, veículos, bombas, ferramentas, guindastes, balancins, equipamentos de segurança etc.;
* quaisquer outros materiais ou equipamentos utilizados na obra, mas que não se incorporam a ela.

Os materiais que possam ser abatidos da base de cálculo do ISS precisam ter os seguintes requisitos:

* primeira via da nota fiscal de aquisição do material;
* indicação, na nota fiscal, da obra a que se destina o material;
* em caso de material adquirido para diversas obras, que geralmente é guardado em depósito centralizado, a saída do material respectivo de cada obra deve ser acompanhada por nota fiscal de remessa;
* a data da nota fiscal de aquisição do material a deduzir deve ser anterior à data da nota fiscal emitida para os serviços da construção;
* não é permitida nota fiscal de venda ao consumidor, pois esta não possibilita a identificação do adquirente.

Em relação aos serviços subempreitados, só poderão ser deduzidos da base de cálculo do ISS aqueles que forem comprovados mediante recibos de retenção na fonte.

Os serviços a seguir só poderão ser deduzidos se constarem do contrato e do orçamento original da obra:

* limpeza do imóvel;
* raspagem, lustração de assoalhos, calafetação, aplicação de resinas, impermeabilização;
* colocação de carpetes e cortinas;
* decoração de interiores (instalação de lestes, revestimentos de paredes etc.), de logradouros, paisagismo e outros serviços de decoração;
* elaboração de plantas, projetos e demais serviços de engenharia e arquitetura;
* projetos, cálculos e desenhos técnicos;
* instalação, colocação e montagem de aparelhos industriais.

Não são considerados subempreitadas, para fins de dedução, os seguintes serviços:

* fretes e carretos;
* locação de equipamentos;
* consertos e manutenção de máquinas e equipamentos (escadas, andaimes, balancins, fôrmas de concreto, veículos, guindaste etc.);

- fornecimento de mão de obra avulsa (serviço de natureza diversa da empreitada com fornecimento de materiais pelo contratante e que com ela não se confunde).

A alíquota do ISS, no município de Salvador, é de 5% sobre o preço dos serviços, quando da execução de obras hidráulicas ou de construção civil; e de 2% no caso de execução de obras de edificação popular, desde que atendam todos os requisitos estabelecidos, ou seja, área privativa limitada a 40 m^2, construção com um único pavimento e unidomiciliar, valor de comercialização não superior a R$ 5.300,00 etc.

Exemplo 12.1

Sabendo que a alíquota do ISS é de 5% e supondo que as deduções com materiais e subempreiteiros atingem 40% do valor do contrato, calcular o percentual a ser considerado no orçamento.

Solução:

- Parcela a sofrer incidência do imposto = 100% – 40% = 60%
- Alíquota para orçamento = 0,60 × 5% = 3%

Então, o orçamentista deve adotar 3% sobre o preço de venda (valor do contrato).

12.1.4 CPRB

A Contribuição Previdenciária sobre a Receita Bruta (CPRB) tem as seguintes características:

- Competência: federal;
- Base de cálculo: faturamento;
- Alíquota: 4,5%;
- Forma de cálculo: alíquota × faturamento.

A CPRB surgiu junto com a desoneração da mão de obra. Em vez de pagar o INSS como 20% sobre a folha de pagamento, o regime da desoneração deu ao construtor a opção de pagar 4,5% sobre a nota fiscal (faturamento).

Como foi explicado no Cap. 5, a CPRB só é aplicável se a empresa opta por esse regime. No caso de haver a CPRB, os encargos sociais aplicados sobre a hora-base dos funcionários serão menores, pois não incluirão o INSS. É uma troca: ou se aplica INSS de 20% sobre a mão de obra ou 4,5% sobre o faturamento.

Dica para o orçamentista

É mais vantajoso optar pela desoneração da folha de pagamento, isto é, aplicar CPRB em vez de INSS, em empresas cujas obras têm muita mão de obra, por exemplo, uma construção muito manual. Por outro lado, é melhor não optar pela desoneração quando a empresa tem um perfil de obra que consome pouca mão de obra (pavimentação, terraplenagem, infraestrutura em geral).

12.1.5 IRPJ e CSLL

O Imposto de Renda de Pessoa Jurídica (IRPJ) e a Contribuição Social sobre o Lucro Líquido (CSLL) possuem as seguintes características:

* Competência: federal;
* Base de cálculo: lucro real ou lucro presumido, a depender da opção da construtora;
* Alíquotas: variam de acordo com a opção de regime tributário;
* Forma de cálculo: alíquota × lucro (real ou presumido).

O tratamento do IRPJ e da CSLL depende do regime tributário da construtora. A legislação tributária estabelece dois regimes de apuração do lucro: o lucro real e o lucro presumido (Quadro 12.1). Há ainda o lucro arbitrado, aplicável pela autoridade tributária quando a pessoa jurídica deixar de cumprir as obrigações relativas à determinação do lucro real ou presumido.

No setor da construção civil, podem optar pelo regime de lucro presumido:

* as empresas que tenham tido receita bruta total não superior a R$ 78.000.000,00 no ano-calendário anterior;

Quadro 12.1 Regime de apuração do lucro

Regime de apuração	Características
Lucro real	Os impostos são calculados com base no lucro efetivamente obtido pela empresa no período fiscal, apurado ao se computar a diferença entre todas as receitas e todos os custos da empresa. É o lucro líquido do período de apuração ajustado pelas adições, exclusões ou compensações prescritas ou autorizadas pelo regulamento do Imposto de Renda. Se o lucro no período for nulo ou negativo, a empresa não precisa pagar Imposto de Renda.
Lucro presumido	Os impostos são calculados com base num percentual previamente estabelecido, que incide sobre o valor das vendas realizadas, independentemente da apuração do lucro. O percentual vem definido na lei. Se o lucro no período for nulo ou negativo, a empresa, ainda assim, precisa pagar Imposto de Renda.

* as empresas que se dediquem à compra e à venda, ao loteamento, à incorporação ou à construção de imóveis e à execução de obras da construção civil.

No regime de lucro real, se o exercício fiscal apresentar lucro nulo ou negativo, o IRPJ e a CSLL não precisarão ser pagos. Já no lucro presumido, por ser dispensada a apuração do lucro real, os dois impostos são sempre devidos.

Dicas para o orçamentista
O regime de lucro real é a regra. O lucro presumido é só para quem se encaixar nos requisitos –e, mesmo assim, é de adesão opcional.
Se a empresa prevê que irá trabalhar com uma margem de lucro superior à estabelecida pelo governo para o lucro presumido, é interessante optar por esse regime. Caso a projeção seja de baixa lucratividade, o sistema de apuração por lucro real é mais vantajoso.

Regime de lucro real

Para as empresas que praticam o regime de lucro real, as alíquotas do IRPJ e da CSLL são:

* IRPJ:
  - ◊ 15% sobre o lucro real da empresa até o limite de R$ 20.000,00 por mês;
  - ◊ Adicional de 10% sobre o lucro que exceder R$ 20.000,00 por mês, ou seja, alíquota de 25%;
* CSLL:
  - ◊ 9% sobre o lucro real da empresa até R$ 20.000,00 por mês.

O pagamento do IRPJ e da CSLL é trimestral, acompanhando os trimestres do ano civil.

Regime de lucro presumido

Para as empresas que praticam o regime de lucro presumido, as alíquotas e bases de cálculo do IRPJ e da CSLL são:

* IRPJ:
  - ◊ Alíquota = 15%;
  - ◊ Base de cálculo = 8% da receita bruta (lucratividade estabelecida pelo Governo);
  - ◊ Forma de cálculo = 0,15 × 8% = 1,2% × faturamento (ou preço total do contrato).

* CSLL:
  - ◊ Alíquota = 9%;
  - ◊ Base de cálculo = 12% da receita bruta (percentual estabelecido pelo Governo);
  - ◊ Forma de cálculo = 0,09 × 12% = 1,08% × faturamento (ou preço total do contrato).

Dicas para o orçamentista
No regime de lucro real, o IRPJ e a CSLL incidem sobre o lucro operacional da empresa, e não sobre o preço de venda da obra.
No regime de lucro presumido, o IRPJ e a CSLL incidem sobre o preço de venda da obra, sem ter qualquer relação com o lucro efetivamente auferido pela empresa.
A consideração de lucro operacional e líquido só ocorre no regime de lucro real.

Lucro operacional e lucro líquido

Lucro operacional ou bruto (*LO*) é o lucro antes da incidência de IRPJ e CSLL. Já o lucro líquido (*LL*) é o lucro após a incidência de IRPJ e CSLL. É o valor que efetivamente sobra para o construtor.

$$LO = \frac{LL}{1 - \text{IRPJ} - \text{CSLL}}$$

Considerando as alíquotas de 25% e 9% para IRPJ e CSLL, respectivamente, a relação entre o lucro líquido (*LL*) e o lucro operacional (*LO*) é:

$$LO = \frac{LL}{1 - \text{IRPJ} - \text{CSLL}} = \frac{LL}{1 - 0{,}25 - 0{,}09} = \frac{LL}{0{,}66}$$

A Tab. 12.1 mostra um resumo dos impostos e suas incidências em cada regime de tributação descrito.

Tab. 12.1 Quadro-resumo dos impostos

Imposto	Competência	Regime de tributação	
		Lucro real	Lucro presumido
Cofins	Federal	3% sobre o preço de venda	3% sobre o preço de venda
PIS	Federal	0,65% sobre o preço de venda	0,65% sobre o preço de venda
ISSQN	Municipal	Alíquota municipal	Alíquota municipal
IRPJ	Federal	15% sobre o lucro real (se < R$ 20.000,00 por mês) ou 25% sobre o lucro real (se > R$ 20.000,00 por mês)	1,2% sobre o preço de venda
CSLL	Federal	9% sobre o lucro real	1,08% sobre o preço de venda

Exemplo 12.2

Uma construtora quer ter 8% de lucro líquido num contrato. Estabelecer como ela deve proceder nos dois casos: lucro real e lucro presumido.

Solução:

* Lucro real:

O lucro líquido (*LL*) é o lucro operacional (*LO*) após a incidência de IRPJ e CSLL. Usando 25% e 9%, respectivamente, para IRPJ e CSLL:

$$LO = \frac{LL}{1-0{,}34} = \frac{LL}{0{,}66} = \frac{8\%}{0{,}66} = 12{,}12\%$$

Assim, para se ter 8% de lucro líquido, o lucro operacional precisa ser de 12,12%. Esse será o lucro a ser embutido no orçamento.

Portanto, para fins de orçamento, as despesas tributárias e a lucratividade a aplicar sobre o preço de venda seriam:

- ◊ Cofins: 3% sobre o preço de venda;
- ◊ PIS: 0,65% sobre o preço de venda;
- ◊ ISSQN: alíquota sobre o preço de venda;
- ◊ *LO*: 12,12% sobre o preço de venda.

* Lucro presumido:

Todas as incidências se dão diretamente sobre o preço de venda:

- ◊ Cofins: 3% sobre o preço de venda;
- ◊ PIS: 0,65% sobre o preço de venda;
- ◊ ISSQN: alíquota sobre o preço de venda;
- ◊ IRPJ: 1,2% sobre o preço de venda;
- ◊ CSLL: 1,08% sobre o preço de venda;
- ◊ *LL*: 8% sobre o preço de venda.

Dicas para o orçamentista

O lucro da obra é uma coisa e o lucro da empresa é outra. Se o regime for de lucro real, a empresa pagará lucro se ela tiver resultado positivo. Pode ocorrer de a obra dar lucro e a empresa dar prejuízo, caso em que não haverá recolhimento de IRPJ e CSLL.

Na fase de orçamento, sempre se considera que a empresa dará lucro, e, por isso, é recomendável orçar as obras com a incidência de IRPJ e CSLL.

12.2 Imposto de Renda nas obras públicas

No mundo das obras públicas, muito se discute sobre se o Imposto de Renda de Pessoa Jurídica (IRPJ) e a Contribuição Social sobre o Lucro Líquido (CSLL) podem ser computados no orçamento. São basicamente três as razões que levam gestores públicos e auditores dos Tribunais de Contas a vedar a inclusão do Imposto de Renda no BDI da obra:

- *IRPJ e CSLL são tributos diretos*

  Isso quer dizer que esses tributos, por sua natureza intrínseca, não podem ser transferidos para terceiros. Se forem embutidos no orçamento da obra, estarão sendo "repassados" para o contratante, o que é uma violação ao conceito desses tributos. Nos acórdãos do Tribunal de Contas da União (TCU), lê-se sempre a expressão "personalíssimos" para designar esses dois tributos que oneram pessoalmente o contribuinte. Isso tem lógica: quando um funcionário recebe seu salário, quem paga o Imposto de Renda é ele, e não seu empregador. A ideia por trás do IRPJ e da CSLL é justamente cobrar dos ganhos de cada pessoa uma "pequena" colaboração para custear as muitas atividades públicas essenciais do país.
- *IRPJ e CSLL são tributos da empresa, e não da obra*

  Como esses tributos são da pessoa jurídica, e não do serviço, seria um contrassenso incluí-los no orçamento da obra.
- *Não é garantido que a empresa pagará o Imposto de Renda*

  Se no período de apuração a empresa tiver prejuízo (terminar o ano "no vermelho", como se diz), o Imposto de Renda não será devido e, como decorrência disso, o imposto incluído no BDI não será pago e virará lucro indevidamente. Se a contratante concordar em pagar determinada taxa percentual do Imposto de Renda embutida no BDI, estará pagando um gasto que, na verdade, é imprevisível, podendo coincidir ou não com o valor pactuado como despesa indireta.

12.3 Lucro

Toda empresa precisa gerar lucro. A busca por lucro decorre da própria necessidade de sobrevivência e crescimento da empresa. Todo empreendedor, quando aplica seus recursos em um negócio, tem expectativa de obter algum retorno financeiro.

Nos orçamentos de construção, o lucro arbitrado pode ser baixo ou alto, a depender das circunstâncias. Pode, também, ser nulo, como acontece nos casos de uma obra para uso próprio.

Quando a empresa faz obras para clientes externos, o lucro sempre integra o orçamento. O momento de sua inclusão é o final do processo de orçamentação, depois do cômputo dos custos diretos e indiretos.

Para finalizar a orçamentação e gerar o preço de venda da obra, fica faltando a consideração dos impostos que incidem sobre o contrato. É importante salientar que os impostos a serem considerados nessa fase são apenas aqueles que incidem sobre o faturamento do contrato, ou seja, sobre o preço de venda da construção. Os impostos que incidem sobre a mão de obra e sobre os materiais já foram convenientemente contemplados quando da atribuição dos custos dos insumos pertinentes.

12.3.1 Lucro, lucratividade e rentabilidade

Antes de se avançar no assunto, é preciso esclarecer a terminologia para não haver má utilização. As definições de lucro, lucrabilidade e rentabilidade são detalhadas a seguir e dispostas no Quadro 12.2.

Lucro pode ser conceituado, do ponto de vista contábil e de forma bastante simplificada, como a diferença entre as receitas e as despesas. É o que entra menos o que sai. Lucro, portanto, é um valor absoluto, expresso em unidades monetárias (reais).

O lucro, por si só, não diz muito. Se alguém aufere, por exemplo, um lucro de R$ 100.000,00 em um contrato, o valor absoluto não informa muito. A relatividade é importante. Se tal lucro foi obtido em um contrato de R$ 500.000,00, sua representatividade é muito maior do que se tivesse sido obtido em um de R$ 2.000.000,00.

A medida da relatividade é dada pela *lucratividade*, que é a relação entre o lucro e a receita. É um quociente e é expressa em percentual (valor relativo). A lucratividade dá uma ideia do percentual do contrato que se transforma em ganho para a empresa.

Por fim, *rentabilidade* é o percentual de remuneração do capital investido na empresa, ou seja, o grau de rendimento proporcionado por determinado investimento. É expressa pela percentagem de lucro em relação ao investimento total. A rentabilidade refere-se ao retorno sobre o investimento realizado na empresa e serve para a comparação com a rentabilidade que o dinheiro teria se fosse aplicado no banco, por exemplo.

Quadro 12.2 Diferença entre lucro, lucratividade e rentabilidade

Elemento	Unidade	Característica
Lucro	R$	Diferença entre as receitas e as despesas
Lucratividade	%	Relação entre o lucro e a receita
Rentabilidade	%	Relação entre o lucro e o investimento

Exemplo 12.3

Uma obra prevê um ganho de R$ 40.000,00 num contrato com preço de venda orçado em R$ 300.000,00. A construtora irá desembolsar R$ 250.000,00 na obra. Calcular lucro, lucratividade e rentabilidade previstos.

Solução:

- Lucro = R$ 40.000,00
- Lucratividade = R$ 40.000,00/R$ 300.000,00 = 13,3%
- Rentabilidade = R$ 40.000,00/R$ 250.000,00 = 16%

12.3.2 Nível de lucratividade

O nível de lucratividade almejado em um empreendimento é normalmente determinado pelo estado da economia, pelas forças de mercado e pelo nível de risco. O lucro final é, tal como o orçamento dos custos, uma estimativa. Obviamente, seu valor final será função dos custos reais da obra. Quanto mais preciso o processo de orçamentação, tanto maior a confiança de que a lucratividade arbitrada será efetivamente alcançada.

Dependendo da magnitude, a lucratividade pode ser classificada em:

- *Normal*: é a lucratividade que compensa a atividade empresarial dentro de padrões médios, garantindo ao empresário retorno sobre o investimento e ganhos compatíveis com seu ramo de negócio e comparativamente iguais ao que seus concorrentes praticam. Embora uma empresa de construção possa ter projetos com variadas margens de lucro, em longo prazo o patamar de nível normal deve ser mantido. Caso não haja possibilidade de se manter o nível normal, mais vale abandonar a atividade produtiva e transferir os fundos para as aplicações bancárias de baixo risco.
- *Alta*: é a lucratividade maior do que a normal, geralmente praticada em situações especiais, como as de:
  - *Pouca concorrência*: decorre da lei da oferta e da demanda, segundo a qual a diminuição da concorrência tende a aumentar a margem de lucro. Nos casos extremos, em que o cliente solicita preços somente a uma empresa, o lucro tende a ser ainda mais alto.
  - *Projeto incompleto*: situações em que o cliente não tem tempo para desenvolver todos os projetos e licita a obra apenas com anteprojetos ou estudos, deixando dúvidas quanto ao real escopo de serviços e especificações técnicas.

    ◊ *Alto risco*: quando a economia local apresenta grandes oscilações e incertezas, ou quando o cliente não inspira muita confiança ao construtor.
- *Baixa*: é a lucratividade menor do que a normal, geralmente praticada em situações especiais, como as de:
    ◊ *Muita concorrência*: decorre da mesma lei de mercado segundo a qual a concorrência faz cair a margem de lucro.
    ◊ *Época de recessão*: ocorre em épocas "de vacas magras", quando é interessante para a construtora conquistar a obra para manter a mão de obra empregada, cobrir os custos fixos etc. É uma situação em que o lucro em si é secundário, sendo a sobrevivência o fator preponderante.
    ◊ *Possibilidade de serviços extras*: a construtora adota um lucro baixo para vencer a concorrência, porém aposta em serviços adicionais (com preços novos) para obter lucro posterior na obra. É uma situação que ocorre quando o projeto é deficiente.
    ◊ *Novo mercado*: a construtora sacrifica o lucro em prol de entrar em um novo mercado ou absorver uma nova tecnologia.
    ◊ *Novo cliente*: a construtora quer ganhar credibilidade com o cliente em uma obra visando a contratos futuros maiores. Como se diz no jargão da construção, é a estratégia de "botar um pé" dentro da empresa contratante.

A Fig. 12.1 dá uma ideia da amplitude de cada faixa de lucratividade.

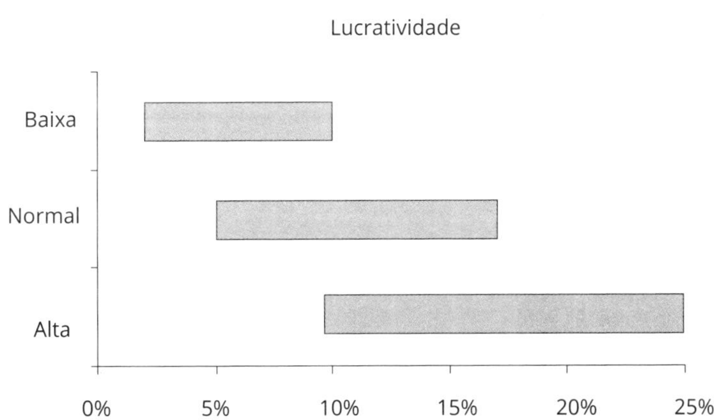

Fig. 12.1 *Faixas de lucratividade*

treze

Preço de venda e BDI

Tendo orçado todos os custos da obra, definido o percentual de lucro almejado e identificado todos os impostos com suas respectivas alíquotas, o orçamentista está em condições de calcular o preço de venda da obra.

O preço de venda é o valor total ofertado pelo contrato, englobando todos os custos, o lucro e os impostos. É o valor final do orçamento. Com ele, a construtora irá propor negócio à entidade contratante ou participar da licitação.

A passagem de custo para preço exige cuidados. Essa etapa está, certamente, entre as maiores fontes de erro dos orçamentos. São muitos os profissionais que erram na forma de aplicar o lucro e os impostos, e, consequentemente, terminam o penoso trabalho de orçamentação com um erro crasso, contribuindo para o insucesso da obra.

13.1 Custo e preço

A Fig. 13.1 apresenta um esquema que elucida a diferença entre custo e preço.

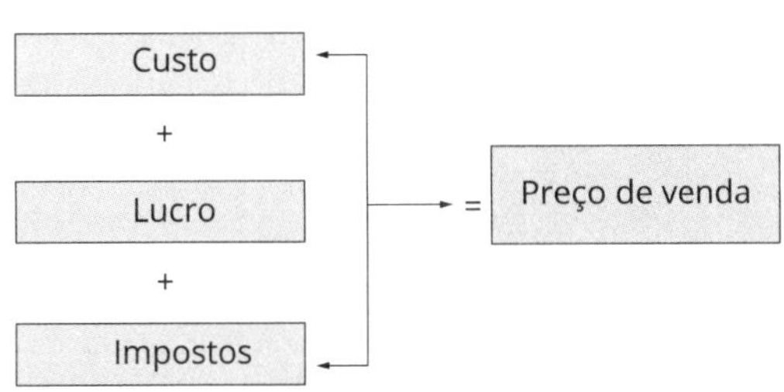

Fig. 13.1 *Diferença entre custo e preço*

O custo mostrado na Fig. 13.1 inclui:

* custos diretos;
* custos indiretos;
* custos acessórios: administração central, custo financeiro, imprevistos e contingências.

Para melhor entendimento, suponha-se uma obra hipotética orçada em R$ 100,00. A diretoria da empresa determinou que a lucratividade almejada é de 12% do preço de venda, e o orçamentista verificou que os impostos na localidade atingem o patamar de 8%. Um orçamentista incauto aplicaria as duas taxas percentuais sobre os R$ 100,00, chegando a um preço de R$ 120,00. Isso está tremendamente errado: o imposto e o lucro foram calculados sobre o custo, quando deveriam ser aplicados sobre a venda!

Ao aplicar a lucratividade e os impostos sobre o custo, o orçamentista distorce o sentido dessas duas taxas, que devem incidir sobre o preço de venda, que é o faturamento da empresa. É só fazer a verificação para constatar o erro do orçamento:

* Preço de venda (PV) = R$ 120,00;
* Impostos = 8% × R$ 120,00 = R$ 9,60;
* Lucro = 12% × R$ 120,00 = R$ 14,40.

Sobram apenas R$ 96,00 para a obra, enquanto o custo orçado tinha sido de R$ 100,00... O orçamento está errado!

Como, então, calcular o preço de venda? É fácil: só fazer a conta de trás para frente – o PV é tal que, descontados os 12% de lucratividade e os 8% de impostos, o valor que sobra é exatamente o custo de R$ 100,00:

$$PV - (0{,}12 + 0{,}08) \cdot PV = 100$$

$$PV\,(1 - 0{,}12 - 0{,}08) = 100$$

$$PV = 100/(1 - 0{,}20) = 100/0{,}80 = \text{R\$ } 125{,}00 \textbf{ (CORRETO!)}$$

Por esses cálculos, o preço de venda é suficiente:

* Custo = R$ 100,00;
* Impostos = 8% × R$ 125,00 = R$ 10,00;
* Lucro = 12% × R$ 125,00 = R$ 15,00;
* Soma = R$ 125,00 = PV (**CORRETO!**).

Também é errado aplicar primeiro a lucratividade e depois os impostos (ou vice-versa):

100/(1 – 0,8) = 108,70

108,70/(1 – 0,12) = R$ 123,52 **(ERRADO!)**

O que acontece aqui é que os impostos "comem" parte do lucro (ver Estudo de caso 13.1, p. 299).

O raciocínio cauteloso leva à seguinte equação em notação paramétrica:

$$PV = \frac{Custo}{1 - i\%}$$

em que:

PV = preço de venda (R$);

Custo = custo total (direto, indireto, administração central, custo financeiro, imprevistos e contingências) (R$);

i% = somatória de todas as incidências sobre o preço de venda (em percentual).

Dicas para o orçamentista
É errado aplicar os percentuais de lucratividade e impostos diretamente sobre o custo, pois eles incidem sobre o preço de venda.
O correto é somar todos os custos e dividi-los por (1 – *i*%), sendo *i*% a somatória de tudo o que incide sobre o preço de venda.
Aplicar *lucro* e *impostos* separadamente dá errado — eles têm que ser somados para compor a incidência total.
Tudo o que é *custo* fica no *numerador.*
Tudo o que *incide sobre o preço* (faturamento) do contrato fica no *denominador.*

Exemplo 13.1

Uma obra foi orçada em R$ 250.000,00 (custo total). Na localidade da obra, os impostos atingem 7% e a lucratividade desejada pelo construtor é de 8%. Calcular o preço de venda.

Solução:

Custo = R$ 250.000,00

Impostos = 7% } Incidências sobre o preço de venda = 15%

Lucratividade = 8%

$$PV = \frac{Custo}{1 - i\%} = \frac{250.000,00}{1 - 0,15} = R\$\ 294.117,65$$

Verificação:

Custo = R$ 250.000,00

Impostos = 7% × 294.117,65 = R$ 20.588,24

Lucro = 8% × 294.117,65 = R$ 23,529,41

Soma = R$ 294.117,65 = PV **(CORRETO!)**

13.2 BDI

Novamente, recorre-se a um exemplo simples. Suponha-se uma obra hipotética composta de apenas quatro serviços (Tab. 13.1). Como visto nos capítulos anteriores, para cada serviço se faz uma composição de custos, cujo total é o custo direto total da obra (Tab. 13.2).

Tab. 13.1 Planilha de serviços

Serviço	**Unidade**	**Quantidade**
Escavação	m^3	10
Fôrma	m^2	70
Armação	kg	500
Concreto	m^3	5

Tab. 13.2 Custo direto

Serviço	**Unidade**	**Quantidade**	**Custo unitário (R$)**	**Custo total (R$)**
Escavação	m^3	10	10,00	100,00
Fôrma	m^2	70	20,00	1.400,00
Armação	kg	500	5,00	2.500,00
Concreto	m^3	5	200,00	1.000,00
			Total	**5.000,00**

O montante de R$ 5.000,00 ainda não é o preço de venda, mas tão somente o custo direto. Falta acrescer a ele o custo indireto, os custos acessórios (administração contratual, custo financeiro, imprevistos e contingências), o lucro e os impostos. Suponha-se que esses outros itens tenham os seguintes valores:

* custo indireto = R$ 500,00;
* administração central = R$ 50,00;
* imprevistos e contingências = R$ 50,00;
* lucro = 10% sobre o faturamento;
* impostos = 10% sobre o faturamento.

Com essas premissas de cálculo, o preço de venda, conforme explicado anteriormente, será de:

$$PV = \frac{Custo}{1 - i\%} = \frac{5.000 + 500 + 50 + 50}{1 - 0{,}10 - 0{,}10} = R\$7.000{,}00$$

A questão agora é como explicitar esse valor na planilha de serviços da obra. A maneira lógica é dividir o preço de venda (R$ 7.000,00) pelo custo direto (R$ 5.000,00) e multiplicar esse quociente por todos os serviços. Com isso, passa-se de custo a preço:

Multiplicador = 7.000/5.000 = 1,40

Aplica-se esse multiplicador sobre os serviços da Tab. 13.3.

Tab. 13.3 Preço de venda

Serviço	Unidade	Quantidade	Custo unitário × 1,40 = preço unitário (R$)	Preço total (R$)
Escavação	m^3	10,00	14,00	140,00
Fôrma	m^2	70,00	28,00	1.960,00
Armação	kg	500,00	7,00	3.500,00
Concreto	m^3	5,00	280,00	1.400,00
			Total	**7.000,00**

Em resumo, todos os custos não diretos foram diluídos sobre os custos diretos. O indireto, a administração central, os imprevistos, o lucro e os impostos foram todos linearmente distribuídos sobre o custo direto dos serviços, já que não há local para explicitá-los na planilha.

O multiplicador, quando tratado na forma percentual (no exemplo, o multiplicador representa uma majoração de 40%), chama-se BDI – *benefícios* (ou *bonificação*) e *despesas indiretas*; é o fator a ser aplicado ao custo direto para a obtenção do preço de venda. Para tanto, divide-se o custo indireto (DI) – acrescido do lucro (B) – pelo custo direto da obra. Sendo *PV* o preço de venda e *CD* o custo direto, a fórmula é:

$$PV = CD \cdot (1 + BDI\%)$$

ou, de forma inversa:

$$BDI\% = PV/CD - 1$$

O BDI inclui:

- despesas indiretas de funcionamento da obra;
- custo da administração central (matriz);
- custos financeiros;
- fatores imprevistos;
- impostos;
- lucro.

Tanto o termo *benefícios* quanto *bonificação* querem dizer lucro. Por exemplo, se o custo direto de uma determinada obra foi orçado em 100, o custo indireto, em 20, e o lucro, em 10, o BDI é igual ao quociente (20 + 10)/100 = 30%. O preço final (preço de venda) será 100 × 1,30 = 130. O BDI é a majoração percentual que o preço de venda representa sobre o custo direto.

O Exemplo 13.2 a seguir certamente serve para dirimir todas as dúvidas acerca da determinação do preço de venda e cálculo do BDI.

Exemplo 13.2

A planilha abaixo contém os serviços da obra com seus quantitativos e custos diretos calculados. Com as premissas adicionais, calcular o BDI e gerar os preços de venda. Supor regime de tributação por lucro real.

Premissas:

- Administração central: 4% sobre os custos diretos mais indiretos (parâmetro atribuído pela empresa);
- Custo financeiro: 1,5% sobre os custos diretos mais indiretos (equivale a medições mensais e prazo de pagamento de 15 dias após apresentação da medição);
- Imprevistos e contingências: 1% sobre os custos diretos mais indiretos (parâmetro do orçamentista);
- Lucro operacional ou bruto: 8% sobre o faturamento (parâmetro definido pela empresa);
- Impostos:
  - Cofins: 3% sobre o faturamento;
  - PIS: 0,65% sobre o faturamento;
  - ISSQN: 3% sobre o faturamento;
  - Regime de lucro real:
    - IRPJ: 25% sobre o lucro operacional (bruto);
    - CSLL: 9% sobre o lucro operacional (bruto).

Solução:

1º passo: orçamento do custo direto (CD), proveniente das composições de custos unitários)

Item	Descrição	Unidade	Quantidade	Custo unitário (R$)	Custo total (R$)
1	Escavação	m^3	3.000	8,00	24.000,00
2	Aterro	m^3	1.500	18,00	27.000,00
3	Estaca metálica	m	500	50,00	25.000,00
4	Fôrma	m^2	12.000	22,00	264.000,00
5	Armação	kg	90.000	4,80	432.000,00
6	Concreto	m^3	1.000	200,00	200.000,00
7	Alvenaria	m^2	5.000	20,00	100.000,00
8	Revestimento de parede	m^2	10.000	12,00	120.000,00
9	Pintura	m^2	12.000	10,00	120.000,00
10	Impermea-bilização	m^2	2.000	12,00	24.000,00
11	Piso cerâmico	m^2	4.000	50,00	200.000,00
12	Esquadria de madeira	m^2	1.200	250,00	300.000,00
13	Vidro	m^2	600	60,00	36.000,00
14	Cobertura	m^3	2.000	40,00	80.000,00
15	Instalações elétricas/ hidráulicas	vb	1	600.000,00	600.000,00
16	Paisagismo	vb	1	30.000,00	30.000,00
				Total	**2.582.000,00**

Item	Descrição	Unidade	Quantidade	Custo unitário (R$)	Custo total (R$)
1	Instalação do canteiro de obras	vb	1	20.000,00	20.000,00
2	Material de escritório/ limpeza	mês	8	300,00	2.400,00
3	Contas (água, energia, telefone)	mês	8	1.000,00	8.000,00

Item	Descrição	Unidade	Quantidade	Custo unitário (R$)	Custo total (R$)
4	Engenheiro	mês	8	6.300,00	50.400,00
5	Mestre	mês	8	2.520,00	20.160,00
6	Encarregado	mês	16	2.160,00	34.560,00
7	Técnico de segurança	mês	8	1.800,00	14.400,00
8	Almoxarife	mês	8	1.440,00	11.520,00
9	Vigia	mês	24	630,00	15.120,00
10	Ferramentas e utensílios	vb	1	10.000,00	10.000,00
11	EPI	vb	1	9.000,00	9.000,00
12	Equipamentos gerais	mês	8	3.500,00	28.000,00
13	Despesas legais	vb	1	3.000,00	3.000,00
14	Veículo utilitário	mês	8	2.000,00	16.000,00
15	Desmobilização	vb	1	8.000,00	8.000,00
				Total	**250.560,00**

2º passo: orçamento do custo indireto (CI)

3º passo: custos acessórios

- Administração central (AC): 4% sobre os custos diretos mais indiretos

  $AC = 4\% \times (2.582.000 + 250.560) = R\$\ 113.302,40$

- Custo financeiro (CF): 1,5% sobre os custos diretos mais indiretos

  $CF = 1,5\% \times (2.582.000 + 250.560) = R\$\ 42.488,40$

- Imprevistos e contingências (IC): 1% sobre os custos diretos mais indiretos

  $IC = 1\% \times (2.582.000 + 250.560) = R\$\ 28.325,60$

4º passo: incidências sobre o faturamento (lucro e impostos)

- Lucro operacional (LO%): 8% sobre o faturamento
- Impostos (IMP%):
  - ◊ Cofins: 3% sobre o faturamento
  - ◊ PIS: 0,65% sobre o faturamento
  - ◊ ISS: 3% sobre o faturamento

  IMP% = 6,65%
- Total de incidências sobre o faturamento: LO% + IMP% = 8% + 6,65% = 14,65%

5º passo: cálculo do preço de venda (PV) da obra

$$PV = \frac{\text{Custo}}{1 - i\%} = \frac{CD + CI + AC + CF + IC}{1 - (\text{LO\%} + \text{IMP\%})}$$

$$PV = \frac{2.582.000 + 250.560 + 113.302,40 + 42.488,40 + 28.325,60}{1 - 0,1455}$$

$$PV = \frac{3.016.676,40}{0,8535}$$

$$PV = R\$3.534.477,33$$

6º passo: cálculo do BDI

$$\text{BDI\%} = \frac{PV}{CD} - 1$$

$$\text{BDI\%} = \frac{3.534.477,33}{2.582.000} - 1 = 1,3689 - 1 = 0,3689 = 36,89\%$$

O preço de venda de cada serviço será o seu custo direto majorado de 36,89%. Esse percentual representa a diluição da administração central, do custo financeiro, dos imprevistos e contingências, do lucro e dos impostos sobre o custo direto do serviço.

Obs.: *Com a desoneração da folha de pagamento (Brasil, 2013), o INSS deixa de ser cobrado como 20% sobre ela e passa a ser cobrado como 4,5% sobre a receita bruta, recebendo o nome de Contribuição Previdenciária sobre a Receita Bruta (CPRB). Com isso, o INSS deixa de figurar no rol de encargos sociais e passa a incidir sobre o faturamento da obra, integrando o BDI. Nesse caso, os impostos da fórmula do BDI passam a ser Cofins, PIS, ISSQN e INSS.*

7º passo: cálculo dos preços unitários dos serviços

O preço unitário de cada serviço será o seu custo unitário multiplicado pelo coeficiente de BDI (= 1,3689).

Item	Descrição	Unidade	Quantidade	Custo unitário (R$)	Preço unitário (R$)	Preço total (R$)
1	Escavação	m^3	3.000	8,00	10,95	32.853,60
2	Aterro	m^3	1.500	18,00	24,64	36.960,30
3	Estaca metálica	m	500	50,00	68,45	34.222,50
4	Fôrma	m^2	12.000	22,00	30,12	361.389,60
5	Armação	kg	90.000	4,80	6,57	591.364,80
6	Concreto	m^3	1.000	200,00	273,78	273.780,00

7	Alvenaria	m^2	5.000	20,00	27,38	136.890,00
8	Revestimento de parede	m^2	10.000	12,00	16,43	164.268,00
9	Pintura	m^2	12.000	10,00	13,69	164.268,00
10	Impermea-bilização	m^2	2.000	12,00	16,43	32.853,60
11	Piso cerâmico	m^2	4.000	50,00	68,45	273.780,00
12	Esquadria de madeira	m^2	1.200	250,00	342,23	410.670,00
13	Vidro	m^2	600	60,00	82,13	49.280,40
14	Cobertura	m^3	2.000	40,00	54,76	109.512,00
15	Instalações elétricas/ hidráulicas	vb	1	600.000,00	821.340,00	821.340,00
16	Paisagismo	vb	1	30.000,00	41.067,00	41.067,00
					Total	**3.534.499,80**

A pequena diferença que aparece no total se deve ao arredondamento do valor do BDI.

8º passo: identificação de todas as parcelas

Parcela	**Valor (R$)**
Custo direto (CD)	2.582.000,00
Custo indireto (CI)	250.560,00
Administração central (AC)	113.302,40
Custo financeiro (CF)	42.488,40
Imprevistos e contingências (IC)	28.325,60
Impostos (IMP)	
Cofins: 3% · *PV*	106.034,99
PIS: 0,65% · *PV*	22.974,25
ISSQN: 3% · *PV*	106.034,99
Lucro operacional (LO): 8% · *PV*	282.759,98

A pequena diferença que aparece no total se deve aos arredondamentos.

Observação: No caso de a empresa – note bem: a empresa, e não a obra – obter lucro no período fiscal, ela deverá pagar IRPJ e CSLL, com alíquotas respectivas de 25% e 9% sobre o lucro da empresa. Nesse exemplo, é como se o IRPJ levasse R$ 71.005,00 e a CSLL, R$ 25.561,80, sobrando efetivamente R$ 187.453,20 líquidos.

Dica para o orçamentista

A sequência de cálculo dos preços unitários é:

1. Calcular *CD* (custo direto);
2. Calcular *CI* (custo indireto);
3. Fazer a soma *CD* + *CI*;
4. Calcular *AC* (administração central) sobre *CD* + *CI*;
5. Calcular *CF* (custo financeiro) sobre *CD* + *CI*;
6. Calcular *IC* (imprevistos e contingências) sobre *CD* + *CI*;
7. Totalizar custo = *CD* + *CI* + *AC* + *CF* + *IC*;
8. Somar as alíquotas de Cofins, PIS e ISS = IMP%;
9. Somar IMP% + lucro = i% (incidências sobre o preço de venda);
10. Calcular *PV* = Custo/(1 – i%);
11. Calcular BDI% = (*PV/CD*) – 1;
12. Aplicar o BDI sobre os custos unitários para obter os preços unitários.

Exemplo 13.3

Para a construção de uma ponte, o orçamentista chegou aos valores abaixo. Calcular o preço de venda e o BDI.

- Custo direto: R$ 400.000,00.
- Custo indireto:
  - ◊ custo médio mensal das despesas indiretas da obra: R$ 6.000,00;
  - ◊ custo médio mensal do escritório central: R$ 10.000,00;
  - ◊ prazo da obra = 10 meses;
  - ◊ total de custo dos contratos da empresa nos próximos 10 meses: R$ 2.000.000,00.
- Parâmetros financeiros:
  - ◊ prazo entre medições: 1 mês;
  - ◊ prazo para pagamento: 30 dias;
  - ◊ taxa de mensal de juros: 1,5%.
- Parâmetros tributários:
  - ◊ Cofins: 3,0%;
  - ◊ PIS: 0,65%;

- ◊ ISSQN: 4% sobre o faturamento;
- ◊ Regime de lucro presumido:
  - » IRPJ: 1,2% sobre o faturamento;
  - » CSLL: 1,08% sobre o faturamento.

- Outros parâmetros:
  - ◊ imprevistos: 0,5%;
  - ◊ lucro pretendido sobre o valor do contrato: 7%.

Solução:

- Custo direto (*CD*): R$ 400.000
- Custo indireto (*CI*): 10 meses × R$ 6.000/mês = R$ 60.000
- Administração central (AC):

  A quota da obra é proporcional à sua participação no total de custos da empresa nos próximos dez meses (prazo da obra):
  - ◊ custo dos contratos da empresa: R$ 2.000.000
  - ◊ custo da obra = R$ 460.000 (= *CD* + *CI*), ou seja, 23%
  - ◊ custo da matriz = 10 meses × R$ 10.000/mês = R$ 100.000
  - ◊ quota da obra = 23% × R$ 100.000 = R$ 23.000 = *AC*
- Custo financeiro (*CF*):

  Na Tab. 11.3, no Cap. 11, para t = 45 dias (defasagem) e i = 1,5%, a taxa de custo financeiro é de 2,26%:

$$CF = 2{,}26\% \times (400.000 + 60.000) = 10.396$$

- Imprevistos e contingências (*IC*):

$$IC = 0{,}5\% \times (400.000 + 60.000) = 2.300$$

- Lucratividade (LO%): 7% sobre o faturamento
- Impostos (IMP%):

$$\text{Cofins} + \text{PIS} + \text{ISSQN} + \text{IRPJ} + \text{CSLL}$$

$$3{,}00\% + 0{,}65\% + 4\% + 1{,}2\% + 1{,}08\% = 9{,}93\%$$

- Incidências sobre o faturamento = LO% + IMP% = 16,93%

$$PV = \frac{\text{Custo}}{1 - i\%} = \frac{CD + CI + AC + CF + IC}{1 - (LO\% + IMP\%)} =$$

$$= \frac{(400.000 + 60.000 + 23.000 + 10.396 + 2.300)}{1 - 0{,}1693} =$$

$$= \frac{495.696}{0{,}8307} = R\$\ 596.721$$

$$BDI\% = \frac{PV}{CD} - 1$$

$$BDI\% = \frac{596.721}{400.000} - 1 = 1,4918 - 1 = 0,4918 = 49,18\%$$

Verificação:

Parcela	Valor (R$)
Custo direto (*CD*)	400.000,00
Custo indireto (*CI*)	60.000,00
Administração central (*AC*)	23.000,00
Custo financeiro (*CF*)	10.396,00
Imprevistos e contingências (*IC*)	2.300,00
Cofins = 3% · *PV*	17.901,63
PIS = 0,65% · *PV*	3.878,69
ISSQN = 4% · *PV*	23.868,84
IRPJ = 1,2% · *PV*	7.160,65
CSSL = 1,08% · *PV*	6.444,59
Lucro = 7% · *PV*	41.770,47

Esse lucro é líquido, pois o IRPJ e o CSSL já foram computados à parte.

13.2.1 Fórmulas do preço de venda e BDI

O raciocínio que norteou os Exemplos 13.2 e 13.3 pode ser resumido nas seguintes fórmulas:

$$PV = \frac{\text{Custo}}{1 - i\%} = \frac{CD + CI + AC + CF + IC}{1 - (LO\% + IMP\%)}$$

$$BDI\% = \frac{PV}{CD} - 1 \quad PV = CD \cdot (1 + BDI\%)$$

Dividindo por ($CD + CI$) os termos do numerador da primeira fórmula, chega-se à fórmula do BDI:

$$BDI\% = \frac{(1 + CI\%)(1 + AC\% + CF\% + IC\%)}{1 - (LO\% + IMP\%)} - 1$$

em que:

CI% = custo indireto (% sobre o custo direto);

AC% = administração central (% sobre os custos diretos mais indiretos);

CF% = custo financeiro (% sobre os custos diretos mais indiretos);
IC% = imprevistos e contingências (% sobre os custos diretos mais indiretos);
LO% = lucro operacional (% sobre o preço de venda);
IMP% = impostos (% sobre o preço de venda).

Exemplo 13.4

Retomando os valores do Exemplo 13.2, calcular seu BDI pela fórmula.

Solução:

- CD = 2.582.000
- CI = 250.560 → CI% = 250.560/2.582.000 = 0,09704 = 9,704%
- AC% = 4%
- CF% = 1,5%
- IC% = 1%
- LO% = 8%
- IMP% = 6,65%

$$BDI\% = \frac{(1 + CI\%)(1 + AC\% + CF\% + IC\%)}{1 - (LO\% + IMP\%)} - 1$$

$$BDI\% = \frac{(1 + 0,09704)(1 + 0,04 + 0,015 + 0,01)}{1 - (0,08 + 0,0665)} - 1 = 0,3689 = 36,89\%$$

13.2.2 Considerações sobre BDI

Várias são as conclusões a que se chega sobre BDI:

Obras diferentes levam a BDIs diferentes

Por depender diretamente da composição de custos indiretos, administração central, custo financeiro, imprevistos e contingências, lucro e impostos, cada obra terá seu próprio BDI. Não se pode querer que todas as obras de uma mesma empresa apresentem o mesmo percentual. Mudando-se as condições, muda-se o BDI. Por isso, recrimina-se a prática que algumas construtoras têm de utilizar um "BDI padrão" da empresa para qualquer orçamento. Essa simplificação pode trazer efeitos sérios e maléficos no futuro. Essa prática só teria algum cabimento se a construtora só fizesse o mesmo tipo de obra e sob as mesmas circunstâncias, o que nem sempre é possível. Assim, para cada obra, o orçamentista tem que calcular seu respectivo BDI.

No cálculo do BDI só entram os impostos que incidem sobre o faturamento (preço de venda)

Na construção, há uma grande quantidade de impostos, mas só integram o cálculo do BDI aqueles que incidem sobre a fatura ou preço de venda: Cofins, PIS, ISSQN e, no caso de regime de tributação por lucro presumido, o IRPJ e a CSLL e, no caso da desoneração da folha de pagamento, a CPRB. No entanto, outros impostos e encargos, tais como IPI, ICMS, FGTS e INSS, não deixam de ser computados. O que acontece é que eles são computados em outro lugar (Quadro 13.1): uns são integrantes do custo de material, outros compõem a extensa massa de encargos sociais e trabalhistas, como visto em capítulos anteriores.

Quadro 13.1 Local onde entra cada imposto

Imposto	Onde entra
Cofins	BDI
PIS	BDI
ISSQN	BDI
CPRB	BDI (se a empresa optar pelo regime de desoneração da folha de pagamento)
ICMS	Material
IPI	Material e equipamento
INSS	Encargos sociais (mão de obra), no caso de obra sem desoneração da folha de pagamento, ou BDI, no caso de obra com desoneração
FGTS	Encargos sociais (mão de obra)
IPVA	Equipamento

O BDI não tem limite superior

O BDI pode assumir qualquer valor positivo, inclusive acima de 100%. Sendo o BDI um quociente entre as parcelas que precisam ser diluídas e o custo direto, nada impede que ele atinja valores muito altos. É só imaginar uma situação em que uma empresa de Salvador precise construir uma casa popular no meio da Floresta Amazônica. O custo indireto será tão alto em comparação com o custo direto – certamente maior – que a razão indireto/direto será superior a 1, gerando um BDI maior que 100%. Não é comum, mas a matemática aceita.

Numa concorrência, duas empresas proponentes não necessariamente chegam ao mesmo BDI

Considerando que cada empresa tem as suas peculiaridades de arranjo e sofisticação de canteiro, formação de equipe, política salarial, margem de lucro e estipulação de riscos e imprevistos, é virtualmente improvável que duas construtoras cheguem a um mesmo BDI para uma mesma obra. Aliás, é basicamente pelo BDI que as propostas se diferenciam entre si.

Obras grandes, longas e simples tendem a possuir um BDI reduzido, enquanto obras complexas, rápidas e pequenas trabalham com BDI mais elevado

Embora obras grandes tenham despesas indiretas altas, elas são proporcionalmente menores em relação ao custo direto. Basta pensar em duas obras: a construção de uma escola pública de porte médio e a de uma escola particular sofisticada, ambas com a mesma área construída. Os custos indiretos não serão tão diferentes, porque a estrutura de apoio será muito parecida. No entanto, como a escola particular tem um custo direto mais alto, seu BDI, consequentemente, será menor. O mesmo raciocínio vale para a comparação de duas obras: a construção de uma rede de drenagem com prazo de quatro meses e outra com prazo de 12 meses. Não sendo a estrutura de canteiro e a equipe muito diferentes nos dois casos, a representatividade do custo indireto será maior na obra rápida, elevando seu BDI.

13.2.3 Utilidades do BDI

O conhecimento do BDI usado na definição do preço de venda de uma obra tem algumas utilidades. É justamente para isso que alguns órgãos contratantes exigem que as construtoras indiquem na proposta o percentual de BDI adotado. Basicamente, essas utilidades são:

Cálculo do preço de custo

Como decorrência da própria fórmula, conhecidos o preço de venda (*PV*) e o BDI, o custo direto (*CD*) pode ser obtido diretamente:

$$CD = PV/(1 + BDI\%)$$

Fazendo a conta, o contratante pode comparar o custo direto da construtora com custos conhecidos (Pini, mercado etc.).

Exemplo 13.5

Uma construtora apresentou um preço de R$ 520.000,00 para executar uma obra. Na proposta, declarou ter utilizado um BDI de 30%. Qual o custo direto?

$$CD = PV/(1 + BDI\%)$$

$$CD = 520.000/1,30 = R\$ 400.000,00$$

Definição de preços novos

Em obras, é sempre comum aparecerem serviços novos que não estavam previstos na planilha de preços. A omissão pode ter ocorrido por causa da impossibilidade de se prever o serviço (remoção de uma tubulação enterrada, necessidade de muro de arrimo para conter terreno instável etc.) ou porque o contratante decidiu alterar uma especificação ou incluir algum novo componente.

A maneira mais corrente de definir o preço unitário do serviço novo é fazer a sua composição de custos unitários e multiplicar pelo BDI previamente conhecido. Na negociação do preço novo, não se discute o BDI – chega-se a um consenso sobre o custo direto, que pode mais facilmente ser calculado pelas partes, e sobre ele se aplica o BDI pactuado.

Exemplo 13.6

Durante a construção de um viaduto, o cliente detectou a necessidade de fazer um muro de alvenaria de pedra, inicialmente não previsto no contrato. Assim, precisa-se de preço novo. O BDI apresentado pela construtora durante a licitação foi de 35%. Calcular o preço de venda do novo serviço.

Solução:

Serviço: alvenaria de pedra (m^3)

Composição de custos unitários → custo direto do serviço = R$ 180,00/m^3

Preço de venda do serviço: R$ 180,00 × 1,35 = R$ 243,00

Ao receber R$ 243,00 por cada metro cúbico, o construtor estará sendo remunerado pelo custo direto, indireto, lucro e impostos que esse novo serviço acarreta.

13.3 Desoneração do BDI

A desoneração do BDI é uma busca constante dos dois polos da relação contratual da obra: contratante e construtora.

Ao longo deste livro, foram expostas situações em que a fronteira entre custo direto e indireto pode ser deslocada. Se um custo puder ser listado na planilha da obra, automaticamente ele passa a ser visto como direto e não entra no rol dos custos indiretos.

Ora, quanto mais detalhada estiver a planilha orçamentária da obra, menos itens estarão de fora e, portanto, menos itens precisarão ser diluídos sobre os custos diretos orçados. O BDI, então, será menor. Cobrando-se itens "tipicamente indiretos" na planilha, reduz-se o custo indireto e a taxa de BDI.

O ideal é incluir na planilha da obra todos os itens que possam ser medidos, isto é, mensurados e pagos por quantidade. Deixar um item como *placa da obra* fora da planilha faz com que o orçamentista tenha que remetê-lo à família dos indiretos, integrando-o na computação do BDI. É mais lógico incluir a placa da obra na planilha, pois ela pode facilmente ser medida pelo fiscal da obra.

Tal é o caso de limpeza da obra, alvará, manutenção de estradas de serviço e outros. O Quadro 13.2 traz alguns serviços que devem fazer parte da planilha do contrato para fins de desoneração do BDI.

Quadro 13.2 Itens que podem figurar na planilha de preços

Item	Observação
Mobilização	Pode-se pagar, neste item, os serviços de mobilização de pessoal, equipamentos, construção de barracões e alojamentos etc. Estando na planilha, é um item que pode ser logo medido pelo construtor, melhorando seu capital de giro
Instalação de canteiro	Refere-se à construção de barracões e alojamentos, depósitos, cercas, tapumes etc. Há órgãos que, no edital, já estabelecem as áreas e padrões de acabamentos dos barracões e instalações de canteiro, a fim de disciplinar a medição do serviço. Para o fiscal da obra, é simples fazer a medição por meio da planilha
Tapume	Em vez de deixá-lo como custo indireto, pode-se estimar seu comprimento total e incluí-lo na planilha. Nesse caso, é importante que o edital já contenha o traçado do tapume, a fim de que se conheça de antemão o comprimento exigido
Taxas e emolumentos	Alvará, Crea, Habite-se, ligações provisórias
Veículo da fiscalização (fornecido pela construtora)	Não há por que este item ficar fora da planilha, aumentando o BDI. Como pode ser facilmente cobrado por mês, o serviço deve ser incluído na planilha da obra. Isso é também conveniente para o construtor, pois, se a obra aumentar de prazo, ele irá cobrar o item proporcionalmente ao período
Topografia, sondagem, controle tecnológico	São serviços que podem estar na planilha, quantificados como verba e pagos por percentual executado
Manutenção de caminhos de serviços	Em obras de terraplenagem, pode-se incluir este item na planilha e pagar uma verba por mês
Limpeza da obra	Tanto a limpeza permanente da obra quanto a limpeza final podem ser itens da planilha
Desmobilização	Mesmo raciocínio da *Mobilização*

Outra maneira de se desonerar o BDI é a adoção dos encargos sociais e trabalhistas em sentido amplo. Por englobarem os encargos intersindicais (alimentação, transporte, seguro de vida, EPI e ferramentas), os encargos ampliados absorvem vários itens que antes figurariam no custo indireto.

Dica para o orçamentista

A desoneração do BDI pode ser realizada de duas maneiras:

* inclusão do maior número possível de serviços na planilha de preços da obra;
* utilização dos encargos sociais e trabalhistas em sentido amplo.

13.4 A visão do BDI pelo Poder Público

A Administração Pública interessada na contratação de uma obra precisa orçá-la antes de licitá-la. A legislação impõe a orçamentação interna para fins de alocação de recursos orçamentários e enquadramento da licitação nas diversas modalidades (convite, tomada de preços, concorrência pública).

Acontece que a Administração Pública tradicionalmente não orça as obras como deveria. Seja por falta de pessoal, seja por falta de tempo para efetivamente proceder a um processo de orçamentação completo, os órgãos contratantes apenas orçam o custo direto da obra e aplicam um BDI em cima.

De posse da planilha de quantitativos oriunda da área técnica ou de projetistas terceirizados, o setor de orçamento lança o custo direto de cada serviço, obtido a partir de composições de custos ou cadernos de encargos, e, por fim, num lance de simplificação, aplica o percentual de BDI para ter o preço referencial da obra.

Em geral, o BDI é o mesmo para toda e qualquer obra do órgão, seja na capital ou no interior, de reforma ou construção, simples ou complexa, grande ou pequena. O percentual mais difundido é 25%. Ninguém sabe o porquê – parece ter sido estabelecido por decreto.

Não há nessa prática nenhuma dissecação do custo indireto da obra. As empresas do governo supõem que todo BDI fique na faixa de 25%. Essa simplificação, até compreensível pelo volume de serviço que os orçamentistas chegam a ter, causa graves distorções no orçamento, com impacto na contratação da obra.

Em que pese ser a simplificação compreensível, ela está longe de ser aceitável. A prática dos órgãos públicos de adotar o mesmo BDI para toda obra chega à leviandade. O dever de licitar pressupõe o dever de orçar internamente com critério e respeitando as peculiaridades de cada projeto.

Mais grave ainda é a imposição de alguns órgãos de que não serão aceitas propostas que contenham BDI superior a determinado valor. É como se não houvesse liberdade de formação de preço entre os interessados, como se todos os proponentes fossem iguais.

O princípio constitucional da livre iniciativa fica em xeque quando se depara com estipulações retrógradas da Administração Pública. Que se comparem preços de venda, é perfeitamente legal e importante para a sociedade; que se comparem os BDIs ou, ainda, que se limite o BDI, é algo que não soa consoante com a boa técnica.

O Qualiop (Programa da Qualidade das Obras Públicas da Bahia) tomou a iniciativa de realizar um elaborado orçamento de três tipos de obra: de porte pequeno, médio e grande. O notável trabalho recomenda aos órgãos estaduais um critério de aplicação de taxas de BDI (sem desoneração da folha de pagamento), exposto na Tab. 13.4.

Tab. 13.4 Faixas de BDI por porte da obra

Regime de contratação	**Custo de produção**		
	Até R$ 100.000,00	**Entre R$ 100.001,00 e R$ 1.000.000,00**	**Acima de R$ 1.000.001,00**
Preço unitário	31,74%	29,35%	27,06%
Preço global	32,95%	30,54%	28,24%

Exemplo 13.7

Aproveitando o *boom* imobiliário no Litoral Norte da Bahia, uma construtora decidiu investir na construção de casas de padrão médio/alto, com área construída de 180 m².

Baseando-se em obras anteriores, o engenheiro estima o custo de construção em R$ 700,00/m². Em consulta a corretores de imóveis da região, ele soube que pode cobrar até R$ 1.700,00 por metro quadrado. Entre impostos e comissão de corretagem, os encargos chegam a 15%.

Sabendo que cada terreno custa em média R$ 90.000,00 e que o escritório central tem um custo mensal de R$ 15.000,00, a construtora quer fazer seu planejamento estratégico e definir os seguintes parâmetros:

1. quantas casas por ano precisa vender para empatar;
2. quantas casas precisa construir para ter um lucro anual de R$ 150.000,00.

Solução:

1. O primeiro resultado buscado é o ponto de equilíbrio (*break-even point*). Nesse ponto, o preço de venda das casas equivale ao custo total da empresa (construção + terreno + escritório):

* Preço líquido de venda do metro quadrado:
  Preço de venda: R$ 1.700,00/m²
  Encargos de venda: 15%
  Preço líquido de venda: 0,85 × R$ 1.700,00/m² = R$ 1.445,00/m²

* Custo total do metro quadrado de construção:

  Construção: R$ 700,00/m²

  Terreno: R$ 90.000,00/180 m² = R$ 500,00/m²

  Total: R$ 1.200,00/m²

* Custo do escritório central: R$ 180.000,00
* Área de equilíbrio (A_{eq}):

$$\underbrace{R\$1.445{,}00/m^2 \cdot A_{eq}}_{\text{(venda)}} = \underbrace{R\$\ 1.200{,}00/m^2 \cdot A_{eq}}_{\text{(construção + terreno)}} + \underbrace{R\$\ 180.000{,}00}_{\text{(escritório)}}$$

  A_{eq} = R$ 180.000,00/(R$ 245,00/m²) = 735 m²

  Total de casas = 735 m²/180 m² → 4 casas

  Assim, com menos de quatro casas, a empresa é deficitária, porque o custo de operação superaria a receita de venda das casas.

2. Cálculo idêntico ao anterior, porém com saldo final de R$ 150.000,00:

* Área (A):

$$\underbrace{R\$\ 1.445{,}00/m^2 \cdot A}_{\text{(venda)}} = \underbrace{R\$\ 1.200{,}00/m^2 \cdot A + R\$\ 180.000{,}00}_{\text{(construção + terreno)(escritório)}} + \underbrace{R\$\ 150.000{,}00}_{\text{(saldo final)}}$$

  A = R$ 330.000,00/(R$ 245,00/m²) = 1.347 m²

  Total de casas = 1.347 m²/180 m² → 8 casas

  Assim, a empresa precisa construir oito casas para chegar ao lucro anual de R$ 150.000,00.

Estudo de caso 13.1

Uma construtora sempre orçava suas obras com cuidado na atribuição dos índices nas composições de custos e cotação de preços de insumos. No campo, os serviços eram executados dentro do custo orçado, e o custo indireto ficava sempre muito próximo do orçamento. A construtora, contudo, não conseguia entender por que ficava com um lucro reduzido, abaixo daquele almejado. Uma avaliação da sistemática do setor de orçamento conduziu à resposta: no fechamento do preço, aplicava-se o percentual de impostos e depois a lucratividade, ao contrário do que manda a teoria.

Veja o exemplo abaixo:

Custo direto: R$ 500.000

Custo indireto: R$ 50.000

Administração central: 3% × R$ 550.000 = R$ 16.500
Imprevistos e contingências: 1% × R$ 550.000 = R$ 5.500
Lucro: 12% sobre o faturamento
Impostos: 8% sobre o faturamento

Com essas premissas de cálculo, o preço de venda correto, conforme explicado anteriormente, será de:

$$PV = \frac{\text{Custo}}{1 - i\%} = \frac{500.000 + 50.000 + 16.500 + 5.500}{1 - 0{,}20} = \text{R\$ } 715.000$$

Verificação:

Custo direto: R$ 500.000
Custo indireto: R$ 50.000
Administração central: R$ 16.500
Imprevistos e contingências: R$ 5.500
Impostos: 8% × R$ 715.000 = R$ 57.200
Soma: R$ 629.200
Lucro = *PV* – soma = R$ 85.800 = 12% × R$ 715.000 **(CORRETO!)**

Veja, agora, a forma errada como o orçamentista fez, aplicando primeiro os impostos e depois o lucro:

$$PV = \left[\frac{\frac{500.000 + 50.000 + 16.500 + 5.500}{1 - 0{,}08}}{1 - 0{,}12} \right] = \text{R\$ } 706.521$$

Verificação:

Custo direto: R$ 500.000
Custo indireto: R$ 50.000
Administração central: R$ 16.500
Imprevistos e contingências: R$ 5.500
Impostos: 8% × R$ 706.521 = R$ 56.521
Soma: R$ 628.521
Lucro = *PV* – soma = R$ 78.000 **(ERRADO!)**

Dessa forma, reforça-se que lucro e impostos devem sempre ser tomados juntos, somados, para o cálculo do *PV*.

quatorze

Desbalanceamento

Seguindo os passos vistos anteriormente, a maneira mais simples e imediata de se preencher uma planilha de preços unitários é:

- estabelecer uma composição de custos para cada item e calcular os custos unitários;
- compor o custo indireto e os custos acessórios;
- atribuir lucratividade e impostos;
- gerar o preço de venda;
- determinar o BDI;
- aplicar linearmente o BDI sobre o custo direto dos itens da planilha. Por exemplo, se o BDI for de 30%, multiplicar cada custo unitário por 1,30;
- preencher a planilha de venda.

Nada, entretanto, obriga o construtor a distribuir o BDI linearmente. Ele pode, mantendo o preço de venda calculado, atribuir BDI diferente para cada item da planilha, de acordo com a sua conveniência. A esse processo se dá o nome de *desbalanceamento da planilha*.

14.1 Aplicação não uniforme do BDI

Para fins didáticos, utiliza-se o exemplo da seção 13.2 (p. 282), de uma obra hipotética composta de apenas quatro serviços, com seus respectivos custos diretos expostos na Tab. 14.1.

Tab. 14.1 Custos diretos

Serviço	Unidade	Quantidade	Custo unitário (R$)	Custo total (R$)
Escavação	m^3	10,00	10,00	100,00
Fôrma	m^2	70,00	20,00	1.400,00
Armação	kg	500,00	5,00	2.500,00
Concreto	m^3	5,00	200,00	1.000,00
			Total	**5.000,00**

O preço de venda (*PV*) foi calculado em R$ 7.000,00, ou seja, com um BDI de 40%. No Cap. 13, aplicou-se o BDI linearmente sobre os custos diretos, chegando-se à planilha de venda disposta na Tab. 14.2.

Tab. 14.2 Preço de venda

Serviço	Unidade	Quantidade	Preço unitário (R$)	Preço total (R$)
Escavação	m^3	10,00	14,00	140,00
Fôrma	m^2	70,00	28,00	1.960,00
Armação	kg	500,00	7,00	3.500,00
Concreto	m^3	5,00	280,00	1.400,00
			Total	**7.000,00**

Suponha-se que o construtor deseje aumentar o preço dos serviços que acontecem no início da obra, porém sem alterar o preço de venda de R$ 7.000,00. Ele, então, compensará o aumento de alguns itens com o decréscimo de outros. Querendo aumentar o preço de venda da escavação para R$ 20,00, por exemplo, a planilha pode ser disposta conforme a Tab. 14.3.

Tab. 14.3 Preço de venda

Serviço	Unidade	Quantidade	Preço unitário (R$)	Preço total (R$)
Escavação	m^3	10,00	20,00 ⇑	200,00
Fôrma	m^2	70,00	28,00	1.960,00
Armação	kg	500,00	7,00	3.500,00
Concreto	m^3	5,00	268,00 ⇓	1.340,00

O orçamentista compensou o aumento do preço da escavação com uma diminuição do preço de venda do concreto, mas mantendo intacto o preço de venda da obra, de R$ 7.000,00.

Nada mais se fez além de aplicar o BDI não linearmente. O BDI da obra continua sendo de 40%; no entanto, agora é aplicado de forma não uniforme.

14.1.1 Razões para desbalanceamento

Várias são as razões para se apelar para o desbalanceamento:

- *Preços mais altos para os serviços que ocorrem mais cedo*: é interessante para o construtor atribuir preços mais elevados para os serviços mais próximos do início da obra, de maneira a gerar capital de giro e dar maior liquidez ao contrato.
- *Quantidades mal dimensionadas*: se o orçamentista detectar que para determinado serviço haverá uma quantidade maior do que a da planilha do edital, é conveniente que ele aumente o preço desse serviço e compense com a diminuição do preço de outros. Também se dá o contrário: se houver algum item cujo quantitativo de planilha é excessivo, será conveniente que o orçamentista reduza o seu preço de venda e aumente o de algum outro.
- *Quantidades que tendem a crescer ou decrescer*: em algumas obras, o construtor consegue "farejar" que certos serviços podem ter seus quantitativos alterados no seu decorrer, seja por modificação posterior de projeto, seja por motivo de ordem técnica (por exemplo, se o tipo de fundação previsto não for o mais adequado, certamente vai ser modificado pelo contratante). Acontece também quando o construtor sabe, por exemplo, que a empresa contratante já prevê uma ampliação do escopo no decorrer da obra (aditivo).
- *Falta de segurança no preço*: às vezes, o construtor não se sente confiante com certos custos unitários calculados e, por isso, acha prudente majorar seus preços.

Dicas para o orçamentista

Há casos de obras de terra em que os quantitativos de escavação de primeira e segunda categoria são difíceis de aferir simplesmente pelos perfis de sondagem. Analisando os quantitativos da planilha, o construtor pode não concordar com a interpretação do cliente e entender que, no campo, os quantitativos serão outros. Nessa circunstância, ele pode apostar e mexer nos preços unitários de venda.

O desbalanceamento, também chamado de jogo de planilha, não é uma prática vista com bons olhos pelos contratantes em geral. A depender da situação, pode ser até mesmo razão para desqualificação da proposta do construtor.

Os itens que podem vir a ser desbalanceados pelo construtor estão reunidos no Quadro 14.1, bem como os procedimentos de desbalanceamento para cada um deles.

Quadro 14.1 Itens de provável desbalanceamento

Itens a desbalancear	Desbalanceamento
Serviços que ocorrem no início da obra: mobilização, instalação de canteiro, limpeza e desmatamento, demolição, escavação	Aumentar o preço
Serviços que ocorrem no final da obra: paisagismo, pintura, desmobilização, limpeza final	Diminuir o preço
Serviços que tendem a ter seus quantitativos majorados	Aumentar o preço
Serviços que tendem a ter seus quantitativos minorados	Diminuir o preço

O Exemplo 14.1 ilustra a essência do desbalanceamento de preços.

Exemplo 14.1

A partir dos projetos da obra, a construtora levantou os quantitativos dos serviços para compará-los com os constantes da planilha de preços da licitação. O resultado mostrou discrepâncias. A fim de tirar partido dessa diferença, o orçamentista recomendou o desbalanceamento dos preços unitários dos serviços.

* Custo indireto orçado = R$ 211.200,00.
* Lucratividade = 10% do preço de venda.
* Impostos = 8% sobre o preço de venda.

Solução:

1) Comparação dos quantitativos:

Serviço	Unidade	Quantitativo	Quantidade do levantamento	Comparação
Mobilização	vb	1	1	
Limpeza e desmatamento	m^2	120.000	120.000	
Escavação	m^3	50.000	60.000	⇑
Aterro	m^3	20.000	15.000	⇓
Tubulação	m	10.000	11.800	⇑
Concreto	m^3	3.000	2.700	⇓
Asfalto	t	15.000	15.000	

2) Custos unitários dos serviços e custo direto total (calculados com as quantidades da planilha):

Descrição	Unidade	Quantidade	Custo unitário (R$)	Custo total (R$)
Mobilização	vb	1	170.000,00	170.000,00
Limpeza e desmatamento	m^2	120.000	1,00	120.000,00
Escavação	m^3	50.000	4,00	200.000,00
Aterro	m^3	20.000	5,00	100.000,00
Tubulação	m	10.000	50,00	500.000,00
Concreto	m^3	3.000	400,00	1.200.000,00
Asfalto	t	15.000	60,00	900.000,00
Paisagismo	vb	1	10.000,00	10.000,00
			Total do custo direto	**3.200.000,00**

Preço de venda (calculado com os quantitativos do edital):

- Custo direto (*CD*) = 3.200.000
- Custo indireto (*CI*) = 211.200
- Lucro + impostos (LO% + IMP%) = 18%
- Preço de venda (*PV*) = 3.411.200/0,82 = R$ 4.160.000
- BDI% = 4.160.000/3.200.000 – 1 = 0,3000 = 30%

Cenário 1: preços unitários com BDI uniforme (sem desbalanceamento)

Descrição	Unidade	Quantidade	Preço unitário (R$)	Preço total (R$)
Mobilização	vb	1	221.000,00	221.000,00
Limpeza e desmatamento	m^2	120.000	1,30	156.000,00
Escavação	m^3	50.000	5,20	260.000,00
Aterro	m^3	20.000	6,50	130.000,00
Tubo de concreto	m	10.000	65,00	650.000,00
Concreto	m^3	3.000	520,00	1.560.000,00
Asfalto	t	15.000	78,00	1.170.000,00
Paisagismo	vb	1	13.000,00	13.000,00
			Preço de venda	**4.160.000,00**

Nota: essa planilha não contém desbalanceamento. Ela é resultado da aplicação uniforme do BDI de 30% (preço unitário = custo unitário × 1,30).

Cenário 2: preços unitários com BDI não uniforme (com desbalanceamento)

Fazer o desbalanceamento com a seguinte estratégia:

◊ Elevar o preço dos serviços que tendem a possuir quantitativo maior que o da planilha do edital:
  » Escavação ⇑
  » Tubulação ⇑

◊ Elevar o preço dos serviços que ocorrem no início da obra:
  » Mobilização ⇑
  » Limpeza e desmatamento ⇑

◊ Diminuir o preço dos serviços que tendem a possuir quantitativo menor do que o da planilha do edital:
  » Aterro ⇓
  » Concreto ⇓

◊ Diminuir o preço dos serviços que ocorrem no final da obra:
  » Asfalto ⇓
  » Paisagismo ⇓

Descrição	Unidade	Quantidade	Preço unitário (R$)	Preço total (R$)
Mobilização	vb	1	300.000,00	300.000,00
Limpeza e desmatamento	m^2	120.000	2,00	240.000,00
Escavação	m^3	50.000	6,60	330.000,00
Aterro	m^3	20.000	4,00	80.000,00
Tubulação	m	10.000	80,00	800.000,00
Concreto	m^3	3.000	470,00	1.410.000,00
Asfalto	t	15.000	66,00	990.000,00
Paisagismo	vb	1	10.000,00	10.000,00
			Preço de venda	**4.160.000,00**

Aparentemente nada mudou: o preço de venda continua o mesmo. Entretanto, a jogada feita com os preços unitários terá um enorme efeito depois, quando as medições forem feitas em cima dos quantitativos reais.

3) Resultado final da obra:

Cenário 1: BDI uniforme (sem desbalanceamento)

O regime da obra é por preços unitários, e, portanto, a construtora vai receber pelas quantidades efetivamente realizadas (que são as do levantamento), e não pelas da planilha (meramente referenciais para a licitação). Com os preços sem desbalanceamento, o faturamento total da construtora seria:

Descrição	Unidade	Quantidade	Preço unitário (R$)	Preço total (R$)
Mobilização	vb	1	221.000,00	221.000,00
Limpeza e desmatamento	m^2	120.000	1,30	156.000,00
Escavação	m^3	60.000	5,20	312.000,00
Aterro	m^3	15.000	6,50	97.500,00
Tubo de concreto	m	11.800	65,00	767.000,00
Concreto	m^3	2.700	520,00	1.404.000,00
Asfalto	t	15.000	78,00	1.170.000,00
Paisagismo	vb	1	13.000,00	13.000,00
			Total	**4.140.500,00**

Cenário 2: BDI não uniforme (com desbalanceamento)

Com os preços desbalanceados, o faturamento total da construtora seria:

Descrição	Unidade	Quantidade	Preço unitário (R$)	Preço total (R$)
Mobilização	vb	1	300.000,00	300.000,00
Limpeza e desmatamento	m^2	120.000	1,60	192.000,00
Escavação	m^3	60.000	8,00	480.000,00
Aterro	m^3	15.000	3,50	52.500,00
Tubo de concreto	m	11.800	88,00	1.038.400,00
Concreto	m^3	2.700	465,00	1.255.500,00
Asfalto	t	15.000	61,00	915.000,00
Paisagismo	vb	1	8.000,00	8.000,00
			Total	**4.241.400,00**

Com a planilha desbalanceada, o faturamento é de R$ 100.900,00 a mais. Como se conclui, o desbalanceamento não alterou o preço de venda da planilha da licitação, mas majorou os ganhos da empresa. Foi uma jogada de mestre!

14.2 Considerações sobre desbalanceamento

O desbalanceamento produz efeitos opostos em quem contrata e em quem executa a obra. Enquanto para o construtor o desbalanceamento é uma forma de tirar proveito dos quantitativos para aumentar o faturamento e o lucro, para o contratante é uma prática lesiva.

O ponto de vista adotado neste livro é que o desbalanceamento só tem validade se os preços unitários do proponente ficarem dentro de uma faixa de tolerância. Se, por exemplo, a escavação tinha seu preço unitário original de R$ 4,00/m³ e o construtor o desbalanceou para R$ 15,00/m³, a lesividade da jogada fica automaticamente visível. Torna-se difícil, se não impossível, justificar a escavação a tal preço tão elevado.

O que o construtor deve ter em mente é que a flutuação dos valores precisa ficar restrita a uma faixa de plausibilidade. A referida escavação bem pode ter seu preço justificado a R$ 5,50/m³ sem que a jogada de preços "salte aos olhos".

14.3 Método do κ

Alguns órgãos públicos decidiram "abrir fogo" contra a prática do desbalanceamento. A maneira que encontraram de coibi-la foi publicar no edital a planilha de preços já preenchida com os preços unitários do órgão. Dessa forma, a cada proponente cabe orçar a obra ao seu modo e calcular o coeficiente multiplicador que deve ser aplicado ao preço total do órgão. É esse coeficiente que o proponente apresentará no envelope de preço da licitação.

No Estado da Bahia, o coeficiente foi batizado de κ (kapa, em grego). Ele é o fator que será aplicado sobre cada medição da construtora (feita com os preços do órgão).

Exemplo 14.2

Uma empresa pública licitou uma obra com a planilha de preços mostrada na Tab. 14.4, divulgada no edital.

Tab. 14.4 Orçamento sem desbalanceamento

Descrição	Unidade	Quantidade	Preço do órgão (unitário) (R$)	Preço total (R$)
Mobilização	vb	1	20.000,00	20.000,00
Limpeza e desmatamento	m²	10.000	1,50	15.000,00
Alvenaria	m³	1.500	20,00	30.000,00
Pintura	m³	2.500	10,00	25.000,00
Forro de gesso	m	1.500	20,00	30.000,00
			Total	**120.000,00**

Solução:

A construtora orçou a obra por R$ 111.600,00.

No envelope da proposta comercial da licitação, ela indicará κ = 0,93, que é o quociente entre seu preço e o valor orçado pelo órgão: 111.600/120.000 = 0,93.

As medições são feitas com os preços do órgão, que são os da planilha, e multiplicadas ao final pelo κ.

Exemplo 14.3

Suponha-se que a medição no Exemplo 14.2 tenha dado R$ 20.000,00 pelos preços unitários da planilha. Calcular o valor a ser pago.

Solução: o valor a ser pago será 0,93 × R$ 20.000,00 = R$ 18.600,00.

Na metodologia do κ não há margem para desbalanceamento, e é por essa razão que a metodologia é tão atraente para os órgãos públicos. A empresa contratada fica vinculada aos preços da entidade contratante, sem ter como jogar com os preços unitários. A reclamação dos construtores é que a metodologia só é justa se os preços unitários dos órgãos contratantes estiverem coerentes com a realidade.

O Quadro 14.2 apresenta as vantagens e desvantagens da metodologia do κ.

Quadro 14.2 Vantagens e desvantagens da metologia do κ

Vantagens	Desvantagens
O órgão elimina as jogadas de preço que inflam o preço de alguns serviços e minoram o de outros	Os preços unitários referenciais do órgão precisam estar bem orçados, sob pena de o governo pagar injustamente por alguns serviços
Evita-se a infeliz prática de a construtora fazer somente os serviços iniciais (de preço "gordo") e abandonar a obra depois	No caso de aditivos, a construtora corre o risco de ver acrescidos os quantitativos de algum serviço cujo preço unitário do órgão esteja mal orçado e barato demais
Elimina-se a prática nociva de a construtora inflar demais o item "mobilização"	Não permite à construtora tirar partido de algum serviço no qual ela seja mais produtiva do que a composição do órgão. Seu preço ficará balizado pelo do órgão licitante

quinze

LICITAÇÃO

O enorme poder de compra do Governo só pode ser exercido dentro de critérios claramente estipulados. É preciso realizar a compra dos bens e serviços de forma padronizada, organizada e com ampla transparência, de modo a não haver favorecimento de pessoas ou empresas, garantindo a lisura do processo e, consequentemente, o bom uso do dinheiro público.

É dentro dessa necessidade de definir previamente as regras do jogo e proporcionar uma disputa honesta e interessante técnica e economicamente para o Poder Público que surge o instituto da licitação.

15.1 DEFINIÇÃO DE LICITAÇÃO

Licitação é o procedimento necessário para que a Administração Pública adquira bens e serviços e venda bens que não lhe servem mais, com o objetivo de obter a proposta mais vantajosa. A Administração Pública é composta dos governos federal, estadual e municipal (administração direta), além dos órgãos públicos associados a eles (administração indireta), como fundações e autarquias, empresas públicas e sociedades de economia mista.

A licitação é a regra padrão para qualquer aquisição ou venda por parte do Poder Público. Segundo a Constituição Federal, obras, serviços, compras e alienações devem ser contratados mediante processo de licitação pública que assegure igualdade de condições a todos os concorrentes.

Por meio de um processo licitatório, o Poder Público adquire merenda escolar, compra material de escritório para as repartições, contrata obras de manutenção de prédios e construção de estradas, reforma monumentos históricos, contrata empresa de limpeza hospitalar, seleciona concessionários de serviços públicos, amplia aeroportos e constrói plataformas de petróleo. Em suma, toda compra pública, qualquer que seja seu porte e valor, precisa ser objeto de uma licitação.

Em 1993, após muito debate no Congresso Nacional, foi aprovada a Lei de Licitações – Lei nº 8.666/1993 (Brasil, 1993). Ela é o instrumento jurídico soberano, ditando as regras gerais que devem ser cumpridas pelos órgãos públicos (federais, estaduais e municipais) ao contratarem bens e serviços. A Petrobras tem um procedimento licitatório simplificado, regido pelo Decreto nº 2.745/1998 (Brasil, 1998).

A Lei nº 8.666/1993 disciplina todas as etapas do processo licitatório, estabelecendo as modalidades e os tipos de licitação, regulando a abertura do processo administrativo, o lançamento do edital, a habilitação, o julgamento, a classificação das propostas, a adjudicação e a homologação da licitação, assim como as hipóteses de dispensa e inexigibilidade de licitação. Além disso, ela define taxativamente as situações em que não se exige licitação para compras. São poucas as situações, em geral fundadas em motivos de emergência ou quando a compra envolve contratos de valores muito baixos, caso em que o custo do processo licitatório seria maior do que a própria compra.

15.2 Obrigatoriedade da licitação

A lei obriga os órgãos públicos, tanto da administração direta quanto da indireta, a promoverem licitações para a compra de bens e serviços, independentemente da importância, da urgência da aquisição ou do tipo de bem ou serviço. Em outras palavras, toda entidade que possua recursos públicos está vinculada ao processo licitatório para contratar com o setor privado.

- *Governo Federal*: Ministérios (dos Transportes, das Minas e Energia etc.).
- *Governo Estadual*: Secretarias de Estado (de Infraestrutura, da Educação etc.).
- *Governo Municipal*: Secretarias Municipais (de Obras, da Saúde etc.).
- *Poder Legislativo*: Câmara dos Deputados, Assembleia Legislativa etc.
- *Poder Judiciário*: Supremo Tribunal Federal, Tribunal de Justiça etc.
- *Fundação pública*: Fundação Nacional de Saúde, Fundação de Amparo à Pesquisa do Estado da Bahia, Fundacentro etc.
- *Autarquia*: Infraero, Crea, OAB, UFBA, Dersa etc.
- *Empresa pública*: Correios, Codevasf, Conder, Bahiapesca etc.

- *Sociedade de economia mista*: Petrobras, Embasa, Banco do Brasil, Sabesp etc.
- *Outros*: Forças Armadas, hospitais públicos, universidades públicas etc.

O Quadro 15.1 descreve as características de algumas dessas entidades.

Quadro 15.1 Características das entidades

Fundação	Instituição dotada de personalidade jurídica própria, destinada a um objetivo público específico e sem fins lucrativos
Autarquia	Entidade autônoma dotada de personalidade jurídica de direito público, patrimônio e receita próprios, destinada a realizar, de forma descentralizada, atividades típicas da Administração Pública
Empresa pública	Empresa cujo capital pertence integralmente ao Governo
Sociedade de economia mista	Empresa com capital majoritariamente pertencente ao Governo (o restante das ações nas mãos da iniciativa privada), tendo como objetivo a prestação de serviço público ou exploração de atividade econômica

Empresas privadas não são obrigadas a contratar por meio de licitação. Elas podem negociar diretamente com quem bem entenderem, assim como podem se valer de processo licitatório particular, ditado por sua iniciativa. No setor privado impera a autonomia da vontade. Entretanto, para dar visibilidade e transparência aos acionistas da empresa, é comum haver sempre algum tipo de seleção de fornecedores guiada por critérios objetivos. Exemplos de empresas privadas que contratam muitos serviços são a Companhia Vale do Rio Doce, a Companhia Siderúrgica Nacional e a Coelba, entre outras.

15.3 Modalidades de licitação

A Lei de Licitações estabelece algumas modalidades de licitação. Cada modalidade tem uma forma distinta de procedimento administrativo. O que define a modalidade a ser utilizada é o tipo de bem a ser licitado e o valor total da aquisição pretendida pelo Poder Público.

A Tab. 15.1 mostra os valores-limite para cada modalidade de licitação. Vale notar que o limite depende de a contratação ser de *obras e serviços de engenharia* ou a de *compras e outros serviços*.

Tab. 15.1 Modalidades de licitação

Modalidade	Obras e serviços de engenharia	Compras e outros serviços
Concorrência pública	> R$ 3.300.000,00	> R$ 1.430.000,00
Tomada de preços	Até R$ 3.300.000,00	Até R$ 1.430.000,00

Tab. 15.1 (continuação)

Modalidade	Obras e serviços de engenharia	Compras e outros serviços
Convite	Até R$ 330.000,00	Até R$ 176.000,00
Concurso	Não há limite	Não há limite
Pregão	Não há limite	Não há limite
Leilão	Não há limite	Não há limite
Dispensa de licitação	R$ 33.000,00 R$ 100.000,00 (para sociedade de economia mista e empresa pública)	R$ 17.600,00 R$ 50.000,00 (para sociedade de economia mista e empresa pública)

15.3.1 Concorrência

A *concorrência* é a modalidade mais abrangente de licitação. Devido aos altos valores envolvidos, a concorrência é usada para grandes obras (prédios da Administração Pública, barragens, pontes), contratos mais expressivos de fornecimento (merenda escolar, medicamentos, coleta de lixo) e aquisição de equipamentos (aparelhos hospitalares, gerador, radar).

A concorrência é a modalidade que impõe mais exigências para a habilitação das empresas concorrentes. Além disso, tem prazos mais dilatados para apresentação de propostas e é obrigatória quando se trata de alienação de imóveis da Administração, assim como nas licitações internacionais, que são aquelas que convocam também participantes estrangeiros, geralmente quando há escassez de fornecedores brasileiros ou quando os recursos para o contrato são provenientes de organismos financeiros internacionais.

15.3.2 Tomada de preços

A *tomada de preços* é a segunda modalidade mais abrangente. Nela só podem tomar parte empresas já cadastradas no órgão contratante (ou em algum sistema centralizado do Governo) ou empresas que atendam às condições exigidas no cadastramento até três dias antes da data de recebimento das propostas.

O cadastramento foi uma forma encontrada de reduzir a papelada a ser analisada pelo órgão licitante e agilizar o processo, já que basta verificar o Certificado de Registro Cadastral para comprovar a habilitação jurídica, qualificação técnica, qualificação econômico-financeira e regularidade fiscal da empresa. Pela lei, o cadastro tem validade de um ano.

15.3.3 Convite

O *convite* é a modalidade de licitação por meio da qual a Administração Pública convida diretamente as empresas que irão participar da disputa. O órgão responsável pela licitação não fica obrigado a publicar edital em diário oficial, bastando afixar no quadro de avisos do setor de licitação a carta-convite a pelo menos três empresas do segmento de mercado a que se destina a licitação.

As empresas não precisam estar cadastradas no órgão. Na verdade, como a administração as convida diretamente, elas não precisam submeter documentação. O convite, contudo, não é exclusivo das três empresas convidadas; outras, sabendo da licitação, podem se habilitar até 24 horas antes da abertura das propostas.

Caso haja na praça da licitação mais de três empresas interessadas em participar, a cada novo convite para o mesmo tipo de bem a Administração Pública deverá estender o convite a pelo menos mais um interessado.

15.3.4 Concurso

O *concurso* é uma modalidade especial de licitação, destinada aos casos em que há necessidade de algum trabalho intelectual – técnico, artístico ou científico.

O valor a ser pago ao vencedor do concurso é fixado de antemão pelo órgão. O julgamento é feito por uma comissão julgadora, que avalia a adequação à Administração Pública, os conceitos envolvidos, parâmetros estéticos e funcionais, a aplicabilidade etc.

São exemplos de objeto de concurso: a escolha do projeto arquitetônico para uma praça, um parecer de um jurista para utilização numa demanda judicial e a criação de uma marca ou embalagem.

15.3.5 Pregão

O *pregão* também é uma modalidade especial de licitação. Ele surgiu para facilitar a compra de bens e serviços ordinários para a Administração Pública. São bens e serviços costumeiros, que podem ser plenamente especificados em edital.

Tendo em vista a agilidade e a economia administrativa, o pregão ocorre com prazos reduzidos e com as ofertas dadas em sessão pública, na qual também se julgam eventuais recursos interpostos pelos participantes. A disputa em tempo real entre os proponentes tem a grande vantagem de baratear os bens e serviços para o órgão comprador. O critério de julgamento é sempre o menor preço.

Há também o pregão eletrônico, que é a forma em que os proponentes submetem seus preços pela internet, ficando instantaneamente visíveis para todos os concorrentes.

São exemplos de objeto de pregão: cartuchos de impressora, aparelhos de fax, estantes para escolas e passagens aéreas.

15.3.6 Leilão

O *leilão* é a modalidade de licitação utilizada quando a Administração Pública deseja vender produtos que não lhe servem mais. No leilão, vence quem der o lance mais alto. São exemplos de objeto de leilão: imóveis, bens apreendidos pela Fazenda Pública e bens penhorados.

15.4 Dispensa e inexigibilidade de licitação

15.4.1 Dispensa

A licitação é *dispensável* quando a Administração, podendo efetuar a licitação, está autorizada a promover a contratação direta. A Lei lista 24 hipóteses de dispensa de licitação, entre as quais se destacam:

* Para obras e serviços de engenharia com valor de até R$ 15.000,00 (ou R$ 30.000,00, para sociedade de economia mista e empresa pública).
* Para outros serviços e compras com valor de até R$ 8.000,00 (ou R$ 16.000,00, para sociedade de economia mista e empresa pública).
* Em casos de guerra ou grave perturbação da ordem.
* Em casos de emergência ou calamidade pública.
* Quando as propostas apresentadas consignarem preços manifestamente superiores aos praticados no mercado.
* Na contratação de remanescente de obra, serviço ou fornecimento, em consequência de rescisão contratual, desde que atendida a ordem de classificação anterior e aceitas as mesmas condições oferecidas pelo licitante vencedor.
* Para a aquisição de componentes ou peças de origem nacional ou estrangeira, necessários à manutenção de equipamentos durante o período de garantia técnica, junto ao fornecedor original.
* Na contratação do fornecimento ou suprimento de energia elétrica com concessionária.

15.4.2 Inexigibilidade

A licitação é *inexigível* quando houver inviabilidade de competição. Onde não puder haver competição, não há licitação.

São três as situações em que há inexigibilidade, das quais são destacadas as duas que importam à engenharia:

- Para a aquisição de materiais, equipamento ou gêneros que só possam ser fornecidos por produtor, empresa ou representante comercial exclusivo.
- Para a contratação de serviços técnicos de natureza singular, com profissionais ou empresas de notória especialização. Os serviços técnicos são: estudos técnicos, planejamentos, projetos básicos ou executivos; pareceres, perícias, avaliações; assessorias ou consultorias técnicas; auditorias financeiras ou tributárias; fiscalização, supervisão, gerenciamento de obras; treinamento de pessoal; restauração de obras de arte e bens de valor histórico.

Dica para o orçamentista	
Situação	**Particularidade**
Dispensa de licitação	A Administração pode licitar, mas a lei faculta a dispensa.
Inexigibilidade	Não deve haver licitação, porque a competição é inviável.

15.5 Tipos de licitação

Enquanto as modalidades vistas na seção anterior definem o procedimento licitatório, os tipos de licitação versam sobre os critérios de julgamento das propostas dos participantes. A Administração Pública só pode julgar as propostas dos participantes segundo os critérios taxativamente definidos na Lei de Licitações.

Os tipos de licitação são quatro: menor preço; melhor técnica; técnica e preço; e maior lance ou oferta.

15.5.1 Menor preço

O tipo *menor preço* é o mais utilizado nas licitações. É o critério básico de comparação de propostas. Uma vez habilitadas as empresas para concorrer na licitação, abrem-se os envelopes de preço e ganha aquela que apresentar o menor preço para fornecimento do bem ou serviço ao Poder Público.

Se houver empate no menor preço, não se pode lançar mão de outros critérios para desempate. Não é permitido, por exemplo, comparar parâmetros de qualidade ou durabilidade. Em caso de empate, a Lei de Licitações estabelece que a preferência seja dada a empresas brasileiras ou a bens produzidos no país. Persistindo o empate, é feito sorteio.

É importante mencionar que obras e serviços de engenharia só podem ser julgados pelo critério de menor preço.

15.5.2 Melhor técnica

O tipo *melhor técnica* é aplicado quando o bem ou serviço a ser adquirido pelo órgão público é específico demais para ser avaliado exclusivamente pelo preço.

É o caso de trabalhos intelectuais, tal como acontece quando a Administração precisa contratar um jurista renomado para dar um parecer, ou para o desenvolvimento de um determinado programa de computador para algum órgão.

A escolha se dá pela análise das técnicas apresentadas. No entanto, se o vencedor não for aquele que ofereceu o menor preço, o órgão licitante irá propor-lhe baixar a proposta para o menor valor. Caso ele não aceite, o segundo lugar será convidado a cobrir a proposta do menor valor, e assim sucessivamente. Se nenhum dos participantes concordar, o vencedor será aquele que, embora não tenha vencido pela melhor técnica, apresentou o menor preço.

15.5.3 Técnica e preço

O tipo *técnica e preço* combina os dois tipos anteriores. Cada proposta é avaliada nos dois critérios conjuntamente, adotando-se como nota final a média ponderada das valorizações das propostas técnicas e de preço, segundo os critérios do edital.

Para a contratação de *bens e serviços de informática*, a Administração deve obrigatoriamente adotar esse tipo de licitação.

Poderão ainda ser usados os tipos *melhor técnica* e *técnica e preço* quando se tratar de fornecimento de bens e execução de obras ou prestação de serviços de grande vulto majoritariamente dependentes de tecnologia nitidamente sofisticada e de domínio restrito, atestado por autoridades técnicas de reconhecida qualificação, nos casos em que o objeto pretendido admita soluções alternativas e variações de execução, com repercussões significativas sobre a sua qualidade, produtividade, rendimento e durabilidade concretamente mensuráveis.

15.5.4 Maior lance ou oferta

O tipo *maior lance ou oferta* é utilizado nos leilões públicos. É o critério aplicado quando o Poder Público quer vender algum bem ou outorgar a concessão de um serviço. A sistemática é bem similar à do menor preço; porém, vence quem ofertar o maior valor.

15.6 Fases da licitação

O processo licitatório é iniciado muito antes da publicação do edital. Para que se chegue nessa etapa, há que se deflagrar o processo administrativo interno que culminará na definição de todos os elementos necessários para a licitação.

Há duas fases na licitação (Quadro 15.2):

- interna: administrativa, ocorre dentro do órgão contratante;
- externa: publicado o aviso da licitação, entram em cena as empresas proponentes.

Quadro 15.2 Fases da licitação

Etapa	Significado
	Fase interna
Abertura do processo administrativo	Autorização da deflagração do processo, com estabelecimento do escopo da licitação
Pesquisa de mercado/orçamento	Estimativa do custo de aquisição do bem ou serviço pelo órgão, a fim de determinar a modalidade de licitação e aprovisionar recursos necessários
Elaboração do edital ou convite	Elaboração do ato convocatório contendo todas as regras da disputa e da publicação para conhecimento geral
	Fase externa
Entrega de documentos e propostas	Entrega dos documentos de habilitação das empresas e envelopes de preço (proposta comercial)
Habilitação jurídica	Análise da documentação das empresas, com eventual inabilitação de participantes, e lavratura de ata com as empresas habilitadas
Julgamento e classificação	Avaliação e comparação das propostas, com seleção da proposta vencedora
Homologação	Ato pelo qual a comissão de licitação declara o licitante vencedor
Adjudicação	Confirmação oficial da regularidade do processo licitatório, decretando o seu encerramento
Contratação	Assinatura do contrato entre o órgão público e a empresa vencedora

15.6.1 Edital

O *edital* é o instrumento convocatório da licitação. Nele estão todos os elementos do certame, todos os detalhes de participação, habilitação e julgamento. O edital deve sempre obedecer ao disposto na Lei de Licitações.

É no edital que as empresas interessadas na disputa irão conhecer o objeto a ser licitado, os requisitos de participação, a documentação exigida, o valor estimado da contratação, o prazo para apresentação da proposta, a forma de apresentação, o local de entrega dos envelopes etc.

A existência do edital precisa ser divulgada pelo órgão público. Para isso, ele faz publicar-se no Diário Oficial (da União ou do Estado) ou em jornal de grande circulação um aviso de edital, que nada mais é que um resumo do edital disponível no órgão.

Os órgãos vendem seus editais por preço de custo, suficiente apenas para cobrir os custos de reprodução gráfica. Os editais de licitação devem também ficar disponíveis para consulta gratuita na sede do órgão licitante.

Quando uma empresa interessada na licitação deseja solicitar um esclarecimento sobre algum ponto omisso ou nebuloso do edital ou dos projetos anexos, deve enviar à comissão de licitação do órgão um *pedido de esclarecimento*. O prazo para a empresa enviar o pedido deve constar do edital. Para não haver favorecimento, todas as empresas que houverem adquirido o edital receberão a resposta do órgão ao pedido de esclarecimento.

A Tab. 15.2 mostra o prazo mínimo entre a publicação do aviso de edital e a abertura dos envelopes com as propostas.

Tab. 15.2 Prazo de publicidade do edital

Modalidade	Prazo de publicidade
Concorrência	45 dias corridos: obras e serviços por empreitada integral, ou quando o tipo for melhor técnica ou técnica e preço 30 dias corridos: demais casos
Tomada de preços	30 dias corridos: melhor técnica ou técnica e preço 15 dias corridos: demais casos
Convite	5 dias úteis
Concurso	45 dias corridos
Leilão	15 dias corridos
Pregão	8 dias úteis

De acordo com a Lei de Licitações, o edital deve conter os seguintes elementos:

Dados da licitação

- Órgão público licitante.
- Local para exame e aquisição do edital.
- Objeto contratado (descrição precisa, suficiente e clara).
- Modalidade (concorrência, tomada de preços, convite, concurso, pregão, leilão).
- Regime de execução (preço global ou unitário).
- Critério de julgamento (por item ou global).
- Tipo de licitação (menor preço, melhor técnica, técnica e preço, maior lance).
- Legislação aplicável.
- Critério de participação (empresas isoladas, consórcios).
- Local, data e horário da entrega dos envelopes.
- Envelopes (quantidade, conteúdo, identificação).

Habilitação

* relação de documentos de habilitação.
* relação de documentos da proposta técnica (se o tipo for técnica e preço).
* relação de documentos da proposta comercial.
* critérios de julgamento dos documentos e das notas técnicas (se for o caso).
* necessidade de visita técnica.

Aspectos contratuais

* instruções para impugnação do edital e recursos.
* prazo para assinatura do contrato.
* condições de pagamento (< 30 dias).
* critérios de reajuste de preços.
* sanções por inadimplemento (inidoneidade, suspensão, advertência, multa).

Anexos

* memorial descritivo, projeto básico ou executivo, especificações técnicas.
* minuta do contrato.
* orçamento em planilhas (quantitativos e preços unitários dos serviços de engenharia).
* modelos de declarações, atestados etc.

15.6.2 Habilitação jurídica

Consiste na comprovação de que a empresa funciona regularmente perante os órgãos públicos. Os documentos exigidos para a habilitação jurídica são:

* registro comercial;
* ato constitutivo, estatuto ou contrato social;
* autorização para empresas estrangeiras.

Os órgãos em que é possível elaborar esses documentos estão dispostos no Quadro 15.3.

Quadro 15.3 Documentos e local de obtenção

Documento	Onde encontrar
Registro comercial	Junta Comercial
Ato constitutivo, estatuto ou contrato social	Junta Comercial
Autorização para empresas estrangeiras	Vários

15.6.3 Regularidade fiscal

Essa etapa consiste na comprovação de que a empresa está regular quanto às suas obrigações fiscais (tributárias).

Os documentos exigidos para a regularidade fiscal são:

* CNPJ;
* Inscrição estadual ou municipal;
* Certidão Negativa de Débito (CND) de tributos e contribuições federais;
* Certidão da Dívida Ativa da União;
* Certidão do ICMS;
* Certidão do ISS e IPTU;
* Certidão do FGTS;
* Certidão Negativa de Débito do INSS.

Os órgãos em que é possível elaborar esses documentos estão dispostos no Quadro 15.4.

Quadro 15.4 Documentos e local de obtenção

Documento	Onde encontrar
CNPJ	Receita Federal
Inscrição estadual ou municipal	Secretaria da Fazenda (Estado)
Certidão Negativa de Débito (CND) de tributos e contribuições federais	Receita Federal
Certidão da Dívida Ativa da União	Procuradoria-Geral da Fazenda Nacional
Certidão do ICMS	Secretaria da Fazenda (Estado)
Certidão do ISS e IPTU	Secretaria da Fazenda (Município)
Certidão do FGTS	Caixa Econômica Federal
Certidão negativade débito do INSS	INSS

15.6.4 Qualificação econômico-financeira

É a aferição de parâmetros que atestam a sanidade financeira da empresa, visando assegurar que a contratada tem condições de cumprir o contrato.

A Administração pode estabelecer no edital uma exigência de capital mínimo ou patrimônio líquido mínimo como condição de participação da licitação. Essa exigência não pode exceder a 10% do valor estimado da contratação.

Os documentos exigidos são:

* balanço patrimonial e demonstrações contábeis;
* certidão negativa de falência, concordata e execução patrimonial;
* capital social;

- índices de liquidez (liquidez corrente, liquidez geral, endividamento);
- garantia de até 1% do valor do contrato a ser licitado.

Os órgãos em que é possível elaborar esses documentos estão dispostos no Quadro 15.5.

Quadro 15.5 Documentos e local de obtenção

Documento	Onde encontrar
Balanço patrimonial e demonstrações contábeis	Contabilidade
Certidão negativa de falência, concordata e execução patrimonial	Poder Judiciário
Capital social	Contabilidade
Índices de liquidez	Contabilidade
Garantia	Banco ou seguradora

15.6.5 Qualificação técnica

É a comprovação de experiência técnica da empresa e do profissional.

A qualificação técnica é um aspecto bastante controvertido, porque alguns órgãos chegam a exigir requisitos muito rigorosos, o que pode ser visto como direcionamento da licitação para alguma empresa.

O órgão licitante não pode exigir números máximos ou mínimos de unidades de fornecimento de serviço, assim como não pode impor que o serviço tenha sido prestado em determinada localidade. Além disso, é proibido exigir nos editais mais de um atestado de capacidade técnica.

Os documentos exigidos são:

- registro na entidade profissional;
- comprovação de aptidão;
- comprovação de visita ao local da obra;
- prova de atendimento a leis especiais.

O Quadro 15.6 apresenta sugestões para a elaboração desses documentos.

Quadro 15.6 Documentos e local de obtenção

Documento	Onde encontrar
Registro na entidade profissional	Crea
Comprovação de aptidão	Atestados do Crea
Comprovação de visita ao local da obra	Termo de visita
Prova de atendimento a leis especiais	Autoridades competentes
Licenças para manuseio de certos produtos	Autoridades competentes

15.6.6 Julgamento

A licitação, pela Lei nº 8.666/1993, deve ser processada e julgada com observância dos seguintes procedimentos:

* Abertura dos envelopes contendo a documentação relativa à habilitação dos concorrentes.
* Apreciação da documentação e devolução das propostas de preços dos inabilitados.
* Abertura dos envelopes contendo as propostas de preços dos concorrentes habilitados. Como forma de dar mais celeridade ao procedimento licitatório, os envelopes contendo as propostas dos habilitados podem ser abertos logo após a apreciação da documentação de habilitação, se os proponentes expressamente abrirem mão do direito de recorrer.
* Verificação da conformidade das propostas com os requisitos do edital.
* Classificação das propostas.

15.7 Preço inexequível

Consideram-se manifestamente inexequíveis e, portanto, inelegíveis para contratação pelo Poder Público, no caso de licitações de menor preço para obras e serviços de engenharia, as propostas cujos valores sejam inferiores a 70% do menor dos seguintes valores:

* média aritmética dos valores das propostas superiores a 50% do valor orçado pela Administração;
* valor orçado pela Administração.

Exemplo 15.1

Determinar o vencedor da licitação nos casos expostos na Tab. 15.3, considerando que o orçamento do órgão foi de R$ 100.

Tab. 15.3 Propostas apresentadas em duas licitações

Proposta	Licitação 1 (R$)	Licitação 2 (R$)
A	98	98
B	96	96
C	95	95
D	65	88
E	60	60

1° critério = 70% da média aritmética das propostas superiores a 50% do orçamento do órgão	$0{,}70 \times \frac{98+96+95+65+60}{5} = 57{,}96$	$0{,}70 \times \frac{98+96+95+88+60}{5} = 61{,}18$
2° critério = 70% do orçamento do órgão	0,70 × 100 = 70	0,70 × 100 = 70
Patamar de inexequibilidade = o menor dos dois critérios	57,96	61,18
Vencedor	Proposta E = 60	Proposta D = 88

Solução:

Desse exemplo, constata-se prontamente que:

- nem sempre ganha o menor preço;
- o patamar de inexequibilidade não é fixo; ele depende da distribuição relativa das propostas entre si. Nas licitações desse exemplo, quase idênticas, a proposta de 60 foi vencedora em uma, mas declarada inexequível na outra.

15.8 Recursos

Durante o curso da licitação, a Administração Pública pode cometer algum ato que vá de encontro à Lei das Licitações ou que viole dispositivos do edital. Para se insurgir contra o ato viciado, qualquer empresa proponente tem a seu dispor os recursos administrativos que a lei lhe faculta. Esses recursos administrativos podem ser interpostos tanto na fase de habilitação quanto na de julgamento, e podem ser de três tipos: recurso hierárquico, representação e pedido de reconsideração (Quadro 15.7).

Quadro 15.7 Documentos e local de obtenção

Recurso	O que pode ser contestado
Recurso hierárquico	Inabilitação da empresa Habilitação de concorrente Indeferimento, cancelamento ou alteração de registro cadastral Julgamento das propostas Anulação ou revogação de licitação
Representação	Decisão relacionada ao objeto da licitação (em que não caiba recurso hierárquico)
Pedido de reconsideração	Decisão de Ministro ou Secretário Estadual ou Municipal declarando inidoneidade da empresa para licitar ou contratar

O prazo para interposição é de cinco dias úteis, contados a partir da intimação do ato. No caso de convite, o prazo é de dois dias úteis. Além disso, para pedido de representação, o prazo é de dez dias úteis.

15.9 Contrato

Após a licitação, a empresa vencedora é chamada para assinar o contrato para o fornecimento do bem ou do serviço. O contrato deve conter obrigatoriamente o prazo de vigência, que é o período dentro do qual a empresa contratada entregará o bem ou o serviço. As cláusulas necessárias nesse contrato são:

- vinculação ao edital de licitação;
- objeto contratado;
- regime de execução;
- preço;
- condições de pagamento;
- reajustamento: critérios, data-base e periodicidade;
- prazos de início, conclusão, entrega e recebimento de etapas;
- fonte dos recursos;
- garantias oferecidas: caução em dinheiro, seguro-garantia, fiança bancária (inferior a 5% do valor do contrato);
- direitos e responsabilidades das partes;
- penalidades e multas;
- casos de rescisão.

15.9.1 Aditamento do contrato

É comum, durante a execução do contrato, que haja alterações da situação de fato, tais como ajuste de projeto, modificação das especificações, acréscimo ou diminuição de algum serviço, aumento de quantitativo em relação ao originalmente previsto e realinhamento de preços de acordo com o índice estabelecido no edital (e no contrato).

Para se alterar o contrato, deve-se fazer um *aditamento*. Em contratos públicos, a Lei de Licitações determina o limite para aditamentos, exposto na Tab. 15.4.

Tab. 15.4 Limites de aditivo

Tipo de contrato	Aditamento
Obras e serviços ou compras	Até 25%
Reforma de edifício ou de equipamento	Até 50%
Serviços executados de forma contínua	Até 60 meses

referências bibliográficas

AACE – AMERICAN ASSOCIATION OF COST ENGINEERS. *Skills & Knowledge of Cost Engineering*. 6. ed. 2015.

AACE – AMERICAN ASSOCIATION OF COST ENGINEERS. *Recommended Practice 18R-97*: Cost Estimate Classification System – as Applied in Engineering, Procurement, and Construction For The Process Industries. 2016.

AACE – AMERICAN ASSOCIATION OF COST ENGINEERS. *Recommended Practice 10S-90*: Cost Engineering Terminology. 2018.

ABNT – ASSOCIAÇÃO BRASILEIRA DE NORMAS TÉCNICAS. *NB 140*: avaliação de custos unitários e preparo de orçamento de construção para incorporação de edifício em condomínio. ABNT, 1965.

ABNT – ASSOCIAÇÃO BRASILEIRA DE NORMAS TÉCNICAS. *NBR 7171*: bloco cerâmico para alvenaria. Rio de Janeiro, 1992.

ABNT – ASSOCIAÇÃO BRASILEIRA DE NORMAS TÉCNICAS. *NBR 5626*: instalação predial de água fria. Rio de Janeiro, 1998.

ABNT – ASSOCIAÇÃO BRASILEIRA DE NORMAS TÉCNICAS. *NBR 12721*: avaliação de custos unitários de construção para incorporação imobiliária e outras disposições para condomínios edifícios – procedimento. Rio de Janeiro, 2006.

BRASIL. *Decreto-Lei n° 5.452, de 1° de maio de 1943*. Brasília, 1943.

BRASIL. *Lei n° 4.591, de 16 de dezembro de 1964*. Brasília, 1964. Disponível em: <http://www.planalto.gov.br/ccivil_03/Leis/L4591.htm>.

BRASIL. *Lei n° 8.666, de 21 de junho de 1993*. Brasília, 1993.

BRASIL. *Decreto n° 2.745, de 24 de agosto de 1998*. Brasília, 1998.

BRASIL. *Lei n° 12.844, de 19 de julho de 2013*. Brasília, 2013.

CEF – CAIXA ECONÔMICA FEDERAL. *Sinapi*: manual de metodologias e conceitos. 2018.

CHURCH, H. K. *Excavation Handbook*. New York: McGraw Hill, 1981.

DIAS, P. R. V. *Engenharia de custos*: uma metodologia de orçamentação para obras civis. 9. ed. São Paulo: Pini, 2011.

DNIT – DEPARTAMENTO NACIONAL DE INFRAESTRUTURA DE TRANSPORTES. *Manual de custos de infraestrutura de transportes*. 2017. Disponível em: <http://www.dnit.gov.br/custos-e-pagamentos/sicro/manuais-de-custos-de-infraestrutura-de-transportes/manuais-de-custos-de-infraestrutura-de-transportes>.

PEURIFOY, R. L.; OBERLENDER, G. D. *Estimating Construction Costs*. 4. ed. New York: McGraw Hill, 1989.

PINI. *Construção Mercado*. 2006.

PINI. Avaliação de glebas. *Construção Mercado*, maio 2014.

PINI. *Cupe*: custos unitários Pini de edificações. 2017a. Disponível em: <http://tcpoweb.pini.com.br/IndiceCustoSel.aspx>.

PINI. Estimativa de gastos por etapa de obra. *Construção Mercado*, n. 194, ano 70, set. 2017b.

PINI. *TCPO*: tabelas de composições de preços para orçamentos. 15. ed. São Paulo: Pini, 2017c.

SALVADOR (Município). *Lei nº 7.186, de 27 de dezembro de 2006*. Salvador, BA, 27 dez. 2006.

SILVA, M. B. *Orçamento de obras*. Apostila de curso. São Paulo: Pini, 2003.

SINDUSCON/BA – SINDICATO DA INDÚSTRIA DA CONSTRUÇÃO DO ESTADO DA BAHIA. *Custo unitário básico*: construção civil. 2018. Disponível em: <https://www.sinduscon-ba.com.br/conteudo/cub/001/cub/000212.pdf>.

TIGRE. *Orientações para instalações de água fria*. [s.d.]. Disponível em: <https://www.tigre.com.br/themes/tigre2016/downloads/catalogos-tecnicos/ct-agua-fria.pdf>.